版权声明

READING BION BY RUDI VERMOTE

Copyright: © 2019 Rudi Vermote

First published 2019 by Routledge

This edition arranged with THE MARSH AGENCY LTD.

through BIG APPLE AGENCY, INC., LABUAN, MALAYSIA.

Simplified Chinese edition copyright:

2024 China Light Industry Press Ltd. / Beijing Multi-Million New Era Culture and Media Company, Ltd.

All rights reserved.

保留所有权利。非经中国轻工业出版社"万千心理"书面授权,任何人不得以任何方式(包括但不限于电子、机械、手工或其他尚未被发明或应用的技术手段)复印、拍照、扫描、录音、朗读、存储、发表本书中任何部分或本书全部内容,以及其他附带的所有资料(包括但不限于光盘、音频、视频等)。中国轻工业出版社"万千心理"未授权任何机构提供源自本书内容的电子文件阅览、收听或下载服务。如有此类非法行为,查实必究。

图书客询：13811556948（微信同号）

/ 爱书图书，陪伴您的专业成长 /

万千心理服务号
万千心理视频号

精神分析阅读译丛

译丛主编 王 刚 王 倩

Reading Bion

阅读比昂

[比] 鲁迪·弗莫特（Rudi Vermote）／著

郑 诚／译　李晓驷／审校

中国轻工业出版社

图书在版编目（CIP）数据

阅读比昂／（比）鲁迪·弗莫特（Rudi Vermote）著；郑诚译. —北京：中国轻工业出版社，2024.3（2024.6重印）

ISBN 978-7-5184-4339-0

Ⅰ.①阅… Ⅱ.①鲁… ②郑… Ⅲ.①比昂－精神分析－研究 Ⅳ.①B84-065

中国国家版本馆CIP数据核字（2023）第016575号

责任编辑：刘　雅　　　责任终审：张乃柬
策划编辑：戴　婕　　　责任校对：刘志颖　　　责任监印：吴维斌

出版发行：中国轻工业出版社（北京鲁谷东街5号，邮编：100040）
印　　刷：三河市鑫金马印装有限公司
经　　销：各地新华书店
版　　次：2024年6月第1版第2次印刷
开　　本：710×1000　1/16　印张：21.5
字　　数：230千字
书　　号：ISBN 978-7-5184-4339-0　定价：108.00元

读者热线：010-65181109
发行电话：010-85119832　　010-85119912
网　　址：http://www.chlip.com.cn　　http://www.wqedu.com
电子信箱：1012305542@qq.com

版权所有　侵权必究

如发现图书残缺请拨打读者热线联系调换

240721Y2C102ZYW

推荐序一

研究威尔弗雷德·比昂（Wilfred Bion）的精神分析文献可以说浩如烟海，但我在教授精神分析的过程中发现，鲁迪·弗莫特（Rudi Vermote）的《阅读比昂》（*Reading Bion*）对这位极具创新性、启发性和重要性的先驱做出了迄今为止最为精彩的解读。

弗莫特以精炼的文字和共情的态度讲述了比昂的职业生涯，他在印度度过的童年，在英国念书时的孤独时光，在第一次世界大战中担任坦克指挥官的英雄事迹和创伤经历，还有他对受过创伤的士兵开展的团体工作，以及这些成长经验对他后期临床理论产生的深远影响。

或许正因为比昂接触过太多创伤，所以他与弗洛伊德（Freud）的关注点如此不同——他不再聚焦于趋乐避苦的原则及潜意识驱力欲望与恐惧之间的神经症性冲突，而选择关注现实原则，尤其是如何将潜在的创伤体验（"贝塔元素"）通过转化为心智化的"阿尔法元素"（诸如思维和意象）来进行"消化"，后者可以被人思考，并促进心理成长（"从体验中学习"）。比昂思想的巧妙之处在于，这种转化功能只有在与理解自己的人——母亲之于婴儿，治疗师之于病人——相处时才能发展起来。

因此，比昂的研究虽深深植根于弗洛伊德和梅兰妮·克莱因（Melanie Klein）的理论，却又远远超越了他们。他的焦点不再是经典的神经症病人，而是那些患有边缘型人格障碍、有部分精神病性人格、存在严重创伤后障碍和心身障碍的"后经典时期"病人——简言之是心理结构中存在缺陷和未达心智化的区域的病人。他们的主要问题不在于神经症性冲突，而是面临生存威胁：感到脆弱的自体很容易崩坏，在空虚之中迷失自我，或被创伤经历所击溃。这些都无法被"心智化"成心理层面的东西（比如意象、概念、文字、符号等），自然也无法让原始的恐惧得到思考、交流和处理。此类病人需要在创造有效的象征形式、心智化和结构构建等方面获得帮助。比昂的临床理论对这类挑战卓有成效。

但比昂的作品并不是那样通俗易懂。鲁迪·弗莫特的解读之所以令人信服，是因为他同时担任精神科大夫和精神分析师，所以对治疗此类病人经验十分丰富，对比昂的工作及近期该领域其他同道的意见也有着透彻了解，进而能够为我们清晰地呈现比昂的主要思想和理论及其根源和应用。

弗莫特将比昂的作品按两个阶段来展现，此举令人叫绝——将"早期比昂"和"后期比昂"用一个"转韵（caesura）"划分开来，它代表着发生在1965年左右的一个重要的转折点和巨大的变化。当时比昂发现，除了要对心智化和心理结构["在知晓（Knowledge, K）中转化"]开展治疗之外，心理的成长和进化还存在一个更深层、更具存在主义特点的区域，即"在O中的转化"。专注于这一"存在（being）"和"成为（becoming）"的区域，需要分析师有一种彻底放开、勇往直前的态度，一种"无忆、无欲、无理解"的放空的状态。中国的读者们会发现它与佛教冥想技术有相似之处（如三解脱门：空、无相、无愿）。弗莫特还强调，这个新的维度对于分析心智化和结构的工作来说是一种补充而非取代。无论是在知晓中的转化还是在O中的转化，都可以被整合为心理功能和变化的双重轨道。

我和本书译者郑诚、审校者李晓驷已相识多年，且对他们颇为欣赏。郑诚的临床专业知识、对精神分析的深刻知识、丰富的翻译经验以及她工作的细致性和准确性都确保了这本译作是对弗莫特和比昂思想的最佳呈现。

赫尔曼·舒尔茨（Hermann Schultz）医学博士
精神科医师，国际精神分析协会认证精神分析师
中国地区培训分析师
于德国法兰克福

推荐序二
——爱的能力

在很多于临床上呈现出巨婴状态的成人案例中，我们发现，不谙人事、自私和自大是他们的共同特点。你说他智力有问题，他又聪明绝顶，完成学业似乎不费吹灰之力；你说他不擅于人际沟通，他又愿意在少有的朋友关系中奉献自己，甚至能牺牲自己的利益；你要说他自大，他又显得腼腆，无法在公众场合中说话流畅。他们敏感、脆弱，仿佛骄阳中的黄油，经不起热而稀烂，也经不起冷而坚硬……无数次心理治疗，对于这群人，你感觉遇到的是坚硬的稀粥，味道极淡缺乏营养：不能说他们不努力——他们每次都按时缴费、按时来诊；不能说他们不真诚，他们把他们的过往点滴都剖析在你面前；不能说他们没文化，很多人其实受到良好教育和来自良好家庭。

A 是一名 21 岁男性，自幼父母分居，父亲很少在家，他和母亲及外婆生活在一起。从小外婆管教很严，母亲忙于上班，很少和他沟通，父亲回家经常说大道理，如果说不通，就说那就随你。A 非常注重自己的学习，有洁癖，只要成绩没有达到自己的标准，就加强复习，整夜失眠，总是幻想自己成功的那一天，同学们都能以崇拜的、羡慕的眼光看自己。他高中喜欢过一个女同学，表白失败后至今再没谈过恋爱。他觉得自己很纯洁，因此要找的女友也应该是一个干净纯洁的女孩。他其实没有什么朋友，除了学习，也没有去其他城市旅行过，他最大的困惑在于如何摆脱自己的孤独，谈一场真正的恋爱，并渴望与他人建立朋友关系。

比昂对精神分析的贡献，是把一些数学元素引入了极具文学色彩的精神分析中，比如，他用正和负来代表能力。当我们觉得爱（Love, L）的反义词是恨（Hate, H）时，他说爱的反义词其实是负爱，或者是爱的能力的缺失。他用 +L 和 –L 来代表爱和负爱。即便你恨一个人，也说明你是爱他的，你具有爱的能力。这样，我们经常在情侣的"我恨你"表达中感受到强烈的爱。相反，在上述 A 的例子中，你明显看到 A 没有智力的问题，没有父母的缺失，没有环境的恶劣，他可以用比昂的负号"−"来代表某个能力的缺失。类似地，有一个饱受霸凌的孩子，但为何每次霸凌对象都是他呢，因为他没有恨的能力，比昂用 −H 来代表恨的能力的缺失。

我觉得比昂对于 +K 和 −K 的描述是最让人惊艳的。我们从小到大，在应试教育模式下学到很多知识，在比昂看来，这些知识不叫 +K，有时它甚至叫 −K。在早年的药家鑫案件中，一名音乐学院的大学生因为一起不大的车祸，用刀将农妇捅死，因为他怕今后麻烦！这就是典型的 −K。也就是，既缺乏常识，也缺乏人生的基本体验（对人性的敬畏）。所以 +K 不由皮质的知识构成，而由人际互动中的情感体验构成。浮动于边缘系统的海马体以及穿梭于胼胝体中的各种记忆、躯体感觉和丰富的与自然接触产生的超个人体验，构成了 A 的表现，既反映出 −K 的特征，也反映出 −L 的特征，即他不知道如何交友，也不知如何恋爱，在 21 岁时缺乏基本的生活常识。

比昂出生于印度，冥冥之中，他有某些东方的道的味道，他强调治疗师要做到无欲、无忆，这样才能让来访者产生"+"（即某种能力），爱的能力、恨的能力和感悟人性的能力！德国著名的心身学家米切利希（Mitscherlich）写过一本书，《哀悼的失能》(*The Inability to Mourn*)。按比昂的公式，"−"代表某项失能，是可以引发我们许多持续的思考的，而能力不是一种可以像复印机一样拷贝出来的东西，它需要父母和孩子持续的互动、有质量的陪伴和真诚的涵容（containment）。

我觉得《阅读比昂》不仅仅是让我们学习精神分析，也让我们思考如何当父母、做老师，如何和孩子、学生以及他人交往。想想那些最复杂的情感和难忘的朋友，是不是都在某个不经意的时刻——听到某段音乐、聊到某个话题、闻到某种香味——变得让人难以忘却和突然感动，这一刻，比昂枯燥的"+"仿佛变成了天上无数个星星，对你眨巴着调皮的眼睛！

施琪嘉

2023 年 11 月 23 日

于惠安鲲鹏民宿

"精神分析阅读译丛"丛书序

非常高兴看到"精神分析阅读译丛"由中国轻工业出版社"万千心理"陆续出版。2021年盛夏之际，在中国心理卫生协会第十四次全国心理卫生学术大会上，丛书各册译者的精彩讲座余音绕梁，以后的岁月里，日渐闻翰墨飘香。

点墨是金，经典著作是经过了历史的沉淀，经过了时间检验的宝藏。重读经典，沿学科脉络追本溯源，解读大家思想内涵，需要以时代为背景，把仁者智慧与时代内涵统一起来，引发深入人心的思考。跟随当代学术大家洗练洁净的语言阅读，会令每一位年轻读者内心都充溢着信心与满足。

典籍浩若烟海，靠慎选，也靠名家推荐。"新精神分析图书馆（New Library of Psychoanalysis）"系列丛书编委会集结了一批最能阐发精神分析思想精髓的学术大家，在接管国际精神分析图书馆（the International Psychoanalytical Library）后搭建起丛书平台，促进大众对精神分析更广泛的认识，增进精神分析与相关学科（社会科学、医学、哲学、历史、语言学、文学和艺术等）相互交流。我们从"新精神分析图书馆"系列丛书中精选数本引进出版，组成中译版的"精神分析阅读译丛"。在"精神分析阅读译丛"原著编写过程中，包括现任《国际精神分析杂志》（International Journal of Psychoanalysis）主编达娜·伯克斯特德－布林（Dana Birksted-Breen）在内的多位学术大家以精深的临床敏锐度，对这些经典给出严肃的学术解读，将精神分析学科代表人物最具代表性及影响力的传世之作呈现在读者面前。

"精神分析阅读译丛"共包括五册：《阅读弗洛伊德——弗洛伊德著作的编年探索》（Reading Freud: a chronological exploration of Freud's writtings）《阅读安娜·弗洛伊德》（Reading Anna Freud）《阅读温尼科特》（Reading Winnicott）《阅读克莱因》（Reading Klein）和《阅读比昂》。《阅读弗洛伊德》所选经典原文都给出了背景和历史细节，并介绍了当代弗洛伊德学派的发展；《阅读安娜·弗洛伊德》介绍了她的思想的历史地位以及当今对增进儿童青少年福祉，与儿童进行治疗性工作的价值；《阅读温尼科特》的两位作者则最大限度地保留了唐纳德·温尼科特的个人独创性，她们的研究积淀汇总出一个可供读者聆听并理解作者思想的历史视角；《阅读克莱因》呈现出她的作品对理解精神生活图景的理论贡献，对之后精神分析发展产生的巨大影响，促进了精神医学对病人无意识焦虑的理解；《阅读比昂》的作者则阐释了比昂的思想对于精神分析、心理治疗的持续而深远的影响，以及对艺术、文学、社会学的价值。

最后预祝各位读者展卷破颜，阅读愉快！

王刚

2022 年 2 月

审校者序

一个偶然的机会，我得知《阅读比昂》一书正在翻译中，并需要一位审校者，便主动向中国轻工业出版社"万千心理"提出了承担审校者的任务。之所以是主动，不仅仅是因为我与之有过良好的合作关系，有可能被接受，更主要是出于以下两个原因：其一，于我而言，对于比昂的理论我仅略知皮毛，我急需借此进一步了解比昂，系统学习比昂的理论，由此大幅提升自己；其二，这本书的译者是郑诚——一位非常优秀的治疗师和译者，且全书均由她一人完成。有此高质量的翻译，审校者无须花费多少精力，还可顺便挂个审校者的美名。

得益于曾经有过的良好合作关系，我的主动还真被接受了，而此后的审校工作，也确实让我获益匪浅。首先，在理论方面：比昂的理论思想无疑也是植根于弗洛伊德和克莱因等流派的理论，但比昂在他的实践中发展和创新了精神分析的理论。翻译、审校这本书的同时，显然就是在相对系统地学习这些理论，不仅拓展了自己的视野，也为自己的临床工作提供了新的选项。

其次，书中还将比昂的理论和观点与西格蒙德·弗洛伊德（Sigmund Freud）、梅兰妮·克莱因（Melanie Klein）、唐纳德·W.温尼科特（Donald W. Winnicott）、卡尔·荣格（Carl Jung）、雅克·拉康（Jacques Lacan）等对精神分析的发展做出最为重要贡献的学者的理论和观点的异同做了比较，这不仅方便了读者对比昂的理论和观点的理解，也有助于读者复习和掌握精神分析几个主要学派的核心理论和观点。

再者，该书的特点之一是将比昂的传记资料及对其作品有影响的科学、艺术、哲学背景，分别以专栏形式或单独章节予以展现，从中我们也可以获得比昂的成长经历，彼时的社会文化背景，真实的战争残酷场面，一些与精神分析有关的历史和逸事，诸如比昂在洛杉矶时和大名鼎鼎的、曾为玛丽莲·梦露（Marilyn Monroe）做过精神分析的加州大学洛杉矶分校拉尔夫·R.

格林森（Ralph R. Greenson）教授的冲突等。这不能不说也是阅读此书的额外收获。

在诸多的逸事中有一件尤其让我印象深刻：阿尔伯特·梅森（Albert Mason）曾为刚到洛杉矶不久的比昂组织过一次关于比昂的研究的讲座。"比昂选择了疗愈这个主题。在讲座中，他说有位歌唱家在被分析的时候高声尖叫了好几分钟，对此他诠释为：或许她是在将自己害怕被扔出大楼的焦虑转嫁到他的身上。接着他问：'这算是一种疗愈吗？'无人应答。讲座就这样持续了10分钟。梅森作为会议的组织者开始有点心慌，便问了两个问题，但接着又是一片寂静，尴尬持续了20分钟，大厅里三分之二的座位已是人走椅空。"

我在此处选择这件逸事，并非是说比昂如何怪异（现实中真有人认为他怪异），而是想说以我个人的理解，比昂其实是在以这种方式告诉大家，情感体验是多么重要。而比昂的思考理论中，重要的内容就是对情感体验的思考。也正如此，在本书的翻译和审校中，将"learning from experience"确定译成"从体验中学习"，而不是"从经验中学习"，在本书中对"experience"一词主要译为体验，而较少译为经验、经历。

说到翻译，我们必须承认，该书的翻译难度非常大，精神分析的术语本来就浩如繁星，而伴随着比昂颠覆性的创新性理论的出现和发展，又出现了一大批新的术语（甚至已有专门的比昂精神分析术语词典），加之比昂擅长数学，常以数学逻辑和符号来表达其观点，更使得其文章晦涩难懂。而本书作者鲁迪·弗莫特教授的母语并非英语，文中多有非常规的英语表达习惯，这也在无形中增加了翻译的难度。

幸亏译者是非常有经验的郑诚，才得以让本书历经长达两年多的翻译终成中文文本；而说到审校，其实更多的是就某些词汇、字句、段落的译法与译者进行多次讨论，共同商定最终如何翻译，这一过程同样并非易事。但不管怎样，为达到"信、达、雅"的标准，译者和审校者都已竭尽全力。

为更好地理解和使用本书，我建议大家先浏览卷首语"关于《阅读比昂》"以及"导言"——包括其中"如何阅读本书"的部分，这里会有如何使用本书和对比昂的理论及其演化过程的扼要介绍；也建议大家遵从原著作者鲁迪·弗莫特教授的建议，先囫囵吞枣式地浏览一遍全书，而不要一遇到晦涩难懂之处就停下来刨根问底。相信反复多看几遍，便有收获。作为一个"过来人"，我也建议在通读一遍的基础上，先重点阅读第五章，把比昂的网格图的含义搞清楚，把横轴、纵轴分别代表什么，以及纵轴中每个概念的含义和逻辑关系搞清楚，就能较为容易理解全书，以及在此基础上进一步全面理解比昂的思想了。

诚如原著的卷首语中所言："《阅读比昂》一书从入门开始，所以对刚接触比昂作品的人士而言很具指导性，但深度阅读以及书中的背景信息又使之成为研究比昂作品的资深精神分析师和心理治疗师的良师益友。"我们首先要感谢的是原著作者鲁迪·弗莫特教授的辛勤劳动和极具创新性的写作方式，由此我们才有机会看见和拥有这本极有价值的工具书。

李晓驷
2023 年仲春于合肥

译 者 序

2019年冬天，我受"糖心理"邀请，为一系列客体关系课程做了长达14个月的口译。其中比昂理论模块由英国精神分析学会（British Society of Psychoanalysis, BPA）的督导师克里斯·莫森（Chris Mawson）先生讲授，他也是《比昂全集》（*Complete Works of W. R. Bion*）的主编。印象中他总是坐在一间铺满阳光的书房里，微笑着打招呼，若时间还早，他便亲切地聊聊天，或是端着电脑带我看窗外的景色和自家的小狗。有次提到比昂对东方文化的理解，他兴奋得像个孩子，一定要起身去找什么东西，很快便翻出一本小册子，他指着上面的批注说："瞧我做的笔记！"正是莫森对比昂的细致讲解让我脑中那些晦涩难懂的概念渐渐生动起来，就此推开了比昂世界的大门。但这样一个温暖的人却在2020年12月永远离开了我们。翻译本书的过程中，每当我觉得困惑与彷徨，仍能从当时与他的对话里获得灵感和力量。

课程结束后，当时正在伦敦塔维斯托克诊所（Tavistock Clinic）进修的张亦弛博士，找我翻译这本《阅读比昂》，他说："长久来看，此书对精神分析在国内的发展十分有益。"我几乎立刻就答应下来，却没想到由于疫情的原因，短短20余万字竟至两年多后才最终完稿。2021年9月，《阅读比昂》与《阅读弗洛伊德——弗洛伊德著作的编年探索》《阅读安娜·弗洛伊德》《阅读克莱因》和《阅读温尼科特》等书一同被列入中国心理卫生协会与中国轻工业出版社"万千心理"联合推出的"精神分析阅读译丛"。为此，中国心理卫生协会特意组织了一场心理治疗客体关系学派理论及实务纵贯研讨会，本书作者鲁迪·弗莫特教授也获邀在会上分享写作心得，我与亦弛博士均为协同讨论人。这次"三方会谈"解开了我在翻译过程中的一些疑问，为完成此项工作奠定了基础。

亦弛博士对原著"索引"进行了仔细推敲，为本书的术语翻译奠定了基础，但后来他由于工作繁忙而遗憾退出，幸得李晓驷教授出手相助，完成了对本书的审校工作。晓驷教授对文字精益求精的态度令人敬佩，他的"灵感一现"和奇思妙想也总能为我打开新的思路。我们一再斟酌比昂的核心概念如何传达才能更加到位，有时既为找到某个准确的名称而雀跃，又忧心与前作译法有别会令读者无所适从。对本书而言，一切的一切终将随着出版而尘埃落定，但对比昂的解读定会在一代又一代的研究者心中永不停息。

如作者所言，本书属于比昂原著的伴读材料，将比昂作品按"转韵之前"和"转韵之后"分为两大部分，依时间顺序逐一解读。在我看来，比昂似乎更乐于分享自己的生活、态度和个人好恶，但在撰写学术作品时"惜时如金"，写完即抛到一边，不肯再去推敲、打磨，有些工作笔记甚至是其妻子弗朗西斯卡·比昂（Francesca Bion）从废纸篓里"抢救"出来才得以保存。所以他的书需要读者本人高度参与，却又存在"粗读略懂一二，细看反倒云里雾里"的奇特现象，而本书恰到好处的框架、结构和诠释或可中和这种古怪的感觉，为初学者增添几分信心。文中穿插的比昂背景介绍，又能让读者对其字里行间流露出的"悲伤、孤独与茫然"产生更多共鸣与理解。

感谢我的导师李鸣教授在我毕业多年后仍然给予的持续不断的鼓励和支持，感谢每一位帮助过我的同道，也感谢我所有的病人们带给我深深的感动。最要感谢的是对我无比包容的家人，有他们作为强大后盾，我才能脱离后顾之忧，在无数个深夜心无旁骛地走进浩渺的心理世界。

郑诚

2023年早春于合肥

致中文版读者

亲爱的读者们：

我很荣幸《阅读比昂》能被译为中文出版。中国是一个幅员辽阔、地大物博的国家，有着丰富多彩的文化与历史背景。其实在某种程度上，比昂的作品也具备这些品质。

比昂是一位有独创精神的思想家，他对精神分析产生了深远的影响。他的作品广为流传，被越来越多的人所引用。

他在印度的童年时光、在英美的教育和工作背景、英勇作战的经历、对历史和哲学的研究，以及兼具医生和精神分析师的身份，让东西方的同道都能从中获得有趣的共鸣。

他的学说涉及如下主题：（1）大小团体的动力学；（2）心理功能的本质及其与精神病理学和心理变化的关系；（3）心中未能表征的领域的那些深刻而难以言喻的特质。这些主题具有普遍性，不仅能用于心理治疗，也能为艺术、文学、管理等领域提供一个参考框架。

阅读比昂的著作本身就是一种无与伦比的体验。希望本书能够成为您研习之路上的伴侣和导航。祝您一路顺风！

感谢王刚教授、王倩教授、李晓驷教授、郑诚、张亦弛博士和刘雅为本书中文版的出版所做的贡献。

鲁迪·弗莫特

关于《阅读比昂》

威尔弗雷德·R.比昂（Wilfred R. Bion）是一位具有开创性意义的精神分析师。其思想在弗洛伊德和克莱因的理论土壤中生根发芽。《阅读比昂》揭示了他在心理功能方面那些创新见解的演化过程，并将它们置于更广阔的背景之下。

鲁迪·弗莫特按时间顺序深入阅读了比昂的作品，整合其中评论，并对他提出的主要概念进行了全面分析。本书主要分为两个部分。

1. 在 K 中的转化：比昂理解心理加工或心智的奇幻之旅。
2. 在 O 中的转化：比昂从未知（unknown）和不可知（unknowable）的维度重新解释了自己之前的概念。

在本书中，比昂的传记资料及对其作品产生影响的科学、艺术、哲学作为背景，特用专栏形式和单独章节予以展现，有别于正文部分。比昂提出的概念对于所有与心智打交道的人来说都很重要。他的观点对精神分析、心理治疗和精神病理学都有着深远的影响。他的概念有助于我们理解心理变化、创造力、个体的精神动力以及小团体和大团体现象。它们对于艺术、文学、社会学、宗教和经济学研究的价值才刚刚崭露头角。

《阅读比昂》一书从入门开始，所以对刚接触比昂作品的人士而言很具指导性，但深度阅读以及书中的背景信息又使之成为研究比昂作品的资深精神分析师和心理治疗师的良师益友。

鲁迪·弗莫特，医学博士，哲学博士，培训分析师，比利时精神分析学会前主席，鲁汶大学（University of Leuven）教授。他曾出版和演讲过关于比昂作品的内容，是《国际精神分析杂志》（*International Journal of Psycho-Analysis*）编委会成员和加州精神分析中心（Psychoanalytic Center of California）的名誉会员。

新精神分析图书馆"教学"系列

主编：达娜·伯克斯特德－布林（Dana Birksted-Breen）

1987年，新精神分析图书馆和位于伦敦的精神分析研究所联合成立。它接管了国际精神分析图书馆，该图书馆出版过诸多弗洛伊德著作的早期译本，以及大多数英国和欧洲大陆精神分析界领军人物的作品。新精神分析图书馆的目标是促使人们更好、更全面地品鉴精神分析，同时提供了一个平台，以增进精神分析师和其他学科（譬如社会科学、医学、哲学、史学、语言学、文学和艺术）研究者之间的相互理解。它旨在引领英国精神分析乃至整个精神分析学界的不同趋势。新精神分析图书馆很适合放置其他欧洲英语国家的精神分析作品，并增进英国和美国精神分析师之间的思想交流。

在亚历山德拉·莱马（Alessandra Lemma）的前一任——达娜·伯克斯特德－布林——担任该系列丛书的编辑时，《阅读比昂》是一本受委托为该丛书创作的著作；由于达娜长期以来一直支持和建议作者去促成该项目，所以她在本书中被列为本系列丛书的主编。

现有的顾问委员会成员包括乔凡娜·迪赛格利（Giovanna Di Ceglie）、莉兹·艾莉森（Liz Allison）、安妮·帕特森（Anne Patterson）、乔希·科恩（Josh Cohen）和丹尼尔·皮克（Daniel Pick）。

通过"教学"这一子系列，新精神分析图书馆出版了丰富多彩、深入浅出的书籍，对特定主题领域进行了概述，旨在研究精神分析及与之相关的各个领域，包括社会科学、哲学、文学和艺术。

关于新精神分析图书馆的主系列和"超越躺椅"子系列的全部书单，请访问劳特利奇（Routledge）出版社主页。

新精神分析图书馆"教学"系列书籍列表[1]

《阅读弗洛伊德——弗洛伊德著作的编年探索》(*Reading Freud: a chronological exploration of Freud's writtings*, Jean-Michel Quinodoz)

《发起精神分析：多视角》(*Initiating Psychoanalysis: Perspectives*, Bernard Reith, Sven Lagerlöf, Penelope Crick, Mette Møller & Elisabeth Skale)

《婴儿观察》(*Infant Observation*, Frances Salo)

《阅读安娜·弗洛伊德》(*Reading Anna Freud*, Nick Midgley)

《阅读意大利精神分析》(*Reading Italian Psychoanalysis*, Edited by Franco Borgogno, Alberto Luchetti & Luisa Marino Coe)

《阅读克莱因》(*Reading Klein*, Margaret Rustin & Michael Rustin)

《初始分析：启动精神分析的过程》(*Beginning Analysis: On the Processes of Initiating Psychoanalysis*, Bernard Reith, Mette Møller, John Boots, Penelope Crick, Alain Gibeault, Ronny Jaffe, Sven Lagerlöf & Rudi Vermote)

《阅读比昂》(*Reading Bion*, Rudi Vermote)

---

[1] 该系列书籍中，已由中国轻工业出版社出版的简体中文版有《婴儿观察》《阅读克莱因》《阅读安娜·弗洛伊德》，即将出版的有《阅读弗洛伊德——弗洛伊德著作的编年探索》。——译者注

致　　谢

特此鸣谢本"教学"系列丛书的编辑达娜·伯克斯特德－布林,她决意邀请我来撰写此书,并给予耐心和帮助,最终使之成册。

比昂的思想从体验的角度影响着精神分析的治疗和理解。我在传达他的某些思想时身处的立场恰好体现了独自工作与分享和讨论之间的辩证关系。感谢我的分析对象和学员们,以及所有我能与之讲解、讨论、互通信件和分享观点的同事们,尤其是詹姆斯·格罗特斯坦(James Grotstein)、安东尼诺·费罗(Antonino Ferro)和霍华德·莱文(Howard Levine)协助补充了本书内容;克里斯·莫森(Chris Mawson)和戴维·泰勒(David Taylor)所做的细致且深刻的附注,还要感谢阿夫纳·博格斯坦(Avner Bergstein)、莫妮卡·霍洛维茨(Monica Horowitz)、乔·阿瓜约(Joe Aguayo)、劳瑞·布朗(Larry Brown)、卡特琳娜·布朗斯坦(Catalina Bronstein)、安妮·莱纳(Annie Reiner)、让·阿布拉姆(Jan Abram)等人。非常感谢比利时、荷兰、瑞士、意大利、瑞典、澳大利亚、中国台湾地区、美国加利福尼亚州、俄罗斯、葡萄牙、奥地利、以色列和日本等国家和地区的精神分析协会的朋友和同道们邀我前去演讲和讨论比昂思想的应用。还要特别感谢伦敦大学的戴维·塔克特(David Tuckett)的邀约与对本书的大力支持,并感谢阿尔伯特·梅森(Albert Mason)和詹妮弗·梅森(Jennifer Mason)引荐我去到比昂生前所在的洛杉矶。

感谢与我志同道合的几位比利时朋友,特瑞·密辛(Trui Missine)、让·康比安(Jan Cambien)、鲁特·德瑞特(Lut Derijdt)、戴安娜·梅西纳(Diana Messina)、威立(Willy)和米歇尔·梵·卢瑟贝汀(Michele Van Lysebetten)、耶夫·德林(Jef Dehing)和马克·赫布瑞特(Marc Hebbrecht)等,以及与我在鲁汶大学精神病学中心密切合作的同事们。

由于英语不是我的母语,所以我首先要感谢安妮琳·玛施琳(Anneleen

Masschelein）的帮助，后来莉兹·艾莉森（Liz Allison）也伸出援手，对此我感激不尽。莉兹在百忙之中仍然毫无保留地致力于本项目。若无她作为分析师那精彩的编辑和明晰的反馈，本书也难以成册。

  写作很耗时间，且往往以牺牲与密友和家人相聚为代价。因此我将本书献给我的妻子多米尼克（Dominique）和孩子洛伯（Lobke）、卡斯珀（Kasper）、佐伊（Zoe）和塞缪尔（Samuel），以感谢他们温暖的支持和理解。

目　录

导　言 ·· 001

第一部分　转韵之前：在 K 中的转化

第 一 章　传记：1897—1966 ··· 051
第 二 章　《团体中的经验及其他论文》（1961） ····························· 065
第 三 章　精神病相关论文（1953—1960） ··································· 085
第 四 章　《从体验中学习》（1962） ··· 105
第 五 章　《精神分析的元素》（1963） ·· 123
第 六 章　《转化》（1965） ··· 147

第二部分　转韵之后：在 O 中的转化

第 七 章　传记：1967—1979 ··· 171
第 八 章　《注意与解析》（1970） ·· 177
第 九 章　第二种思维——评论《精神分析论文集》（1967） ············· 213
第 十 章　《未来回忆录》（1977） ·· 223
第十一章　讲座、研讨会及讲座备用短文（1973—1979） ················ 241
第十二章　自传 ·· 269
第十三章　比昂学说的进一步发展 ··· 287

结　语 ·· 295

附 录

附录一 倾听与阅读比昂 ································· 299
附录二 比昂于我之恩 ································· 305
附录三 探索比昂——个人回忆 ························ 311

参考文献 ··· 317

导　言

如何阅读本书

在撰写本书时，我尽可能地忠实于比昂的复杂本意，同时希望以浅显易懂的方式帮助初读者了解他的作品。为达到这一目的，我采取了如下步骤。

第一，本书基本是按时间顺序来研究比昂的工作的，以便于读者捋清他的思想和技术的发展。单看本书固然可以，但它原是比昂原著的伴读材料，既可供小组也可供个人阅读。

第二，正如书中将要讨论的那样，我们可以在比昂的工作中发现一个重要转折，用比昂的术语来说就是"转韵（caesura）"。字面上看，"转韵"意指"诗歌中的韵脚和停顿，尤其是接近诗歌中部的韵脚或停顿"[1]。为体现此种"韵"的转变，本书分为两部分：转韵之前和转韵之后。转韵之前，比昂聚焦于情感体验的心理加工，称其为在知晓中的转化（Transformations in Knowledge）或在 K 中的转化。转韵之后，比昂则专注于非表征体验层面（non-represented level of experience）的转化，他称之为在 O 中的转化（Transformations in O），认为它在改变心理时会更加强而有力。

第三，比昂（1967）建议读者将他的书一口气从头读到尾，即便有困惑也不要停下。他希望他的观点能自成一派，并在阅读时与读者的体验加以整合，这样每读一次都能产生新的领悟。比昂的文字往往有多层含义，所以我用专栏的形式提供多种视角，以便丰富读者对文章的体验和解释。这一形式可让读者根据自身水平和习惯选择阅读或略过。它类似于旅途中把导游手册上的兴趣点标出来，让-米歇尔·奎诺多茨（Jean-Michel Quinodoz, 2005）

---

[1] 类似中国的有些词牌如"清平乐"的词由此分为上半阕与下半阕，且下半阕开始变韵。——译者注

著作《阅读弗洛伊德——弗洛伊德著作的编年探索》也用到了这种方法。由于这些专栏是专门列出的,所以最好单独阅读,否则会打破紧贴比昂作品的前后文的连贯性。

第四,读者如果不想按时间顺序研读比昂思想的发展,而更喜欢单刀直入其理论核心,可以先阅读本书介绍比昂四本关于心理功能和心理变化的著作[《从体验中学习》(Learning from Experience)、《精神分析的元素》(Elements of Psychoanalysis)、《转化》(Transformations)、《注意与解析》(Attention and Interpretation)]的那几章。书中的专栏则有助于把遇到的概念放到上下文中去理解。

第五,为了给比昂的思想演变提供一些背景知识,有几章介绍了比昂的性格,他的作品受哲学的影响,以及其与弗洛伊德、克莱因、温尼科特、荣格和拉康等人的思想之间的关联。比昂的履历背景同样有所介绍,但和他的工作以及本书一样,他的生命也被分为了两个部分——转韵之前和转韵之后。比昂生平的上半部分的介绍位于"第一部分"的开头,其生平下半部分的介绍则写在"第二部分"的开头。

第六,附录中援引了几位著名的、号称比昂学派学者(有人觉得这个称呼是对准确理解比昂理念的一种根本误解)的人所写的短篇见闻感言:格罗特斯坦、费罗和莱文。

我希望借助上述方法可以忠实于比昂的精神,在不做简化和不搞教条的情况下,为读者提供一种体验和深入阅读比昂作品的指南。

本书在比昂文献中的定位

现存不少优秀且知名的出版物——还有期刊和书籍上的海量文章、两本词典和相当多的专题论文及论文集——都是那些希望深入研究比昂者所必不可少的读物。在此我简单概述一下,有些文献资料或直接或隐晦地对我的阅读提供了帮助,且能为进一步阅读提供指导。比昂的夫人弗朗西斯卡·比昂(Francesca Bion)曾协助比昂工作。在比昂去世后,她仍然坚持整理他的遗作并出版了七卷书——包括他的自传[《漫长的周末》(*The Long Weekend*)、《我记忆中的全部罪过》(*All My Sins Remembered*)和《战争回忆录：1917—1919》(*War Memoirs, 1917–1919*)]，研讨会（在罗马、里约热内卢、纽约、伦敦和塔维斯托克参加的），笔记[《深思》(*Cogitations*)]，以及写给家人的信[《天才的另一面》(*The Other Side of Genius*)]。他的长女帕耳忒诺珀·比昂·特拉莫（Parthenope Bion Talamo，1998年不幸英年早逝，她生前一直在意大利都灵市做分析师）将比昂作品翻译成意大利语，并协同主编了她父亲的许多作品，比如《过去与未来之间的比昂》(*W.R. Bion Between Past and Future*, 2000)和《比昂给团体的遗赠》(*Bion's Legacy to Groups*, 1997)，但她执笔的关于比昂毕生贡献的作品却遗憾未能完成。

从20世纪60年代起，比昂对英国同道的影响体现在他们的作品之中，受影响者包括赫伯特·罗森菲尔德（Herbert Rosenfeld）、汉娜·西格尔（Hanna Segal）、罗杰·莫尼-克尔（Roger Money-Kyrle）、弗朗西斯·塔斯汀（Frances Tustin）、唐纳德·梅尔泽（Donald Meltzer），伊丽莎白·门齐斯-莱思（Elisabeth Menzies-Lyth）和罗纳德·布里顿（Ronald Britton）。20世纪70年代，比昂接受加利福尼亚的克莱因学派组织的邀请前往当地，并在洛杉矶一住就是将近12年。彼时一个有影响力的克莱因学派组织和后来的比昂学派组织逐渐形成，其成员包括洛杉矶的詹姆斯·格罗特斯坦、阿尔伯特·梅森和苏珊·艾萨克斯（Susan Isaacs）。后来，洛杉矶的托马斯·奥格登（Thomas Ogden）（起初他主要研究温尼科特）对比昂的作品产生了浓厚的兴趣。纽约的迈克尔·埃根（Michael Eigen）发表了从神秘主义视角解读比昂的论著，马克·爱泼斯坦（Mark Epstein）则是从佛教理念出发研读比昂。波士顿还有个组织，其代表人物是霍华德·莱文和劳伦斯·布朗，他们主办了其中一场比昂研讨会，并发表了研究比昂的文章。但美国最著名的"比昂学派"作家当属詹姆斯·格罗特斯坦。他的专著《黑暗光束》(*A Beam of Intense Darkness*, 2007)是研究比昂生平及作品的卓越成果。作为20世纪70年代比昂的受分析者，格罗特斯坦属于最早一批出版比昂"纪念册"的人。他将其命名为《我敢扰乱宇宙吗？》(*Do I Dare Disturb the Universe?*,

1983）。这本书含有几篇重要的论文，包括《谁是做梦的梦者，谁是解梦的梦者》（*Who is the dreamer who dreams the dream and who is the dreamer who understands it?* ）。

格罗特斯坦在《黑暗光束》中引用了"他自己阅读比昂作品的日记"（Grotstein, 2007: 7）。格罗特斯坦的观点与比昂非常接近，但更多是对比昂作品的创造性理解，以及对自己的精神分析理论的介绍。格罗特斯坦的一系列行动十分激进。他研讨了比昂大部分的著作，除了《未来回忆录》（*A Memoir of the Future*）之外，还大量引用了比昂的论述，但他的文章是综合性、概念性和个人化的，并非按照时间顺序系统地讨论。他的阅读重心落在20世纪70年代以来后期"神秘主义"比昂的作品上。此外，他主要依靠自己在比昂那里接受的分析和个人对比昂的回忆进行研究，而避免使用传记资料。杰拉德·布兰多努（Gérard Bléandonu, 1994）所著《威尔弗雷德·比昂：生平与作品：1897—1979》（*Wilfred Bion: His Life and Works 1897–1979*）可以弥补这一空白。布兰多努的传记评论很有见地，它以比昂的自传和访谈为基础，似乎更侧重于比昂早期的作品。布兰多努对《未来回忆录》也有所讨论。他的阅读一方面得益于自己与团队的工作，另一方面也要归功于法国精神分析的传承［包括像迪迪埃·安齐厄（Didier Anzieu）和安德烈·格林（André Green）这样的思想家，他们在弗洛伊德、拉康和比昂之间架起了桥梁］，因此他提供了与众不同的视角。

比昂70多岁的时候开始在加利福尼亚州以外的地区举办讲座和研讨会，主要在英国和美国，也有意大利和巴西。这使得他的思想不同程度地被不同民族所接受。早期介绍比昂的文章从他首次访问巴西开始（Grinberg, Sor & Tabak de Bianchedi, 1975），到1993年已历经大幅修订和校对，形成《比昂作品新入门》（*New Introduction to the Work of Bion*）。这本书对比昂主要的理论作品进行了简明、睿智的总结和论述，是研究比昂的绝佳起点。圣保罗协会（the society of Sao Paolo）从比昂那里受惠颇多。保罗·塞萨尔·桑德勒（Paulo Cesar Sandler）是该协会中最为多产的当代作家。他那本全面而精深的巨著《比昂的语言：概念词典》（*The Language of Bion: A Dictionary of*

Concepts, 2005b）是每位比昂学习者必不可少的读物。

比昂的作品在意大利引起了极大的反响。帕耳忒诺珀·比昂在都灵担任分析师，并在 1997 年和西尔维奥·梅西埃（Silvio Merciai）共同在都灵举办了第一届国际会议。安东尼诺·费罗以极富创造力的方式，生动形象地将比昂的作品与巴兰格夫妇（Baranger & Baranger, 1983, 2008a, 2008b）的"场论（field theory）"相结合。除了举办研讨会和发表文章，费罗还出版了几本书，内容是他对比昂理论的临床应用（Ferro, 1999, 2002, 2005, 2006, 2008）。意大利还有其他一些著名的比昂学派作家，比如克劳迪奥·内里（Claudio Neri）、佛朗哥·勃艮第（Franco Borgogno）、马可·孔奇（Marco Conci）和约瑟夫·奇维塔雷塞（Giuseppe Civitarese）等。法语译本《阅读比昂》（2006）是几位著名的意大利作者［科雷亚莱（Correale）、法达（Fadda）、内里］的作品合集。虽然该法译版的书名和本书相同，也都旨在忠实地呈现阅读内容，但其方法与我们不同。它主要收集了不同作者对比昂作品的理解，以及他们对比昂团体理论的观点。

《比昂思想的当代意义》（*Actualité de la pensée de Bion*, 2007）介绍了法语和拉丁语国家的分析领域有关比昂的许多当代视角。20 世纪 60 年代至 70 年代，由于拉康的主导地位，所以整体上英国学派——克莱因、西格尔、温尼科特——影响力较弱。比昂的作品是由安德烈·格林引入法国的，尤其《白人精神病》（*La psychose blanche*, Donnet & Green, 1973）这本书正是从比昂的思想中汲取了灵感。安德烈·格林是比昂的朋友，他在缩小法国精神分析学派和盎格鲁－撒克逊领域的发展之间的差距上发挥了关键作用。虽然格林最初分明研究的是弗洛伊德，但他有些著作却与比昂思想高度一致，比如《关于"负性"的研究》（*The Work of the Negative*, 1993）。迪迪埃·安齐厄对于比昂在法国的传承也很重要。他发表了很多比昂有关团体工作的文章（Anzieu, 1984），还写了《皮肤自我》（*Le Moi peau*）一书来详细阐述比昂的容器－被容纳者理论（container-contained theory, Anzieu, 1989）。自 20 世纪 70 年代以来，法国心身医学派（Marty & De M'Uzan, 1963；Marty, 1991; Luquet, 2002）借助比昂在思考和感受方面的作品发展了自己的心身疾病理论，其基础是缺乏象征化：用比昂和格林的话说，是缺乏对情感的"思考（thinking）"，这在巴黎精神分析学派那里就是"操作性思维"概念。博泰拉夫妇（Botella & Botella, 2001）借鉴了比昂的观点，即认为存在幻觉层的思考。最近，莫妮卡·霍洛维茨也在针对比昂的作品撰写文章、举办会议。

由于篇幅有限，其他书籍我只介绍聚焦于比昂特定观点的那部分。比如，琼（Joan）和内维尔·赛明顿（Neville Symington）借鉴了比昂的临床思维观点，马尔科姆·派因斯（Malcolm Pines, 1985）、利普加与派因斯（Lipgar & Pines, 2003）则专注于比昂对团体的研究。迪迪埃·安齐厄（Anzieu, 1992）撰写的《贝克特与精神分析师》（Beckett et le psychoanalyste）生动地描述了比昂早年与塞缪尔·贝克特（Samuel Beckett）相遇的经历。最后，P.C.桑德勒（Sandler, 2005a）和拉斐尔·E.洛佩兹－科尔沃（Rafael E. López-Corvo）为比昂作品所撰写的两本词典是相互补充的。洛佩兹－科尔沃（多伦多）撰写的《比昂作品词典》（Dictionary of the Work of W.R. Bion）是一本优质且简明的参考书，其中每个概念都联系到比昂的工作，并提供了比昂借鉴来的概念的哲学背景等实用信息。他的另一本著作《狂想寻找思考者》（Wild Thoughts Searching for a Thinker, 2006）则要开放得多，而且将比昂置于临床精神分析传统之中来解读。而前面提到的桑德勒的鸿篇巨著则聚焦于比昂的各种转化（transformation）概念，其方法是研究比昂作品中的引文。这本书当属该领域内的百科全书（Sandler, 2005a）。桑德勒有权使用比昂图书馆并查看其书中的注释资料。帕耳忒诺珀·比昂当时正着手撰写一本书，介绍有哪些著作影响了比昂，但如前所述，该书直到她不幸去世仍未被完成。卡纳克图书（Karnac Books）的创始人哈利·卡纳克（Harry Karnac, 2008）曾制作了一份全面的关于比昂作品的主要及次要来源的文献目录。由克里斯·莫森（2010）为"新精神分析图书馆"主编的《当代比昂》（Bion Today），探索了比昂思想在当代不同领域（概念、临床、美学、团体等）的应用，该书收录了诸多教授比昂思想的著名学者的文章。其中部分学者曾与比昂通力合作过。克里斯·莫森还为卡纳克图书主编了《比昂全集》（Complete Works of W.R. Bion），近期已经出版（Bion, 2014），共16卷。安妮·莱纳（Anne Reiner,

2012）出版了《比昂与存在》（*Bion and Being*），以个性化、面向临床，且优美、诗意的方式展现了已故的比昂的经历。尼诺·托雷斯（Nino Torres）和罗伯特·欣谢尔伍德（Robert Hinshelwood）编写的学术性文章《比昂之源起》（*Bion's Sources*, 2013）提供了详尽而周到的背景信息。比昂新著作的产生得益于乔·阿瓜约和伯纳德·马林（Joe Aguayo & Bernard Malin, 2013），这两位将《洛杉矶研讨会与督导会议》（*Los Angeles Seminars and Supervision*）的录音带编辑成册。伊恩·米勒和凯·苏特（Ian Miller & Kay Souter, 2013）则各自从不同角度出发，对早期著作《贝克特和比昂》（*Beckett and Bion*）做出进一步的说明。由霍华德·莱文和约瑟夫·奇维塔雷塞主编的《比昂的传承》（*W.R. Bion Tradition*, 2016）是一本当代英国和北美、拉美裔欧洲分析师的论文集，它为比昂思想的运用和拓展提供了可能。

印象中的比昂

阿尔伯特·梅森博士回忆说，有次他路遇比昂，友好地打了个招呼"你过得好吗？"比昂回答说，"恐怕在75岁时我才刚开始过出点儿门道呢"。这说明比昂对"不知（not-knowing）"的深度觉察是无处不在的，即保持极度懵懂无知的姿态（Bion, 1997）。这也让我们窥见了比昂高深莫测、语带戏谑的一面。有人试图用数据资料堆砌出比昂一贯的形象，就像瓦莱丽（Valery）描写达·芬奇时那样（Nakagawa, 1988），但这么做根本不是比昂学派的风格，而且"愚蠢又傲慢"（Bion, 1957/1967）。或者我们可以像小林（Kobayashi）在莫扎特传记中所做的那样，让一个人的形象逐渐浮现出来：他的出发点是记忆中第40号交响曲那生动美妙的音符，这是他脑海中闪现出的第一印象。每位读者的心中都有一位自己创造的比昂（O'Shaughnessy, 2005），我们最好当一个"体验中的斯芬克斯（experiencing Sphinx）"，能容忍神秘和不知，去获得情感的联结，而不是去当什么"搞调查的俄狄浦斯（investigating Oedipus）"。比昂认为这么做是在诸多转化与恒常关联（constant conjunction）之间寻找恒定性。我也会以这种方式推进，看看会发生什么。

我与比昂素未谋面；他1979年去世的时候，我大约正在阅读他的作品。在都灵举办的比昂一百周年诞辰大会上（1997年7月），我代表《比利时精神分析杂志》（Revue Belge de Psychanalyse）采访了他的女儿帕耳忒诺珀·比昂（Vermote, 1998）。在采访时我们所处的那个房间里，比昂的画作彰显了他的存在［其中有几幅被转载在《我记忆中的全部罪过》这本书中（Bion, 1985）］。采访中，比昂的第二任妻子弗朗西斯卡和他们的一双儿女也短暂地加入。这让我有些恍惚；仿佛自己是个不速之客，闯入了他的生活。有一次，在一场关于比昂作品的会议上（2005），我在结束演讲后问弗朗西斯卡·比昂，我所展现的比昂观点是否正确。她回答说，我是否能够准确传达他的言论对他来说并不重要，但他会很高兴看到他的观点引发了别人的思考。梅尔泽和威廉姆斯（Meltzer & Williams, 1985）指出，通过比昂的自传去认识他要比在现实生活中认识他更容易些，因为他在生活中特别注重个人隐私，而在自传中却极度聚焦于内心的真相。

比昂1897年出生于印度旁遮普邦，其父在英帝国主义鼎盛时期是当地的一名灌溉土木工程师。这位父亲是法国胡格诺派教徒的后裔，是一位虔诚的天主教徒和殖民地居民，也是一位老虎猎人。比昂在《漫长的周末》这本未完成的自传中提到，他的母亲与他既亲近又疏离。她可能是一位英裔印度人，比昂对此并不确定，但他可以确定自己的印度保姆（或称"ayah"）是很温暖的。可以想象，他的印度童年中那些神秘和温暖、气味和颜色，都留在了他的"感受记忆"里（Klein, 1957），深深埋在他的心底。直到生命快结束时，他才打算再回印度一次，可直到他去世都始终未能成行。

在探寻精神分析的真谛时，比昂将未知（unknown）和神秘与孤独（solitude）一同视作核心要素（Bion, 1963: 7, 15, 63）。孤独的体验贯穿比昂的早年生活。8岁那年，比昂从印度被送到剑桥附近的一所公立学校彼谢普斯托福学院。他连续数月都寄宿在学校里，只能偶尔在一个朋友的家里度过周末。第一次世界大战期间比昂还是个少年（参见第十二章），却失去了三分之一的战友，这种创伤经历可能强化了他终究只能是孤身一人的感觉。他曾痛苦地宣称自己在1918年8月8日的亚眠战役中已经死了（Bion, 1982: 265），之后再也不会唱歌了。他的两任妻子都是歌手。

  所有人突然开始放声歌唱——但我没有；战争结束后再也没唱过。再也不会了。我并不是不开心——实际上我常感到自己比多数人都快乐。但我不再歌唱：永远不再。

（Bion, 1986: 191）

  虽然比昂的母亲在第一次世界大战期间留在英格兰，是为了在他能够离开法国前线的那几天陪在他身边，但他感到无法与她交流。相比于和母亲一起休假的那几天，他甚至把可怕的参战体验都形容成是度假。

  但凡与我敬重的人打交道，我都受不了，尤其是和我母亲。我巴不得赶紧回到前线，别无所求，只想回到前线，只为逃离英格兰，只要能离开英国就成，唯愿她也如此急于摆脱我。最后我身子探出车窗，向她告了别。"小心那个门，"我提醒她，"好脏。""这一切，"她几乎掉下泪来，"都糟糕透了……我是说，这世道没什么是干净的了。"接着我们便分别了。

（Bion, 1986: 266）

  这种无边的孤独在他描述亚眠袭击战中得到了强烈的体现：他躺在结冰的地面上，幻想着被母亲抱在怀里（Bion, 1986）。这与他想要摆脱母亲的愿望很难调和。帕耳忒诺珀·比昂认为比昂为了存活，就必须将他的母亲作为一个理想化的内部形象保存起来。她写道。

  我还感觉到，虽然这本日记是献给父母的，但巧的是，只有母亲时不时作为读者被提及，仿佛比昂觉得她是一场内心对话的重要参与者。也许我们有理由做出假定，即他在战时没有"写信"这一事实不仅是想减轻母亲的痛苦，而且是无意识里试图把她作为一个容器保存在自己心里，他让这个容器尽可能免受残酷现实的损害，使它因此成为具有 α 功能（alpha-function）的一部分人格。

（P. Bion in Bion, W., 1997: 310）

这可以追溯到他儿时寄宿在英国学校的那段孤独的经历，彼时他的父母都在印度。

本该是期待圣诞大餐的时候，希顿（Heaton）和我却觉得不舒服——很不舒服。我这种病（没食欲、濒死感、渴求母爱）由于母亲不在而更加恶化。

（Bion, 1986: 65）

比昂将母亲功能（mother function）置于他的思考理论的中心，但他将其命名为涵容（containment）功能；这是一个军事术语[1]。

比昂的一生还有很多痛苦的丧失。他的第一任妻子在产后三天死于伦敦，当时他正在第二次世界大战的诺曼底前线。在他的自传中，一部分创伤性的经历多年来一直被他反复咀嚼，难以释怀。因此比昂会将孤独视作精神分析的本质之一也就不足为奇了（Bion, 1963）。他在众人面前也能保持超然、独立，他认为这是思考和分析的必要条件。赖斯（Rice）和威尔逊（Wilson）都曾说过，"比昂是我见过的人中思绪能飘得最远的。"（赖斯的话引自 Lyth, 1980；威尔逊的话引自 Trist, 1987）。

比昂将羞怯视为自己的一个优势（Bion, 1986）。小时候，他可以将自己封印在幻想的世界中，在那里，祷告中的 "Our Father（天父）" 变成了 "Arf-Arfer（阿天－阿父）"，他还会把 "electricity（电）" 理解为 "electric city（雷母）"（Bion F., 1982）。后来，他容忍和体验偏执－分裂位（paranoid-schizoid position, PS）的能力或许正是他治疗精神病病人时的直觉的重要来源。他坚

---

[1] containment，涵容，也译作容纳；本意为"封锁"。——译者注

信，我们所有人与生俱来都有一个尚未成型的精神功能，它与创造力的起源有关。后来他将其称为幻觉层（hallucinatory layer; Bion, 1997），似胚胎一般有无限可能，是所有精神生活的起源。同样，他也把退行视作人类的一种状态："温尼科特说病人**需要**退行；梅兰妮·克莱因说他们**决不能**退行；要我说，他们**正在退行**"（Bion, 1992: 166）。

从外表看，他却是另一副模样：上文所述全被他封锁在一副钢铁骨架之中。比昂既高大又健壮。在学校里，他擅长各种运动；他是橄榄球、水球运动员，还担任队长。后来，体育上的成就和运动生涯帮他赢得了伦敦大学学院医学部的候选人资格。他一直坚持训练，曾是一名北海泳将，后来他住在加利福尼亚州，70岁高龄仍然每天都在冰冷的泳池中游完他的泳程。他还坚持练习手枪射击（Trist, 1987）。参军之后，他似乎仍然将公立学校里的某种体育精神和同志情谊保留了很长一段时间，即便战乱时期也是如此。军事纪律和团队精神对他而言非常重要。他自述，他在当兵时看到普鲁士护卫队近身进攻会觉得无比兴奋（Bion F., 1982）。

比昂的座右铭是"浪击而不沉"（字面意思是"在摇摆中保持平衡"；这也是巴黎市的座右铭）。这源自他在公立学校中所受的训练和第一次世界大战时的经历，那时他不得不隐藏自己的情绪，以免引起手下士兵的恐慌。有教养者可以岿然不动，能接纳情绪却不会被情绪压倒，这是他的第一个涵容模型（Bion, 1967）。英国绅士的自嘲属性可能柔化了这一派的边界。他延续此格调多年，20世纪60年代末仍戴着圆顶高帽，直到生命尽头他才承认这做派确实有点儿刻板（Bion, 1991）。

弗朗西斯卡·比昂回忆刚认识比昂的时候，他是个"美食、美酒和上等雪茄的爱好者"，后来才发觉他内心坚硬的一面（Bion F., 1981）："我记忆中他从未高声怒吼过，但肯定生过气——他眼中的神情和尖锐的言辞就是暴风骤雨的先兆"（Bion F., 1995）。他后来在洛杉矶执业期间也保留了自己的英式风范，行为举止超凡脱俗，有位年轻病人曾形容他是"一位奇怪的夏洛克·福尔摩斯"（Mason, 1989）。

比昂的内心世界被他的外在形象和有些傲慢自大的态度所掩盖，直到生命尽头才显现出来。在自传《漫长的周末》中,已80岁高龄的比昂回忆当年他虽然体格健壮,却在第一次世界大战期间向律师学院官兵训练营递交申请时,因长相像个学生而遭到拒绝。他在父亲面前抬不起头来,父亲不得不动用熟人关系将他送进训练营。后来穿着制服走路时他又遇到了类似的情况(Bion, 1986);有两个女孩在他身后发出崇拜的感叹。可当她们走上前看到他的娃娃脸之后,立马笑了起来。他在自传中自戳痛处,嘲讽自己为"笨蛋"和"懦夫"。即便拿了军功章(他自嘲地说,"还不如上军事法庭呢"),也没能改变他的挫败感,这是青春早期时遗留的感受。

> 我那时又胖又呆,什么都不懂……我的嗓音开始变得低沉,而且不受控制。有次我只是用哀伤的语调木木地说了句"你有Swizz-milka[1]吗?"便出名了。"Swizz-milka"成了我在组里的代号。我试着摆脱"milka"这个名字,但失败了;后来我虽然也叫"condenny"[2],但为时已晚。高中以前,"Swizz"这个绰号一直与我如影随形。
>
> (Bion, 1986: 76)

这种自我暴露让我们了解到比昂的另一个特征,即那种近乎固执的坦率,这让他易受伤害,却勇敢、可靠。此类例证比比皆是:他不仅是第一次世界大战中的英雄(参见第二部分),还在第二次世界大战中创先改良了士兵的精神病治疗方法。他作为一名年轻的鳏夫,勇敢地独自承担起教育孩子的重任;成为伦敦著名的精神分析师后,又冒险离开了这个舒适区,迁居洛杉矶,他在当地常常因克莱因学派分析师的身份而受到攻击,甚至以非法行医之名受到警方的指控和审问,但他仍然坚守岗位,一如从前在战壕中那般。

这种特立独行与他的创造力和独创力完美结合:他开发了几种方法,用于甄选陆军军官候选人和借助诺斯菲尔德实验(Northfield experiment)实施

---

[1] 瑞士巧克力的误读。——译者注

[2] 葡萄牙语"该死的"。——译者注

康复治疗（参见专栏 1.1）；在塔维斯托克诊所学习和带组期间，他阐述了一种基于临床的心理功能和变化的理论；最后他借助在 O 中的转化的角度重新思考了自己的整个理论。本书将追溯多年来的这些发展过程。

矛盾的是，比昂这样一个内向、高冷的人却能获邀在多个岗位担任领导职务。他在《团体中的经验》（*Experiences in Groups*）中嘲讽说，"根据我的经验，新领导无一例外全是彻头彻尾的精神病"（Bion, 1968: 119），这与当下对团体领导的基本假定不谋而合。他曾担任学校橄榄球队的队长、坦克指挥官、负责招募士兵的军队精神科医生、塔维斯托克诊所的行政委员会主席、英国心理学会（British Psychological Society）医学分会会长、伦敦精神分析诊所主任和英国精神分析学会主席。这就体现了比昂的另一个矛盾之处：他是一位反领导者。他无法认同自己就职的机构，甚至与当局频生龃龉。对机构的这种态度为他的生活带来很多不必要的麻烦；第一次世界大战期间，由于他不愿告诉当局自己杀了一个敌人，所以错过了维多利亚十字勋章，又在第二次世界大战中因为脾气倔强而错失了不少功名。当老师时，他与校领导不和，在洛杉矶执业时，他也从未申请加入洛杉矶精神分析学会，直到去世后才被追认为会员。

比昂对领导力的动力学研究意义深远。他开创了用无领导小组的方法进行筛选的先河，也认识到领导者的决策和行动其实取决于无意识的团体动力。后来他在关注 O 的时候，曾从所谓的天赋功能（genius function）角度讨论过领导力和机构的问题（Bion, 1970）；机构需要创立一种机制，让新的、促进成长的观点得以在团队中产生；与此同时它必须使之在团队内易于消化，避免对团队起破坏作用。

比昂有关性的文章寥寥无几。那个年代的男孩谈性实属不易。他对自慰行为颇感内疚，小时候他将这个动作称为"扭扭（wiggling）"，还把学校形容成一个受训导师监视的巨型压力锅。

> 我早已将自己的性生活简化成敷衍了事的祈祷，就是"哦上帝，让我别再手淫了"那种。我并不在乎发生了什么；也有人说上帝肯定忙着

呢，管不到这个。

除了"为性烦恼""性的愉悦"以及"糖中砒霜"那般稀有又刺激的大写的"性"之外，我其他时间通常都在规规矩矩地游戏和工作。

（Bion, 1986: 79）

鬼祟感、内疚感、挫败感，要么交替出现，要么蜂拥而来——这就是我那些年的经历，是我一生中最难忘的时光，也是将会迸发出激情之爱的母体。

（Bion, 1986: 74）

他在青少年时期总感到愤懑（Bion, 1982），后来在写关于战争的文章时他反思道：无意识的内疚感（比如对手淫的内疚）有置人于死地的风险。他描述了自己对这些事经验不足，他曾在战后与一个女孩坠入爱河，这个女孩疯狂地送他玫瑰却又移情别恋；他还提到了自己某次碰巧在海滩上遇到这对男女时，幻想着要残忍地开枪打死他们。

如果那时我带着当兵时的那把左轮手枪，我肯定会杀了那男人。然后我会打碎那女人的膝盖，让她永远别想康复，永远拖着一条废腿去跟下一个情人解释。

（Bion, 1985: 29–30）

第一次世界大战后，他在牛津大学学习历史，并在母校彼谢普斯托福学院任教。有位被他邀去喝茶的母亲指控他对她儿子存在不当行为，当时应该是在举办一场聚会，结果却因此被搞砸。比昂表示这项指控毫无依据，也无法通过调查得到证实，但他决定任期结束后离开学校，不再担任教师职务。这些内在冲突可能正是他在20世纪20年代初开始接受治疗的原因（参阅第一章）。

多年后，他在第二次世界大战中担任军官时爱上了贝蒂·贾丁（Betty

Jardine）并与她喜结连理（参见专栏1.2），她是一名喜剧演员，也是首批电影明星之一。他曾看过贝蒂在一部喜剧中饰演一个女孩爱上了军官的故事。夫妇俩的介绍人里克曼（Rickman）在信中写道，这两位可谓是良缘佳配。可天不遂人愿，正当他在诺曼底服役时，妻子产后几天便去世了。作为鳏夫他忍受着失去爱人的痛苦，独自抚养他们的女儿，直到几年后在塔维斯托克诊所遇到同样失去爱人的年轻助理弗朗西斯卡，与她坠入爱河。《我记忆中的全部罪过》中摘录的诸多情书见证了这段挚爱之情。

后来，在由弗朗西斯卡主编、被比昂视为代表作的《未来回忆录》中，比昂描绘精神分析的语言就不再是专业术语，而是尽可能生动形象，其中爱与激情功不可没。那位妓女的女儿罗斯玛丽（Rosemary）就是对比昂有关性与爱、真爱（L, real love）和迷恋（–L, possession）等观点的最佳例证，真爱和迷恋看似很像，比昂却认为两者对立。比昂将他那备受争议的O的理念与激情之爱做出了比较。晚年的比昂从分析师的角度出发，认为性的感觉太过感性，对感觉的发源地——非感性世界——构成了干扰，而且不利于病人在会谈中对新的精神体验持开放性态度。他说，性爱就像雪莉酒，很容易就能让人振奋。比昂训练自己要平心静气，以防他的分析视角被激情所迷惑。精神分析师与病人之间只应有K联结（K-link，知晓联结），而非爱或恨。分析师这边发起的性行为破坏了精神分析的过程，也是仇恨精神分析的一种表达。他把性的意象和感受同其他想法和感受一样考虑进精神分析——它们这些形式和预想都可以在转化过程中涵容各种体验。

比昂来自一个宗教家庭。在战争期间，他对于身为所谓的"虔诚之旅"的一员颇感羞愧。他似乎在战争中失去了自己的宗教信仰。后来他曾用神秘主义的概念试着理解表征背后未知的现实，并重新用"信念（Faith）"这样的词来形容一种心理态度，它可以使我们与尚未成型的现实进行接触。

比昂学过历史和哲学，去法国进修过法语，甚至在战壕中也能频颂诗句，还对数学、物理、人类学和科学哲学很感兴趣，这在他那个伟大发明层出不穷的时代是一种潮流。在参考文献匮乏的情况下，他仍将其中的许多理论转化并整合进自己的心理理论之中。帕耳忒诺珀去世之前正是在研究父亲的阅读对其工作的影响（Joseph, 1999）。

一些重要人物与他有过交集，也影响了他，比如，身为国王御用外科医生并著有《和平与战争中的群体本能》（*Instincts of the Herd in Peace and War*, 1942）的威尔弗雷德·特罗特（Wilfred Trotter）（参见专栏 2.2），以及比昂的第一任分析师里克曼（参见专栏 2.1），他后来成为比昂并肩作战的挚友和导师，其投身精神分析、团体和社会精神病学的方式与比昂如出一辙。比昂年轻时为贝克特（Beckett）（参见专栏 3.1）做过心理治疗，可以想象这两位对彼此后来的发展所产生的影响。比昂还会作画，他的画风和构图颇为经典，描绘的却常常是他深爱的诺福克郡海边的惊涛骇浪。

比昂是一位有心的观察者，他思想开放，从不做好坏评判，他认为做好坏评判就使人完全不去思考了。

转　韵

依我之见（同见 Borgogno & Merciai, 2000），比昂的工作和生活中发生过一次重要的转折（转韵），可以说是一定量的发展之后，突然发生了某种质变［一种颠覆性剧变（Bion, 1965）］。我们不知道促变的原因何在。据说比昂曾告诉他的同事（Grotstein, 1983），他不想被荣誉压顶，如石头般下沉，他的妻子弗朗西斯卡写到过，当职责成了某种负担时，他总算是从中挣脱了出来。我个人认为，他在《转化》的终章和《注意与解析》的撰写过程中所洞察到的正是这种变化背后的驱动力。虽然比昂起初把关注点放在过程上，即某些事物通过这些过程变成了象征性的或表征性的心理内容，但他最终意识到，深刻的心理变化始终要植根于纯粹的体验和存在（形成）。从那之后，他便潜心研究基础层面的心理体验。他接受了自己探索的结果，并开始用一种彻底不知的态度持续不断地享受和体验精神分析。他试图去激发其他同事的体验，而不是说教。他也开始写书，并希望书中内容是接地气的。《未来回忆录》和他的自传就是如此。他做出这种改变是为了挣脱束缚，很多人却以为他"失心疯"了。但唐纳德·梅尔泽受阿尔伯特·梅森邀请在洛杉矶做演讲时，曾拜访过比昂并得出结论：比昂并没有疯。虽然比昂在洛杉矶有过一次小小的中风（A. Mason，私人交流），但他的精神状态还是不错的。比昂后期的风格是有意为之。他因苏格拉底式提问、不知和长时间的停顿而被一些人捧上神坛，另一些人则认为这更像是一种自恋的表现，为他失去了从前的科学原则而惋惜。可正是得益于这些全新的视角，他将自己以往所有的理论观点全部重新阐述了一遍。我希望能在本书中把这部分讲清楚。

比昂朝不知姿态转向的举动在精神分析派作家和思想家中间并不罕见。想想看温尼科特曾因后期著作《对客体的利用》（*The Use of an Object*, Winnicott, 1969）而遭到强烈的抵制，他在文中表示分析师必须采取开放的、未知的态度，而不是给出明确的解释，还有拉康也不想做一个"理应知道的主体"，并在此后解散了他这一学派，不愿当大师。

总之，我在作品中读到的比昂和后来演变成"我的"比昂（O'Shaughnessy, 2005）的他，是一个自律的人，他开发出一个永恒的理论，内容有关本质和心理变化。可以看到，他作为精神分析师一直在从体验出发努力写作。他的作品每每带着激情和迫切一气呵成，但他秉持开放和不知的姿态，又总以自嘲和诙谐的口吻将其付诸谈笑间。阅读他的作品有使人自我开放的效果，反而有种安全和舒适的感觉。他在洛杉矶的办公室十分简约，仅正中摆放一张躺椅、一把椅子而已——这是病人和互动所必需的。他不仅丢掉了一切不必要的家具，也训练自己从精神上只保留寥寥几个理论。他的被分析者之一弗朗西斯·塔斯汀（Tustin, 1981）形容他是一块周身萦绕着极强情感的磐石。他承受着孤独，全心全意地以一种平静的心态去观察病人所述之事中那些无感官的（non-sensuous）起源和本质，也看到其更深层次的转化。曾接受比昂分析的詹姆斯·格罗特斯坦（参见专栏11.1）将这种体验与深海潜水和水肺潜水进行过比较。这得益于他对未知事物的极度开放。与此同时，人们对他也有同情——为此人一生之中痛失太多而感到惋惜。但比昂的伟大之处在于，他让精神分析接触到了某种超前的东西，即伟人们趋之若鹜的一种未分化的精神存在——一种我们只能称之为神祇显灵般难以理解的、可赋予生命的本事。他能做到这一点，堪称天才。

这种能力的形成可能要归功于他对私人生活三缄其口，以及那些非凡的阅历：在印度的经历充满了温暖而神秘的色彩；童年时期近乎孤儿般的漫长而孤单的时光；寄宿学校和世界大战；鳏居数年；学校、运动场和军队里混杂着英式嘲讽的痛苦经历和铁的纪律；与贝克特、佩顿（Paton）、里克曼和克莱因等诸多大咖的频繁会面；以及他毕生从事的精神分析师工作。在我看来，比昂能够平心静气地忍耐自己的孤独、空虚、无穷尽和未分化的本质，并体会思考、感受如何从这片广阔的未知领域中诞生，他的哲学、诗歌和精神分析等背景也推动他去思考和写作，并将这一切运用到精神分析中去。

比昂与弗洛伊德、克莱因、荣格、温尼科特及拉康

弗洛伊德和比昂

如前所述，比昂的工作可以分为两个阶段。前一个阶段的重点是在 K 中的转化，换句话说，就是对情感体验的思考。这一理论很大程度上可以看作是对弗洛伊德理论的拓展。

在后一个阶段，比昂关注的是在 O 中的转化：或者说，接触或变成未分化的、赋予生命的心理区域。比昂在此期间仍会参考弗洛伊德，但与其的分歧甚多。

在 K 中的转化

有关在 K 中的转化的理论很大程度上基于弗洛伊德（1911）的文章《阐述心理功能的两个原则》（*Formulations on the two principles of psychic functioning*）。它在比昂首部理论著作《从体验中学习》的寥寥数个参考文献中是最重要的一篇。弗洛伊德在文中讲述了思想是如何起源于与外部现实之间的关联的。比昂的兴趣点就在于此，他当时正构思一个关于精神病的理论，即认为精神病首先是一种思维障碍。

在弗洛伊德看来，思考能力的发展让我们得以感知、适应和改变现实。

要做到这一点,需要对原始的无意识思维过程进行修改,这一过程立足于愿望的实现,弗洛伊德在1911年的《阐述心理功能的两个原则》中将其称为享乐原则,比昂经常援引这篇文章[1]。在无意识的原始性思考过程中,力比多遵循着享乐原则,在各种"事物表征(thing representations)"之间随意游走。为达到适应现实的目的,比方说不是幻想在进食,而是能够有意地吃点东西:这就发展出一种逻辑性与实践性的思维[2],就像在语言中一样,各种表征之间需要产生更牢固的联系。弗洛伊德将这种言语表征之间的联系称为"次级过程(secondary process)",受现实原则支配。这与无意识当中那些事物表征之间由置换(displacement)和凝缩(condensation)而形成的自由关系截然相反,后者被弗洛伊德称为"初级过程(primary process)",受享乐原则支配。以上便是心理功能的两个原则。[3]这意味着不再只求满足愿望,而是得容忍挫折,还得有意识地感知、记忆和判断。继弗洛伊德之后,比昂将思考的起源与挫折耐受力联系在了一起。一个思考的出现源自对某些人或物不在身边的容忍,而不是像有些梦那样幻想着愿望能够满足。弗洛伊德认为幻想是在白日梦中逃避现实原则——而清醒时,大脑会徘徊在实现愿望的模式之中。

弗洛伊德在进一步推进现实原则和思考时建议,在采取行动之前先进行注释、注意和探寻(评判)。比昂采取了同样的步骤,并最终将其放置在他的网格图(Grid)横轴上,该网格图反映了精神分析各种元素的运用(Bion, 1963)。

但是在这个层面上,他与弗洛伊德存在几个重要差异。

第一,在弗洛伊德的模型中,思考的出现只是一种改变现实的方式。弗洛伊德的这种思考在比昂那里被称作从想法(Idea)中得出的推论(Reason)。这里的想法才是他所说的思考,即后来的在K中的转化。这是一种自发的、自动的转化,是他从克莱因学派所说的无意识幻想(phantasy,参见后面"克莱因和比昂"的内容)概念中衍生出来的。这里的思考与其说是对现实的适应,倒不如说是一种自动处理情感体验的方式,或是通过他所说的内在乳房(internal breast)将 β 元素(beta-elements)变成 α 元素(alpha-elements,见后文)的方法。

第二，比昂明确地将弗洛伊德的享乐-痛苦原则简化为是要逃避或修正痛苦的体验。

第三，比昂不像弗洛伊德那样认为幻想是对现实原则的逃避；相反，比昂说的思考（也被他称为梦的思维）很大程度上对应的是克莱因学派所说的无意识幻想，即所有心理-情感活动的深层源泉（参见后面"克莱因和比昂"的内容）。这是从心理层面详细阐述情感和认知的基础，也是他所说的意识与无意识之间的接触屏障（contact-barrier）的基础。如此一来，它甚至相当于弗洛伊德学派术语中的一种自我功能。这与弗洛伊德所说的幻想不同，后者更偏向于一种对现实原则的逃避。

第四，比昂认为需要有个心理装置来思考那些先前已经存在的思维，而弗洛伊德认为思考是在与现实接触时才产生的。

第五，这种心理装置只以基本形式存在，还需要母亲[确切地说是母亲的遐思（reverie）]功能来协助孩子消化情感体验和思维，并由此得以进一步发展。而弗洛伊德并未明确提出主体间的这一必不可少的步骤。

第六，弗洛伊德将无意识及其表征视作给定的东西，自打心理功能刚一开始就出现了。比昂持不同意见，他观察到精神疾病病人经常缺乏这些表征。因此他提出了一个模型来研究表征的起源。他假设存在不可知的、尚不属于心理的 β 元素，以及刚刚进入心理世界的 α 元素。这些 α 元素随后构成了梦的思维和表征。有了这些元素，思考才能产生。α 元素不仅是思考的基石，还让意识和无意识的分化成为可能。比昂描述了 α 元素凝聚在一起形成接触屏障（一种由诸多 α 元素组成的半渗透膜）的过程。在他的模型中，妄想和幻觉是被排出的 β 元素，是那些带有被攻击的、分崩离析的自我功能的 β 元素聚集在一起而形成的杂乱无章的客体。

第七，做梦在比昂和弗洛伊德的理论中都至关重要。但在比昂看来，我们做梦并不是为了保护睡眠；相反，我们是为了做梦才睡眠。这些梦的思维昼夜不停地产生，因此在清醒时仍然存在：即醒梦思维（此概念仅在弗洛伊德的脚注中出现过，后来由克莱因详细阐述）。对于比昂而言，梦的思维是心理功能的基础，而弗洛伊德却将梦视作无意识心理冲突的表达，我们可以通过理解梦这种初级过程来破解无意识的冲突。比昂把重点放在心理功能本身，而弗洛伊德则关注内容和内心冲突。

第八，同弗洛伊德和后来的克莱因一样，比昂也相信生与死的驱力。他后来将它们描述为客体之间爱与恨的联结（即爱的联结，简作 L；以及恨的联结，简作 H），但此后又为之添加了第三个联结：求知本能或知晓联结（知晓联结，简作 K）。他将死亡驱力视作对以上三种联结的攻击（即负性爱的联结、负性恨的联结、负性知晓联结，简作：–L、–H、–K）。

第九，弗洛伊德（1940）在其生命最后阶段的作品中提到的分裂，在比昂的研究中得到了更为详尽的阐释，也成为其作品的基石。他认为每个人的人格中都有非精神病和精神病两个部分。后者通过分裂和排泄发挥作用。比昂将精神病中的分裂（splitting）拓展为碎裂（fragmentation）。比昂在后期作品中提出，分裂是每个人格的基本特征，如同弗洛伊德（1940）所认为的那样，由于分裂，精神结构中出现了水晶内部那种裂痕。晚年的比昂（1970）把分裂的概念进一步扩展，认为它使心理功能在不同的顶点上运作，可能相互干扰，也可能互不相关。此外，比昂在倾听病人时特别喜欢将分开的视角加以整合，再将其与双管齐下的视角进行比较，就能看到不同的层次（参见专栏 2.3）。

在 O 中的转化

比昂在第二部分的研究中专注于发生在尚未出现表征的层面上的转化。这些转化发生在一个无形的、未分化的、无感官的区域，他将这一区域称为 O。在 O 中已经存在了一些情意集群，但还没有形成感官体验，就像大理石中已经存在了某个形象，有待雕塑家将它雕刻出来。这一层面上的变化或在 O 中的转化［简称 T（O）］与在 K 中的转化［简称 T（K）］有所不同。T（O）与接触（或成为）该区域有关。由于这个区域尚无感官体验，而感官形式的转化又是从此处生发而成的，所以比昂总结说，基于感官的方法在此处并不适用，它甚至可能成为促进和领会 T（O）的阻碍。比昂（1970）发现大多数弗洛伊德学派的概念（比如压抑、无意识–意识、思考）更多的都是和感官上的享乐原则以及愿望和欲望紧密关联。而 O 是另一个不同的序列，比昂认为用有限 – 无限（finite-infinite）这一矢量来讨论 O 比弗洛伊德的意识 – 无意识这种划分更合适。在有限 – 无限矢量上，有些东西形成于无限层，然后变得越来越有限。

但比昂后来（参见第十一章）又使用了一个模型，划分出了一个未分化的、赋予生命的、幻觉中的区域，它被一个转韵（弗洛伊德的一个概念）从言语思维的区域中分离了出来。这个模型与弗洛伊德的地形学模型异曲同工。不同之处在于，在比昂的模型中，行动（movement）是从那个未分化的区域进入言语思维的（O 找到了 K），而不是像弗洛伊德所说的那样由意识战胜了无意识而产生的。在比昂（1970）看来，与 O 的接触（等同于成为 O 的过程或在 O 中的转化）既是一个意识的过程，也是一个无意识的过程；其中意识的过程包括最大程度地对未知开放。若想接触到这个无感官的 O 的现实，比昂建议采用无忆、无欲、无理解、无连贯的方式。维兰德（Wieland, 2013）说得很对，比昂在这一点上引用了弗洛伊德写给卢·安得利亚斯·萨罗米（Lou Andreas Salome）的信里的几处内容（Pfeiffer, 1963）：弗洛伊德写的是，他得有意地蒙住自己的双眼，才能将所有的眼光集中于一个黑点。我们通常认为意识是"尽可能地接受"所有事物（而不是像弗洛伊德所说那样"有意地接受"）。比昂（1965）把意识与向性（tropism）做了比较：就像植物会自发向阳，意识也是让"被容纳者"被"容器"发现（参见《转化》），而不是反过来，这在矢量上体现为从无限到有限的过程。

克莱因和比昂

团　体

比昂在成为精神分析师之前就发展了他的团体理论。直到 1953 年他在克莱因那里完成分析之后，才从克莱因学派的精神分析视角重新诠释了他以前的理论，并写入《团体中的经验》（Bion, 1961）的最后一章。比昂在这一章中根据克莱因的原始阶段概念［即偏执－分裂位（paranoid-schizoid, PS）和抑郁位（depression position, D）］描述了团体的动力，并从分裂和投射性认同的角度形成了对团体成员之间动力的理解。

在 K 中的转化

比昂关于情感体验的思考理论（1967）主要基于弗洛伊德的概念（参见上文"弗洛伊德和比昂"），但也有很多依据的是克莱因学派无意识幻想概念。正如西格尔所说，克莱因学派的精神分析师认为无意识幻想是所有心理功能的基础，它也是第二次世界大战时期"大论战"的其中一个议题。比昂在阐述"醒梦思维（waking dream thought）"时曾照搬了无意识幻想的理念。

比昂还采用了克莱因的其他概念，比如分裂为好与坏，嫉羡（envy）与补偿，以及偏执－分裂位和相对应的抑郁位等。但他将这些概念进一步抽象化，使之不再受控于影响克莱因早期构想的那些精神病理性、道德主义的内涵。因此比昂使用"PS-D"这个特殊的表达形式来统指"偏执－分裂位和抑郁位"，并指出它们不是生而有之的心位，而是一种振荡的心理状态。在心理元素的转化过程中必然会有这种心理上的移动。PS-D，即在稀疏、散乱的状态和统一、连贯的状态之间来回振荡。正如比昂的网格图所示，它是思考元素之间的一个过渡模式。这种基于 PS-D 振荡的过渡是比昂思考理论的支柱之一，后来形成了他的创造力模型。克莱因将创造力与抑郁位进行了联结，比昂则认为创造力与 PS 和 D 之间的振荡相对应。

克莱因对内在乳房的看法是比昂思考理论的另一块基石。用比昂的话来说，好的内在乳房有着涵容性的排毒功能，这种功能在和主要养育者互动过程中被逐渐内化。比昂提到了内在乳房，而且认为克莱因的投射性认同并不是一种防御机制，而是母婴之间一种交流方式，所以通过投射性认同放到母亲身上的那些未经处理的 β 元素就可以被内在乳房消化、排毒。

继克莱因之后，比昂在求知本能（epistemophilic instinct）领域也占据了一席之地。他将求知本能视作客体之间爱（L）和恨（H）联结之后的第三种联结：知晓（K）。死亡驱力（体现为嫉羡）也是比昂的一个工作重点。嫉羡将 L、H、K 转化为 –L、–H、–K。这拓宽了克莱因学派对自恋的认识，自恋所依靠的正是这些负性联结的主导作用，罗森菲尔德（1987）的"内在黑手党帮派（internal Mafia gang）"概念或"对内在生命赋予者的麻木攻击"等概念都讲述了这一点（Symington, 1993）。

比昂将克莱因提出的严厉的、原始性的超我翻译为阻碍性客体（obstructive object），它对联结的攻击构成了精神病的基础（参见专栏2.5）。

分裂，对于比昂和克莱因而言都属于核心概念。但比昂认为分裂不只是一个原始的防御。他有很多关于心理功能的概念都以分裂为基础。比如他认为人格中存在精神病部分和非精神病部分。在非精神病部分，情感体验是"思维（thought）"；而在精神病部分，它们是分裂的、发泄出来的。后来比昂（参见第十一章）拓展了这一理念，提出心理功能是分裂的，甚至是支离破碎的，而且这是全人类的普遍状况。他在《未来回忆录》中表示，内在世界是一群部分客体和整体客体在不停地互动（例如四个体节，PA, Bion），这与克莱因所说的内在部分客体和整体客体的世界相似。他有很多概念都是基于分裂功能的理念，比如双目视角（binocular view 或 binocular vision）以及被转韵符号分开的两种功能水平（精神与躯体，成熟与幼稚）。

我印象中的比昂是彻头彻尾的克莱因学派，而且经常不声不响地直接引用该学派的思维方式。这是他的起始之处。临床上很多接受过他分析的人都觉得他使用的是典型的克莱因学派的方法（参见专栏11.1）。

但他们之间还是存在一些基本差异。比昂的投射性认同不再像克莱因说的那样发生在幻想层面。对比昂而言，投射性认同是现实中人与人之间发生的事情：某种心理上的东西真真切切地被投到了别人身上，或许还在那里得到了涵容。与母亲的互动也不只在幻想层面出现；母亲是促成和增强心理功能之关键。

克莱因认为无意识的幻想对每个人都在起作用。比昂觉得这种幻想并不是理所当然就有的，而应是一种成就。患精神分裂症时，它就可能没法达成。比昂试着将重度精神疾病理解为思考上出现了障碍，他构建出一种临床模型，用以阐述幻想的功能是如何发起的，以及当这种功能无法运行或受到攻击时在精神病病人身上发生了什么。此外，比昂的方法特别注重心理功能，而非幻想的内容。比昂在推进他关于思考的理论模型时比克莱因更具哲学性和数学性，后者起步于儿童游戏治疗中的临床观察。

比昂有个"未知的精神分析客体（unknown psychoanalytic object）"的概念（参见专栏 8.7），至少需要网格图中三个类别的内容才能解释清楚，它与克莱因对内部客体的见解有所不同。当牵涉未知的精神分析客体，比昂总是聚焦于心理元素之间的恒常关联。他更喜欢这种找寻模式的方法，而不是解释、理解和找因果关系的方法。比昂的方式没有留多少空间用于判断和思考好与坏，而这些在克莱因的观点中就经常出现，比方说将抑郁位视作偏执-分裂位的一种发展上的进步，以及她对嫉羡与感恩的看法。对于比昂来说，将事物按好与坏分类，是一种反映了原始思维形式的万能方法。他们俩还有一处不同的侧重点，即克莱因着重于抑郁位以及分裂的内部客体如何更好地整合，比昂则聚焦于心理加工（psychic processing）本身——尤其是情绪在内心如何得到处理，以及这些怎样导致了心理变化。

在 O 中的转化

本书的第二部分将涉及后期的比昂，那时他仍然依赖克莱因，但引入了一种全新的方法，聚焦于体验水平上的在 O 中的转化，从而促使新的体验从基本的不知状态中萌生，而不再受理解和推论的约束。克莱因的不同之处是，她特别强调对内容的理解和解释。透过克莱因的描绘，内在世界看起来熙熙攘攘，仿佛一个剧院中挤满了彼此影响的整体客体和部分客体（梅尔泽称其为"小矮人们"）。比昂则处处留白，充满了未知和不确定。如果将弗洛伊德的模型比作机械物理的驱力、动力和阻力，那么克莱因的模型则是有正负之分的电气科学，而比昂的模型则类似于近代物理学，有着广阔的空间和不确定的原则。

温尼科特和比昂

温尼科特（1896—1971）和比昂（1897—1979）彼此认识。温尼科特曾两次担任英国精神分析学会的主席（1956—1959以及1965—1968），比昂则在这两届之间担任主席（1962—1965）。在《温尼科特信件精选集》（*Selected Letters of D.W. Winnicott*, Rodman, 1987）中，有3封信是写给比昂的。这些信都很简短，只有1955年这第一封除外，信中温尼科特对比昂说，他认为比昂是英国精神分析学会未来的栋梁之材。他希望比昂能尽快坐上主席的位置，但遗憾地发现比昂在克莱因学派中被孤立，可他将来需要得到整个学会的认可才行。温尼科特还在这封信中抱怨说，学会已经受够了克莱因学派塞进来的各种术语，比如嫉羡和投射性认同这两个词他在过去的几个月里就用了数百次，所以他希望比昂能协助打破这一僵局。

这两位关系一般，但都是英国精神分析学会中的风云人物。温尼科特只比比昂年长一岁。他们俩都特立独行，彼此性格迥异，从布拉特（Blatt, 2008）的两级分类法（polar categories）来看，比昂属于内摄型（introjective），温尼科特则更偏向情感依附型（anaclitic）。他们的背景有些相似。温尼科特儿时身边围绕着8位女性养育者，但母亲郁郁寡欢，父亲墨守成规，极度忽视儿子的感受（Rodman, 2003），或许这就是温尼科特对核心自体受到的侵犯如此敏感的原因。比昂这边，他小时候像个孤儿，从8岁起就到英格兰独自生活，父母仍然留在印度。俩人都出自爱德华学校系统，比昂上的是牛津附近的一所寄宿学校，温尼科特上的是剑桥，而且他们都进修了医学（分别在伦敦和剑桥）。两位都喜欢运动，且都志愿参加了第一次世界大战，温尼科特在海军陆战队（他说，普利茅斯家族公司生产的蓝色制服最适合他的蓝眼睛），比昂进的是新坦克部队。但比昂作为坦克指挥官曾有过创伤性的战争经历，温尼科特作为驱逐舰上的实习外科医生就没怎么经历过这种痛苦。俩人都在1951年再婚，之前都度过了一段孤独且难熬的日子；温尼科特之前经历了20年不愉快的婚姻，比昂此前是个鳏夫。他们俩都是典型的英国上流社会中产阶级绅士，透着特有的英式幽默与讽刺。温尼科特生性活泼，有些人觉得他音色尖细，带点女子气，比昂则身材高大健壮，风格朴素，甚至看起来就像个军人。温尼科特是个翩翩君子，着装十分讲究（他曾写信给裁缝，希望他按西装的标准剪裁），开一辆两座的劳斯莱斯老爷车，比昂则比较高冷。在研究他们的作品时，我感觉温尼科特可算是一位直觉型诗人，在其临床工作和研究中，他的内心充满了悖论，而比昂虽也是一位艺术和诗歌爱好者，但在临床工作和写作方面，他的心态更为科学。

在 K 中的转化

比昂和温尼科特都深受克莱因的影响。比昂接受过克莱因的分析，后来成为一名克莱因学派的分析师；温尼科特治疗过克莱因的儿子，但他本人的分析师却并不是克莱因，而是詹姆斯·斯特雷奇（James Strachey），后来是琼·里维埃（Joan Riviere）。斯特雷奇在分析即将结束时（大约在 1922 年）推荐他去找克莱因进行督导。就在比昂研究克莱因的内在幻想世界概念以及她关于心理是如何处理天生的死亡本能、攻击和嫉羡等方面的看法时，温尼科特提出了与克莱因的观点背道而驰的理论概念：环境现实的重要性与主观客体的概念化，相对于克莱因的内在客体；环境的侵扰性，相对于天生的攻击性。比昂注重的是心灵对情绪的心理加工过程，而温尼科特更强调关系，即环境对主观心理状态起到的作用。

两位都在自己的心理发展模型中将母婴的主体间体验摆在了重要位置；温尼科特用抱持（holding）功能来描述它，比昂则考虑它是心理的涵容和消化（digesting）功能。抱持是指母亲在场时可以缓解孩子被侵扰的体验，从而帮助孩子以一种不受创伤的方式从错觉走向打破错觉。母亲的存在以及她对环境的处理让婴儿和周边环境之间有了一个中介的空间，这是一个"我-非我"的过渡性空间，婴儿可以在这里游戏与幻想（Winnicott, 1971）。温尼科特在他的分析工作中优先考虑抱持是一种与过渡性现象有关的心理现象，极少数情况下也会直接将病人拥入臂弯，并以各种方式帮助病人打理外部环境（Letley, 2014）。比昂对此并不赞同。他不太关注怎么实现那个主体间的保护性空间，而更多是去分析母亲如何用自己的遐思、宽松的注意、α 功能，通过投射性认同的方式与婴儿交流，从而帮助婴儿消减和处理那些负面的、尚未心智化的体验。

总体而言，温尼科特作为儿科医生，认为思考是从一个足够好的环境（a

good enough environment）中发展出来的，这个环境允许人在其中玩耍，就像他那个著名的涂鸦游戏，以及他本人的笑对人生；比昂则认为思考的发展是基于对挫折的容忍，这与弗洛伊德的观点差不多。温尼科特描写出了临床上的悖论（比如，足够好的母亲；有他人在场时依然能够独处的能力；母亲必须在那里，必须能被找得到；对崩溃的恐惧针对的是已经发生过的崩溃；摧毁客体是为了能够满足这个客体），而比昂则试图构建一个精确的元理论。

两位都将创造力视为工作重点：温尼科特（1965）将它描述成一种游戏的能力，居于内在世界之中——是有生命的存在，比昂则将它概念化为 PS-D 的振荡，意味着思维和形式的出现。

上文引用了两人 1955 年的那封信，它就很好地说明了温尼科特和所谓的早期比昂之间的差异。有趣的是，温尼科特在这封信中评论了比昂之前演讲中的一个临床案例。此前，比昂刚在英国精神分析学会上演讲了自己的一篇论文《精神病性与非精神病性人格的区分》(*Differentiation of the Psychotic from the Non-Psychotic Personalities*)。两年后，该论文在《国际精神分析杂志》上发表（Bion, 1957）。在比昂讲述的这个案例中，病人从躺椅的一头换到另一头，说："我觉得今天啥都不会做。我本该给我妈妈打个电话的"（Bion, 1957: 53）。紧接着他说："不对，我觉得应该这样。"然后，沉默了好一会儿。"只有肮脏的东西和味道，"又说，"我觉得我已经看不见了。"比昂说他当时特别茫然，完全不懂病人说本该打电话给妈妈是什么意思，仿佛他妈妈知道他该做什么似的。此前在分析中了解到，病人的母亲是一位单身的劳动妇女。有趣的是，比昂后来发现病人的动作就像一个饥肠辘辘的小孩在渴望着什么。他想起弗洛伊德曾提到过一个婴儿会通过运动来消除紧张感。比昂受此启发，认为精神病的部分是在用机动的动作（后来被他称为 β 元素）释放紧张感，而不是去思考遇到的挫折。温尼科特却在信中给出了另一个解释。他认为病人在躺椅上来回挪动并声称本应打电话给母亲是在渴求一个关于沟通的解释。温尼科特说要是他的话，会这样说。

以孩子为中心的母亲会通过婴儿的动作知晓其需求。正是由于母亲的这种了解和奉献，才会促成彼此的沟通，而她也会做些什么来表明这种沟通已然发生。我的感应和方向都不太准，没法做到这一点，所以在当下的分析情境中，像我这种母亲就没法和你沟通；因此，目前的关系中这种根源性的失败就形成了一个让你感到沟通困难的环境。当然你会一直哭着喊着吸引别人注意来满足自己的需求。同样，你会打电话给妈妈，从而得到回应，但这会让你更加缺乏精细的沟通，而精细的沟通才是在不违反每个人本质上彼此独立的情况下进行沟通的唯一基础。

（Winnicott, 1955; Winnicott & Rodman, 1999: 91）

从这段话可以看出，温尼科特既认识到病人当下的需求和过去的环境，同时限定了他后来所说的"与世隔绝的真实自体（incommunicado true self）"（Winnicott, 1963），且表明自己不是这样的"母亲"（不去贴合病人的投射束），这些内容很久之后在他的论文《客体的利用》（*The Use of an Object*, Winnicott, 1969）中得到了进一步发展。

当从不同的角度看待这个案例时，两位分析师都对他们在移情情境中观察的敏锐度和理论的创造力感到惊讶不已。

在 O 中的转化

"存在（being）"始终是温尼科特工作的核心（Abram, 1996）。比昂提出了一个概念：无限的、非语言的、无感官体验的、未知的 O。温尼科特提到过一个相似但温和一点的概念：它是无法定义、无法描述的真实自体（与虚假自体相反）。它是一种体验——一个可以放松身心的地方。温尼科特所说的这个退行的区域比比昂那个恐怖的、无限的空间概念更有活力，更少冲突。它受到虚假自体（社交万金油）的保护。正如埃根（Eigen, 1992）所强调，温尼科特所说的未整合与整体性密不可分；待在这种退行的状态是一种解脱。温尼科特后来的技术（Bollas, 2013）聚焦于发生在分析时的退行。相比之下，比昂觉得人类早已退行，且必须学会应对此种退行。

比昂认为分析的目标是向病人呈现其无感官的本质；与此类似，温尼科特也认为分析的目标是接触相关的真实的自体感受，他认为真实的自体是与世隔绝的。埃根（1992：285）说："温尼科特的案例中最美妙之处正是他为体验现实、非存在、死亡状态而提供的空间，如此一来'活力'才能站出来，有了露面的机会。"

比昂提倡一种无忆、无欲、无理解、无连贯的态度，以便于接触到心理体验中未知的 O，并促进在 O 中的转化。温尼科特在他那篇备受争议的论文《对客体的利用与通过认同来联结》（The Use of an Object and Relating through Identifications, 1969）中提议应保持沉默，不要自作聪明地解释，这样病人一旦能够打破自身的移情错觉，就会发现之前未知的真实客体。

自由和幽默虽然在两位作者那里形式迥异，但都至关重要：那种只可意会不可言传的英式幽默可以让一个人出口成章；比昂的讽刺式幽默可能主要源自他所说的双目视角，它能让人自由思考；温尼科特的幽默是戏谑式的，力求与他充满诗意幻想的那部分年轻的自我相联结。

荣格和比昂

那是在 1953 年的塔维斯托克诊所，当贝克特结束了和比昂的治疗之后，俩人共进了晚餐，便同去聆听荣格在诊所举办的讲座（参见专栏 3.1）。荣格在讨论环节回答关于某病人的问题时提到，"她还没有完全出生"。这句话给贝克特留下了深刻的印象，他意识到自己的心理问题正在于此。

荣格的理论和比昂在某些方面异曲同工，这指的不是比昂最初的理论研究，而是后期的工作。

出生前生活（pre-natal life）是荣格强调的标志性理论之一，这一点在比昂后期的理论中同样突出，比如《未来回忆录》。卡波特·科恩（Culbert-Koehn, 1997）援引了荣格在《象征与转化》（Symbols and Transformations）中的话，"治疗必须支持这种退行，而且要一直退，退至出生前状态为止"（Jung, 1953: par. 508）。

荣格所说的自体是无形、无表征的，只能通过其临床表现来呈现。德林

（Dehing, 1994）评论说这与比昂的 O 概念非常接近（参见专栏 8.5）。比昂将 O 定义为终极现实（ultimate reality）、神性（godhead）、无限、物自体（thing-in-itself）等多个方面，这点正如荣格（1936：par. 247）所说的，"'自体'是一个纯粹的边缘概念，类似于康德（Kant）所说的物自体或自在之物（Ding an sich）"（引自 Dehing, 1994）。

荣格因其对神话的运用而闻名。同样，比昂也用到了若干个神话故事（俄狄浦斯、伊甸园、巴别塔）来帮助概念成型。比昂曾明确表示，"我想，如果荣格愿意的话，一定会将俄狄浦斯视作一个原型，或者说俄狄浦斯这类形象存在于每个人之中"（Bion, 1977: 422）。但比昂认为没有必要用集体无意识的理念来拓展弗洛伊德的理论（Dehing, 1994）。

话虽如此，荣格学派的原型（被理解为原本就存在于无形的自体之中的心理结构，在体验事物时才被意识到）还是很接近比昂的精神分析客体概念（参见专栏 8.7），比昂后期认为精神分析的客体是无感官体验的形式，或是存在于 O 中的本质，可以被转化为较为有限和较多感官体验的临床表现。

拉康和比昂

雅克·拉康（Jacques Lacan, 1901—1989）和威尔弗雷德·比昂彼此认识。拉康因对比昂和里克曼在团体、社会精神病学方面的工作以及参战经历印象深刻，所以在第二次世界大战后不久拜访了两位（Lacan, 1947）。比昂和拉康那时都是精神科大夫和精神分析师，他们早在各自的大作问世（20 世纪 50 年代）之前，就已经会过面了。

这两位男士的体格差异巨大。拉康由于太瘦而被现役所拒。当时他是一名知识分子，参与过超现实主义艺术运动。第二次世界大战期间，他在军中医院当医生。而寡言少语的第一次世界大战健将比昂从体格上看就大不相同（参见专栏 1.3，拉康关于他拜访比昂的访谈）。

初次接触他们的作品时，会发现一些相似之处。两位作者都是在与精神科病人工作的经验中发展出了各自的理论，都研究了一段时间的数学公式，写作风格也都晦涩难懂。虽然他们的精神分析工作借鉴的传统有所不同，但都有着哲学渊源。拉康与建构主义彼此成就，比昂的思考则植根于经验主义和后来的唯心主义传统。

比昂的工作重心从之前的象征化或者说对情感体验的思考（在 K 中的转化）转变为无表征和无限（在 O 中的转化）；拉康那里似乎也有类似的转变，即从关于能指（signifier）的理论转向了从存在开始（starts from being）的理论。

在 K 中的转化

对于比昂来说，母亲可以涵容婴儿的体验，并通过自身的遐思对该体验进行消化和解毒，以便让它心理化并得以成型，所以母亲在象征化的过程中起到了重要的、互动性的作用。拉康的早期研究显示，婴儿被母亲的渴望圈养在这个世界之中。联结彼此的是他们自己才懂的想象式对话。需得第三方的出现才能让婴儿从此中脱离出来，并使他被铭刻进一个符号寄存器（symbolic register）之内，这样思考和与人交流才成为可能。这种符号寄存器是一种既存语言，由各种能指组成。进入这个符号序列的驱动力是父亲、阉割焦虑、阴茎缺失。走进这一符号序列会造成一种缺失。这种缺失打开了婴儿与母亲之间封闭的二人世界。要是进不成这个符号序列，会造成精神病的后果。儿童一旦进入这个符号序列的寄存器，就不再和母亲之间有直接的联系。这种缺失可理解为一种欲望，一种人与人之间的流动的力量。

在 O 中的转化

威尔海格（Verhaeghe, 2011）在他的克莱因与拉康研讨会上说过，拉康和比昂一样，都疑惑弗洛伊德所说的潜抑的动力性无意识之下究竟埋藏着什么。拉康（1966）在博内瓦尔会议上论及无意识的核心时，既不像勒克莱尔（Leclaire）那样认为无意识是由音素（phonemes）组成的，也不像拉普朗什（Laplanche）那样认为无意识是由感官意象组成的。据威尔海格所说，拉康认为无意识的核心是一个"单因之地（une cause béante）"，即一个类似于生殖细胞的未分化的区域，是未来潜在发展的一个无意义的载体。这就到了拉康派所说的"实在界（Real）"。它接近于比昂所说的无限的、未分化的 O 的概念，从 O 中可能会产生更多有限的转化，但也可以涵容无感官体验的模式、精神分析的客体（参见专栏 8.7）。在拉康看来，我们尚未接触过这个领域，就像比昂也认为在 K 和 O 的功能之间存在一个转韵符一样。拉康认为，与这个未分化领域中断联系［他认为这是一种永生（拉康 XI 研讨会，1964），并用比喻的方式称之为"薄膜（lamelle）"］会造成另一种缺失，它位于上文所述的由于进入符号序列所造成的缺失之上。拉康将这一点联系到他的"对象小 a（object a）"和"享乐（jouissance）"以及渴望回到原初状态的概念（即意味着死亡）。另一边，比昂却认为与未分化的、赋予生命的 O 领域之间并不会永远失联；他觉得尚有机会恢复与 O 的联系，尽管是间接的联系；应该是 O 在从 O 移动到 K 的过程中去发现那些感官的、可知的形式（或者说 K），而不是反过来。对于拉康来说，原初的联结一旦断开就不会重连，但多亏有母亲，那些原初的快感或许才能存留于身体之中。它虽然无法得到表征或象征，但身体知道，而且它在男女之间接触时会成为驱动力。所以快感存在于身体的实体内。总的来说，就在比昂一心寻求与 O 的直接联系时，拉康认为我们已经被推出了原初快感的区域，与之永别，但其结果却产生了意义深远的缺失，成为一种驱动力。这种强大的驱动力如上文所述强化了进入符号序列所衍生出的欲望。

比昂精神分析认识论的哲学背景

比昂关于知晓、存在和心理变化的理论都有其哲学基础，但他并未对所借鉴的那些哲学家亦步亦趋。第一次世界大战后（1919—1921），比昂在牛津大学皇后学院进修历史，后在伦敦大学学院医院任教和举办医学培训。作为一名历史研究者，比昂学过一些哲学，受赫伯特·詹姆斯·佩顿（Herbert James Paton）影响颇深，后者是著名的康德派人士，也是资深的军事情报专家。桑德勒（2005b: 570–575）详细列出了比昂毕生工作中提到的所有哲学家。令人困惑的是，这份清单如此之短，而且漏掉了斯宾诺莎（Spinoza）、克尔凯郭尔（Kierkegaard）、维特根斯坦（Wittgenstein）、海德格尔（Heidegger）、叔本华（Schopenhauer）、胡塞尔（Husserl）和伯格森（Bergson）等人。上述所有哲学家（尤其是现象学家们）都与比昂的研究密不可分（Thys, 2005）。托雷斯（Torres, 2013）发现比昂用铅笔对伯格森的《物质与记忆》（*Matter and Memory*）做了大量的注解。

本书编写时遵循了比昂在 K 中的转化和在 O 中的转化这两部分工作上的明确区分。比昂对哲学思想的运用同样反映了这种区分。比昂关于思考或在 K 中的转化等理论与英国经验主义学家的理论相关。布雷斯韦特（R.B. Braithwaite）对会谈中的数学符号的探索（参见"网格图"）（Harris & Redway-Harris, 2013）影响了比昂，同样起引导作用的还有诺贝尔奖得主、法国数学家和科学哲学家亨利·庞加莱（Henri Poincaré），他撰写过一些文章阐述了直观数学（intuition mathematics）和选定的事实（selected fact）在处理类似精神分析中的复杂问题时起的作用。

比昂后期在 O 中的转化方面的工作与柏拉图、康德等唯心主义哲学家的研究更为相近。

比昂"在 K 中的转化"概念与英国经验主义哲学家

英国的经验主义者认为知晓和思考源于心灵，是某种体验的结果。约翰·洛克（John Locke）的理论反驳了柏拉图的观点，后者认为理念（Idea）作为一种超然的形（Forms）存在于心灵之外，现实只是它们的不完全反映，它们以感觉的形式实现自己。比如三角形可以被视作一个柏拉图式的超然的形或理念，它在自然界中以不同的形式出现，但存在于心灵之外。对于洛克和休谟（Hume）而言，观念（Idea）并不是独立存在的，而是起源于心灵。洛克认为它们源于外部现实的体验。这种体验引发了感觉（sensation; Lowe, 1995: 21），使简单的理念可以发展为复杂和抽象的观点。观念只有与体验相连，才能生动起来。

后来，休谟又认为，起源于心灵的观念随之被投射到我们以此方式构建的外部世界之中（Norton, 1993）。他对印象（Impressions）和观念进行了区分。印象更有说服力，也更生动，是"我们所有的感觉、激情和情感初次呈现在灵魂面前的样子"（Norton, 1993: 6）。观念的说服力就弱一些，它们是这些印象的大致形象。它们通过休谟所说的"恒常关联"相互联系在一起，比昂借鉴了这个概念。

比昂也像洛克和休谟一样，将自己关于思考的理论建立在心理元素的基本原理之上（Cavell, 2003）。比昂的 β 元素相当于休谟所说的印象；两者都十分生动且充满情感。如果我们将 α 元素视为 β 元素去掉了许多生动性以便于被心灵接纳，那么它就相当于休谟所说的观念。休谟下面的这段话非常接近比昂所设想的一个思考的形成方式，这是一个"无物的思维（a thought for a no-thing）"。

> 虽然我们一点儿因果关系的经验都没有，但成对的客体或有特定原因和结果的事件接二连三地出现，必然会引发我们的某种预期，即某个特定事件（一个"因"）后面将跟随着另一个先前就与之相关并将持续与之相关的事件（一个"果"）。经验的规律性带来了这些感觉，并且让心灵将注意力从当前的印象转移到另一个看不见但有所关联的客体身上。
>
> （Hume, 1739；Norton, 1993: 10 引用）

休谟认为，观念与他所说的"自动的心理联想（automatic mental associations）"或想象力有关。他指出，"思考是一种习惯，它还没等我们花时间反思就已经在发挥作用了"（Hume, 1739/1985: 153）。休谟将这个自然而然的过程称为遐思（reverie，出处同上：318）。它对应于比昂所说的"梦的工作中的 α（dream-work alpha）"或醒梦思维，比昂效仿休谟，也将其称为遐思。

比昂"在 O 中的转化"概念与唯心主义哲学家

比昂后期的"在 O 中的转化"模型受到了康德和柏拉图的哲学思想影响。康德接纳了休谟的观点,即所有观念的起源都在精神层面,心灵肩负着构建世界的重任,但他推进了休谟的观点。康德觉得如果所有事物都是精神层面的,就更应该意识到我们心灵的局限性。这也是《纯粹理性批判》(*Critique of Pure Reason*, Kant, 1929/1781)这本著作的主旨。既然所有观念都是精神层面的,而我们的心灵毕竟有限,所以我们无法完全知晓这个世界的客观存在。我们的知晓受制于空间和时间这类先验的概念,而我们所理解的这些先验的概念又无法被运用于其现实自在(reality in-itself)。因此,无论我们的感知有多复杂,即便得到某些装置的加持,就客观知识而言,我们的心灵还是维系在有限的头脑所创造出的表象世界里。这意味着我们可以通过推论(Reason)做出假设,即存在一个超越了我们的知晓和感知极限的现实。康德将由推论而产生的关于不可知的现实的观念称为物自体。对于康德来说,物自体并不是世界本来的样子,而是对世界所产生的观念,体现出我们知晓的局限性。康德称这些观念为本体(noumena)(不属于表象和感官世界,而属于心灵世界),有别于感官表象世界中的现象。我们的知晓就位于这些表象的层面、现象的领域。[4]

康德不仅推进了休谟的观念,即认为只有心灵才是构成我们所知道的客观世界的基础;他还向前更进了一步。与休谟相反,他认为心灵中的观念拥有一个先验的基础。这一点和柏拉图很像,但柏拉图所说的先验理念存在于心灵之外,而康德却认为它们存在于心灵之中。观念或本体这些心灵中的先验形式都是我们构建现实的基础。对康德而言,还有一些观念(本体)与任何感官表象或现象都无对应,所以我们对其一无所知。所谓"上帝"的概念就属于其中之一。[5]虽然比昂在 K 中的转化的概念化似乎与经验主义的认识论有所关联,但在 O 中的转化更像是植根于康德和柏拉图的哲学。康德认为实践思维和在现象层面受感官指引都是对本体世界的一种干扰。同理,比昂觉得感官体验也好、实际理由（痛苦与享乐原则）也好，都是对看见（seeing）和成为（becoming）"O"的一种阻碍。所以他才会说"理性是激情的奴隶"（Bion, 1970），这源自休谟的一句名言，大意是：实践理性的目的只是为了实现激情和欲望所设定的目标，而不是追逐更高的价值。康德也有过类似的表述，"我们为了一口木锅出卖了自己的灵魂"（Appelbaum, 1995），意思是实践思维让我们与存在渐行渐远。伯格森（他那本《物质与记忆》被比昂用铅笔注解过）也强调了心智功能的功利性（Torres, 2013）。比昂也一再强调操作性智力思维的不足，并且和伯格森一样，提及另一种形式的知晓：直觉（intuition; Torres, 2013）。同样道理，比昂希望人们能摆脱基于痛苦与享乐原则的思维：无忆、无欲、无理解、无连贯。为此他主张对未知（Unknown）采取敬畏（Awe）和信仰（Faith）的态度，类似于康德对崇高（Sublime）的态度，即视之为我们无法想象之物。

有哲学背景的读者恐怕得承认，比昂对康德学派概念的运用并不确切。康德所说的"物自体"是一个先验的理念，而非未知的现实自在，但比昂似乎在用物自体一词同时指代了一个观念和现存未知的现实自在。这反映在他对O的定义之中："我使用字母O时，指的是本体（noumenon），即事物本来的样子，无人知晓它到底是什么样子"（Bion, 1990: 69）。这样一看，他其实误用了康德的概念（Schermer, 2003），没有把它当作一个观念来看，而是当作了一个现实。

另一个主要区别是，康德从未像比昂那样暗示过凭借直觉可以与未知的现实进行接触这种可能性。这种方法的前提是存在一种不假思索的观察，即一种"纯粹的体验（pure experience）"（Nishida, 2001），它更接近于神秘主义者处理超出理性的现实时所使用的方式。

我印象中比昂晚年的作品（比如《研讨会》和《临床讨论》）显示，他认为非感官的关联或模式不仅是心灵中发生的某些事（与康德观点一致），也是独立于心灵而存在的（与柏拉图观点一致）。他宣称必须具备一种极度无知的状态，并拥有哲学式的质疑和直觉，才能与这些关联进行接触。但他没有对最后的这些观点做出阐述。

注　释

［1］ 维兰德（Wieland, 2013）全面列举了比昂作品中对弗洛伊德的引用。在这 100 条引用中，有 39 条是关于弗洛伊德（1911）"两个原则"的检验。

［2］ 比昂（1990: 99）后来称其为"似是而非的把戏（the monkey-like trick）"，因为他觉得这是在阻碍我们与"O"的接触。

［3］ 马特–布兰科（Matte-Blanco, 1988）在描述对称和不对称的心理功能概念时采用了这一观点。无意识的置换和凝缩功能（意味着一个事物可以代表很多事物）是一种对称的关系，就像数学上的无限（infinity）概念一样（无限的一部分仍然是无限）。与它形成对比的是不对称的、有限的言语和逻辑思维。在梦中，对称和不对称的思维混合出现。

［4］ 康德认为，表象和"本体"之间的区别同样适用于心灵本身。

［5］ 为完整起见，还得补充一个要点，即在康德的观念中，情感属于"美学（the aesthetic）"，而且在他的《审美批判》（*Critique of Aesthetic Judgement*）和人类学之中得到了处理，但不在他的《纯粹理性批判》之中。这与洛克和休谟的方法形成对比，他俩认为情感是感觉、印象和观念的起源。

比昂书目

摘自 H. 卡纳克（H. Karnac, 2008）《比昂的遗赠》（*Bion's Legacy*），第 1—8 页，1967 年洛杉矶研讨会除外（2013）。

比昂的 24 部作品，分别标为 WRB[1] 1—WRB 24。

WRB 1《团体中的经验及其他论文》（*Experiences in Groups and other*

---

[1] WRB 即威尔弗雷德·R. 比昂（Wilfred R. Bion）的英文名称首字母缩写。——译者注

papers），伦敦：塔维斯托克出版（Tavistock Publications），1961；纽约：劳特利奇，1961；重印于霍夫（Hove）：布鲁纳－劳特利奇（Brunner-Routledge），2001。

WRB 2《从体验中学习》(*Learning from Experience*)，伦敦：威廉·海尼曼医学图书（William Heinemann Medical Books），1962。与 WRB 3、WRB 4、WRB 6 一起重印于《七仆人》(*Seven Servants*)，纽约：阿伦森（Aronson），1977；重印于伦敦：卡纳克图书，1984。

WRB 3《精神分析的元素》(*Elements of Psychoanalysis*)，伦敦：威廉·海尼曼医学图书，1963。与 WRB 2、WRB 4、WRB 6 一起重印于《七仆人》，纽约：阿伦森，1977；重印于伦敦：卡纳克图书，1984。

WRB 4《转化》(*Transformations*)，伦敦：威廉·海尼曼医学图书，1965。与 WRB 2、WRB 3、WRB 6 一起重印于《七仆人》，纽约：阿伦森，1977；重印于伦敦：卡纳克图书，1984。

WRB 5《第二种思维——精神分析论文集》(*Second Thoughts: Selected Papers on Psychoanalysis*)，伦敦：威廉·海尼曼医学图书，1967；重印于伦敦：卡纳克图书，1984。

WRB 6《注意与解析》(*Attention and Interpretation*)，伦敦：塔维斯托克出版，1970。与 WRB 2、WRB 3、WRB 4 一起重印于《七仆人》，纽约：阿伦森，1977；重印于伦敦：卡纳克图书，1984。

WRB 7《巴西讲座 1——圣保罗》(*Bion's Brazilian Lectures 1 - São Paulo*)，里约热内卢：伊玛格出版社（Imago Editora），1973；与 WRB 8 一同重印于《巴西讲座》（修订与更正版）(*Brazilian Lectures*, revised and corrected ed.) 一卷，伦敦：卡纳克图书，1990。

WRB 8《巴西讲座 2——里约热内卢和圣保罗》(*Brazilian Lectures 2 - Rio de Janeiro/São Paulo*)，里约热内卢：伊玛格出版社，1974；与 WRB 7 一同重印于《巴西讲座》（修订与更正版）一卷，伦敦：卡纳克图书，1990。

WRB 9《未来回忆录（第 1 册）——梦》(*A Memoir of the Future Book 1 - The Dream*)，里约热内卢：伊玛格出版社，1975；与 WRB 10、WRB 13、WRB

15 一同重印于《未来回忆录》（修订与更正版）一卷，伦敦：卡纳克图书，1991。

WRB 10《未来回忆录（第2册）——过往的呈现》（*A Memoir of the Future Book 2 - The Past Presented*），里约热内卢：伊玛格出版社，1977；与 WRB 9、WRB 13、WRB 15 一同重印于《未来回忆录》（修订与更正版）一卷，伦敦：卡纳克图书，1991。

WRB 11《论文两篇——〈网格图〉与〈转韵〉》（*Two Papers: The Grid and Caesura*），里约热内卢：伊玛格出版社，1977；其修订与更正版重印于伦敦：卡纳克图书，1991。

WRB 12《与比昂的四场讨论》（*Four Discussions with W.R. Bion*），佩思郡：克鲁尼出版社（Clunie Press），1978；与 WRB 18 一同重印于《临床研讨等作品》（*Clinical Seminars and Other Works*，弗朗西斯卡·比昂主编）一卷，伦敦：卡纳克图书，2000。

WRB 13《未来回忆录（第3册）——遗忘的序曲》（*A Memoir of the Future, Book 3: The Dawn of Oblivion*），里约热内卢：伊玛格出版社，1977；与 WRB 9、WRB 10、WRB 15 一同重印于《未来回忆录》（修订与更正版）一卷，伦敦：卡纳克图书，1991。

WRB 14《比昂在纽约和圣保罗》（*Bion in New York and São Paulo*），佩思郡：克鲁尼出版社，1980。

WRB 15《开启未来回忆录的钥匙》（*A Key to A Memoir of the Future*），里约热内卢：伊玛格出版社，1977；与 WRB 9、WRB 10、WRB 13 一同重印于《未来回忆录》（修订与更正版）一卷，伦敦：卡纳克图书，1991。

WRB 16《漫长的周末——1879—1919（生命的一部分）》[*The Long Weekend: 1897-1919 (Part of a Life)*，弗朗西斯卡·比昂主编]，阿宾顿：弗利特伍德出版社（Fleetwood Press），1982；重印于伦敦：自由联想图书公司，1986；重印于伦敦：卡纳克图书，1991。

WRB 17《我记忆中的全部罪过——人生另一部分及天才的另一面：家书》（*All My Sins Remembered: Another Part of a Life and the Other Side of*

Genius: Family Letters，弗朗西斯卡·比昂主编），阿宾顿：弗利特伍德出版社，1985；重印于伦敦：卡纳克图书，1991。

WRB 18《临床研讨与论文四篇》(*Clinical Seminars and Four Papers*)，阿宾顿：弗利特伍德出版社，1987；与 WRB 12 一同重印于《临床研讨等作品》一卷，伦敦：卡纳克图书，2000。

WRB 19《深思》(*Cogitations*，弗朗西斯卡·比昂主编)，伦敦：卡纳克图书，1992；新扩展版，伦敦：卡纳克图书，1994。

WRB 20《驯服狂想》(*Taming Wild Thoughts*，弗朗西斯卡·比昂主编)，伦敦：卡纳克图书，1997。

WRB 21《战争回忆录——1917—1919》(*War Memoirs, 1917-1919*，弗朗西斯卡·比昂主编)，伦敦：卡纳克图书，1997。

WRB 22《临床研讨等作品》(*Clinical Seminars and Other Works*，弗朗西斯卡·比昂主编)，伦敦：卡纳克图书，2000。单卷版包含《与比昂的四场讨论》(WRB 12)和《临床研讨与论文四篇》(WRB 18)。

WRB 23《意大利研讨会》[*The Italian Seminars*，弗朗西斯卡·比昂主编，并由菲利普·斯洛特金（Philip Slotkin）翻译为意大利语]，伦敦：卡纳克图书，2005。早期版本《意大利研讨会：W.R 比昂在罗马举办的研讨会全文》(*Seminari Italiani: Testo Completo dei Seminari tenuti da W.R. Bion a Roma*；Edizioni Borla, 1985)。

WRB 24《塔维斯托克研讨会》(*The Tavistock Seminars*，弗朗西斯卡·比昂主编)，伦敦：卡纳克图书，2005。

第二部分——年表

1. 1940,《心理战》(*War of Nerves*)，《战争中的神经症》(*The Neuroses in War*)，米勒（Miller）和克莱顿－米勒（Crichton-Miller）主编，pp. 180–200，伦敦：麦克米伦（Macmillan），1940。

2. 1943,《治疗中的团体内张力》(*Intra-group tensions in therapy*)，共同作

者里克曼,《柳叶刀》(*Lancet*) 2: 678/781-Nov. 27, 1943, WRB 1, pp. 11–26。

3. 1946,《诺斯菲尔德实验》[*Northfield Experiment*(*The*)][共同作者布里杰(Bridger)和梅因(Main)],《梅宁格诊所公报》(*Bulletin of the Menninger Clinic*) 10: 71–76。

4. 1946b,《无领导团体项目》(*Leaderless Group Project*),《梅宁格诊所公报》10: 77–81。

5. 1948a,《危难时期的精神病学》(*Psychiatry in a time of crisis*),《英国医学心理学杂志》(*British Journal of Medical Psychology*) XXI : 81–89。

6. 1948b,《团体中的经验Ⅰ》(*Experiences in Groups* Ⅰ),《人际关系》(*Human Relations*) 1: 314–320, WRB 1, pp. 29–40。

7. 1948c,《团体中的经验Ⅱ》(*Experiences in Groups* Ⅱ),《人际关系》1: 487–496, WRB 1, pp. 41–58。

8. 1948d, 伦敦心理健康机构会议上的无主题论文, 1948, 发表于《国际医学心理治疗会议论文集》(*Proceedings of the International Conference on Medical Psychotherapy*) Vol. Ⅲ, 106–109, 伦敦H.K.路易斯(H.K.Lewis)出版社和纽约哥伦比亚大学出版社, 1948。

9. 1949a,《团体中的经验Ⅲ》(*Experiences in Groups* Ⅲ),《人际关系》2: 13–22, WRB 1, pp. 59–75。

10. 1949b,《团体中的经验Ⅳ》(*Experiences in Groups* Ⅳ),《人际关系》2: 295–303, WRB 1, pp. 77–91。

11. 1950a,《团体中的经验Ⅴ》(*Experiences in Groups* Ⅴ),《人际关系》3: 3–14, WRB 1, pp. 93–114。

12. 1950b,《团体中的经验Ⅵ》(*Experiences in Groups* Ⅵ),《人际关系》3: 395–402, WRB 1, pp. 115–126。

13. 1950c,《形象孪生子》(*The Imaginary Twin*), 发布于《英国精神分析学会》Nov. 1 1950, WRB 5, pp. 3–22。

14. 1951,《团体中的经验Ⅶ》(*Experiences in Groups* Ⅶ),《人际关系》4:

221–227，WRB 1，pp. 127–137。

15. 1952，《团体动力学：综述》（Group Dynamics: a review），《国际精神分析杂志》33: 235–247，同时发表于《精神分析的新方向》（New Directions in Psychoanalysis），由克莱因（Klein, M.）等人主编，pp. 440–477，塔维斯托克出版，伦敦：1955，WRB 1，pp. 141–191。

16. 1954，《有关精神分裂症理论的说明》（Notes on the Theory of Schizophrenia），国际精神分析杂志（IJP）35: 113–118，WRB 5。pp. 23–35。

17. 1955，《语言和精神分裂症》（Language and the Schizophrenic），《精神分析的新方向》（New Directions in Psychoanalysis），由克莱因等人主编，pp. 200–239，伦敦：塔维斯托克出版，1955。

18. 1956，《精神分裂性思维的发展》（The Development of Schizophrenic Thought），《国际精神分析杂志》37: 344–346，WRB 5，pp. 36–42、

19. 1957a，《精神病性与非精神病性人格的区分》（Differentiation of the Psychotic from the Non-Psychotic Personality），《国际精神分析杂志》38: 266–275，WRB 5，pp. 43–64。

20. 1957b，《论傲慢》（On Arrogance），《国际精神分析杂志》39: 144–146，WRB 5，pp. 86–92。

21. 1958，《论幻觉》（On Hallucination），《国际精神分析杂志》39: 341–349，WRB 5，pp. 65–85。

22. 1959，《对联结的攻击》（Attacks on Linking），《国际精神分析杂志》40: 308–315，WRB 5，pp. 93–109。

23. 1961，《梅兰妮·克莱因的讣告》（Melanie Klein-Obituary），与赫伯特·罗森菲尔德和汉娜·西格尔共同发表，《国际精神分析杂志》42: 4–8。

24. 1962，《思考的精神分析研究》（Psychoanalytic Study of Thinking），《国际精神分析杂志》43: 306–310（发表时主题为《思考理论》），WRB 5，pp. 110–119。

25. 1963，《网格图》（The Grid），WRB 20，pp. 6–21。

26. 1966a，《颠覆性剧变》（Catastrophic Change），《英国精神分析学会公报》#5。

27. 1966b,《医学正统和精神分析的未来》(*Medical Orthodoxy and the Future of Psychoanalysis*),艾斯勒(K. Eissler),纽约国际大学出版社,1965(书评),《国际精神分析杂志》47: 575–579。

28. 1966c,《性行为和法律》(*Sexual Behavior and the Law*),斯洛文科(R. Slovenko)主编,斯普林菲尔德(Springfield),托马斯(Thomas)1964(书评),《国际精神分析杂志》47: 579–581。

29. 1967,《关于记忆与欲望的说明》(*Notes on Memory and Desire*),《精神分析论坛》(*Psychoanalytic Forum*)11/3: 271–280。重印于梅兰妮·克莱因的《今日》(*Today*)Vol. 2——实践方面:17–21,博特·斯皮利厄斯(E. Bott Spillius)主编,伦敦:劳特利奇出版社,1988。

30. 1967,《洛杉矶研讨会和督导》(*Los Angeles Seminars and Supervision*),阿瓜约和马林(合编),伦敦:卡纳克图书,2013。

31. 1976a,《证据公报》(*Evidence Bulletin*),《英国精神分析学会》,1976,WRB 18,pp. 313–320。

32. 1976b,《小巴雷特在洛杉矶的访谈》(*Interview with A.G. Banet Jr. Los Angeles*),1976,《团体和组织研究》(*Group and Organisation Studies*),vol. 1 No. 3: 268–285,WRB 24,pp. 97–114。

33. 1977a,《弗洛伊德语录》(*Quotation from Freud*),摘自《边缘型人格障碍》(*Borderline Personality Disorders*),哈托科利斯(P. Hartocollis)主编,纽约,国际大学出版社,1977,WRB 18,pp. 306–311。

34. 1977b,《边缘型人格障碍中的情绪波动》(*Emotional Turbulence in Borderline Personality Disorders*),哈托科利斯(P. Hartocollis)主编,纽约,国际大学出版社,1977,WRB 18,pp. 295–305。

35. 1977c,《七仆人》(由 W.R. 比昂引入),包括《精神分析的元素》《从体验中学习》《转化》《注意与解析》,纽约:阿伦森。

36. 1978,《巴黎研讨会》(*Seminar held in Paris*),1978 年 7 月 10 日(英文版尚未出版),发表于《法国团体精神分析心理治疗杂志》(*French Revue Psychotherapie Psychanalytique de Groupe*),1986。

37. 1979,《对糟糕的工作尽力而为》(*Making the Best of a Bad Job*),《英国精神分析学会公报》,1979,WRB 18,pp. 321–331。

38. 2014,卡纳克图书出版了16卷的《比昂全集》,主编是克里斯·莫森(英国精神分析学会教导分析师)和弗朗西斯卡·比昂(比昂的妻子)。这套全集遵循哈利·卡纳克的年表,按照年代排序。

第一卷

《漫长的周末——1897—1919(人生的一部分)》

第二卷

《我记忆中的全部罪过——人生的另一部分》

《天才的另一面——家书》

第三卷

《战争回忆录——1917—1919》

第四卷

《心理战》(1940)

《论团体》(1943)

《无领导团体项目》(1946)

《危难时期的精神病学》(1948)

《团体疗法》(1948)

《语言和精神分裂症》(1955)

《团体中的经验——及其他论文》(1961)

《从体验中学习》(1962)

第五卷

《精神分析的元素》(1963)

《驯服狂想(Ⅰ)——网格》(1963)

《转化:从学习到成长的变化》(1965)

第六卷

《记忆与欲望》(1965)

《剧变》(1966)

《第二种思维——精神分析论文集》（1967）

《关于记忆与欲望的说明》（*Notes on Memory and desire*, 1967）

《注意与解析：精神分析与团体中的一种科学的洞察方法》（1970）

《书评》（*Book Reviews*, 1966）

第七卷

《巴西讲座》

  《1973年圣保罗讲座》

  《1974年圣保罗讲座》

  《1974年里约热内卢讲座》

第八卷

《临床研讨》

  《巴西利亚》（1975）

《座谈成果》

  《巴西利亚，一种新的体验》（1975）

  《圣保罗》（1978）

  《比昂在纽约和圣保罗——纽约》（1977）

  《圣保罗（十讲）》（1978）

第九卷

《塔维斯托克研讨会》（1976年6月—1979年3月）

《意大利研讨会》（1977）

《巴黎研讨会》（1978年7月）

第十卷

《论文两篇》

  《网格图》（1971）

  《转韵》（1975）

  《讨论四篇》（1976）

《论文四篇》

  《情绪波动》（1976）

《弗洛伊德语录》（1976）

《证据》（1976）

《对糟糕的工作尽力而为》（1979）

《对安东尼·小巴雷特的访谈》（1976）

《驯服狂想（II）：无题》（1977）

第十一卷

《深思》

《深思书评》（作者：安德烈·格林）

第十二卷

《未来回忆录（第1册）》

第十三卷

《未来回忆录（第2册）》

第十四卷

《未来回忆录：（第3册扩展版）》

第十五卷[1]

未发表的论文：

《人的构想》（*The Conception of Man*, 1961）

《穿透沉默》（*Penetrating Silence*, 1976）

《新的改进》（*New and Improved*, 1977）

《进一步的深思》（*Further Cogitations*, 1968—1969）

附录A：《我们的日子》（1994），弗朗西斯卡·比昂

附录B：《"颠覆性剧变"和"容器与被容纳者的转化器"：对照研究》（"Catastrophic Change" and "Container and Contained" Transformed: a comparison），克里斯·莫森

附录C：《比昂作品的标准化书目》，哈利·卡纳克编译。

---

[1] 《比昂全集》第十六卷的内容只有参考文献和索引，并没有论文或书籍，因此本书英文原著里没有在此列出该卷的内容。——译者注

第一部分

转韵之前：在 K 中的转化

第一章

传记：1897—1966

比昂 8 岁离开印度到英国独自念完了公立学校，这段经历在年轻的比昂身上留下了独特的印记。19 岁时他志愿参加了第一次世界大战。参战经历必然对他的为人处世和理论构建产生了持续的影响。他写过一篇简短的实况报告来讲述自己在战后不久所经历的恐惧（Bion, 1997），还写了一部长篇传记描述后续生活（Bion, 1982）。自传体著作是比昂后期工作中所特有的方法，所以本书第二部分将按年代顺序对其进行讨论。

战争刚结束，比昂就前往牛津大学皇后学院进修历史。1922 年，他获邀回到母校彼谢普斯托福学院任教。比昂虽然很受欢迎，却因与一位学生母亲发生龃龉而仓促离校。当时比昂很拘谨地邀请她喝茶，她却指控比昂打她儿子的主意（Bion, 1982）。比昂明确指出这位母亲的话是无中生有，而且学校经过调查也未能证实这位母亲的控诉，但比昂还是决定学期一结束就离开（Bion, 1985: 16–17）。他意识到自己不是当老师的料，决意去做精神分析师，所以到伦敦大学学院继续接受医学培训，那里比牛津更让他有家的感觉。在伦敦时，他投靠到著名的生物化学家杰克·德拉蒙德爵士（Sir Jack Drummond）门下，1952 年，这位爵士在法国一起臭名昭著的刑事案件中被谋杀（Bion, 1985: 46）。在医院里，比昂被威尔弗雷德·特罗特精湛的手术技巧所折服（Bion, 1985: 37–39）。特罗特关于群居本能（herd instinct）的研究可能启发了年轻的比昂，尽管比昂没有在自传和参考文献中承认这一点（见专栏 1.3）。

大约就在这个时期，比昂在哈德菲尔德医生（Dr. Hadfield）那里初次体验了心理治疗。虽然比昂是位战争英雄，但他当时觉得很没有安全感，而且在性方面很不成熟，据他描述，那时有位美丽的姑娘送了他一束野玫瑰，他后来与之交往，并向她求婚，但她没有任何解释就移情别恋，令比昂无比伤心和愤怒（Bion, 1985: 28–33）。后来比昂对哈德菲尔德医生的信任感有所动摇，因为他明确提出自己引荐病人给比昂之后要收中介费，此举令人不悦，所谓"因钱生隙"（Bion, 1985: 42–43）。尽管比昂赢得了一块外科手术的金牌（这块金牌和那些战争奖牌一样令他啼笑皆非），但他还是不改初心，投身于精神分析。1933年他拿到医学学位后便入职塔维斯托克诊所。该诊所后来迅速发展成治疗和培训中心。诊所的组成人员均为兼职医生，他们私下里可以给病人看病，所以有条件为低收入人群提供低价治疗。他的心理治疗师哈德菲尔德医生是塔维斯托克的培训主管和导师，提倡的是一种还原分析（reductive analysis），即根本不与移情打交道，只将目前症状通过强制性地进行幻想来与过去发生的特定事件建立联系（Dicks, 1970; 引自 Miller, 2014）。由于哈德菲尔德医生将所有事情（包括最近令人悲痛和忧伤的事件，比如恋爱受挫等）都一股脑儿归结于过去的创伤（Bion, 1985: 34），所以比昂戏称他为"我的'感受过去'分析师"。后来，包括迪克斯（Dicks）、比昂和杰弗里·汤普森（Geoffrey Thompson）在内的诸多哈德菲尔德派人士组成了一个"叛军"小分队，开始在精神分析研究所接受正规的培训（Dicks, 1970; 引自 Miller, 2014）。1937年，就在比昂即将从塔维斯托克出师之际，他成了诊所内第一位可以接受约翰·里克曼（John Rickman）精神分析的精神科医生（参见专栏2.1）。

比昂先前曾与哈德菲尔德医生合作数年（Trist, 985），后来在伦敦市中心哈利街上一家"赫赫有名但利欲熏心的机构里"做过兼职，里克曼、特罗特以及塔维斯托克诊所的大多数医生都在那里办公（Bion, 1985: 42）。彼时他还就职于波特曼诊所（Portman Clinic），当时这是一家专门收治性变态、犯罪分子和行为不良人员的独立机构，现在已同塔维斯托克诊所合并。

第二次世界大战

比昂在里克曼那里的分析结束于1939年9月（Bléandonu, 1994）。

第一章 传记：1897—1966

1940年，比昂重归部队。

精神科医生在英国皇家医疗队有着双重任务：一边寻找更好的士兵筛查方法；一边要为遭受战时神经症、弹震症等创伤的士兵们提供治疗，并研究有助于康复后的士兵重返部队或生活的有效程序。比昂开始接触有弹震症和创伤经历的士兵是在克雷格米尔基层医院。不久后，他被任命为西部战区的"精神病学指挥官"，即在切斯特市的大卫·休谟军事医院担任其他医务人员的专家顾问，也是全体病人的咨询顾问。

1941年，比昂突然从西部战区被调到位于约克郡的地方战区。他在那里受派为军队进行心理筛查测试。在此背景之下，他提出了"无领导小组项目（Leaderless Group project）"，即用2.5小时的小组测验代替冗长的个体测验。他的好友兼搭档艾瑞克·特利斯特（Eric Trist, 1985）和萨瑟兰德（J.D. Sutherland, 1985）对该项目进行了详细阐述：将新兵组成一个无领导小组，负责观察的军官和医务人员可以评估应征人员在组内为团结所做出的努力，进而判断他们是否适合部队生活。该项目的重点是确保选出优秀的领导者，因为根据比昂的理论，"社会角色和'适应他人的能力'是军官职位的核心"（Harrison, 2000: 91）。

> 我仍记得当时自己震惊于这一概念竟如此简洁，它令人叫绝之处在于创造了一个能生动地反映人际关系的情境，自私与博爱之间的冲突在此情境中表现得淋漓尽致。
>
> （Sutherland, 1985: 50）

为了改善医院的条件，比昂与里克曼共同向部队的精神病学部门递交了一份报告，提议借助团体疗法治疗神经症。这后来演变成了诺斯菲尔德实验。虽然比昂在第一次世界大战中的英勇表现令军官们敬佩不已，但他并未被任命为研究与培训中心的负责人。之所以未被委以重任，可能与当时精神病学在部队里越来越不受欢迎有关，当然也要怪他那些革命性的实验，人们认为这些实验可能有潜在的颠覆性风险（Bléandonu, 1994: 59）。

在被无缘无故地撤掉精神病学指挥官头衔之后（Trist, 1985: 11），比昂请求将自己调到伯明翰的诺斯菲尔德军事医院，在那里他遇到了朋友里克曼（参见专栏 2.1），并被任命为军事训练联队的负责人。他俩共同发起了一系列旨在治疗战时神经症的团体疗法实验，史称诺斯菲尔德实验。比昂在自传中对该实验颇为冷嘲热讽（Bion, 1985: 50）（参见专栏 1.1）。

◆ **专栏 1.1 诺斯菲尔德实验**

伯明翰市诺斯菲尔德镇的霍利穆尔医院是一家康复诊所，专门收治罹患战时神经症的士兵，那里开展了两个实验。就如哈里森（Harrison, 2000: 182）所说，"福克斯、比昂、里克曼、梅因和布里杰生动展示了什么叫作'击败敌人易，说服领导难'"。确实，开展这些实验不仅是因为需要治疗大量的战时神经症，还因为这些先驱者对于设法让部队生活更加人性化、高效化的心理学见解。它们为团体治疗和治疗性社团奠定了基础。

首次诺斯菲尔德实验是由比昂和里克曼在 1942—1943 年期间进行的。他们将病人们分在几个小团体里，让医院的运行方式尽可能接近于部队。在团体内，他们并没有试图"在带队时引领话题"，而是更多地聚焦于团体内部的实际动力（Harrison, 2000: 187）。比昂早在选拔军官时所做的无领导小组实验中就深埋下了这个愿景。他采取的是一种科学的方法。他想把重点放在处理团体内部人际关系的问题上，以使团体成员与他们的处境保持一定距离，并能对自己的问题有更深的理解。他将包含 100~200 名病人的训练联队进行重组，严格管教，每日列队，发号施令，还成立了不同的工作团体。

虽然这一创举最初在团体中引发了很多讨论，但比昂很快注意到，只有 20% 的成员圆满完成任务，其他人都在敷衍了事。为了解决这个问题，他没有采取专制或说教的方式，而是让团体成员以科学严谨的态度研究工作的安排，并提出自己的解决方案。这个团体就像社会和个人一样，都不愿意面对心理上的痛苦，但他们首先得意识到痛苦本质上就是心理层面的，否则就无法借助自己的力量来进行自我疗愈。一直到心理上的动力变得逐渐清晰且能够被讨论的时候，比昂才会提出切实可行的解决方案。

虽然一个月后病房里的情况有所改善，而且能够回归部队的士兵数量也说明该实验取得了巨大的成功（Bridger, 2005），但它还是在六周后被叫停。对于这次实验中止的原因众说纷纭。比昂和里克曼没能说服他们那个古板的长官皮尔斯（Pearce），此人认为他们的做派太过弗洛伊德了，且耗时太久（Harrison, 2000: 191）。最后，军方草草关闭了这个组织，因为他们在一次夜间突击督查时发现该联队管理混乱，电影院的地板上到处都是报纸和避孕套（de Mare, 1985）。

诺斯菲尔德的一位合伙人布里杰对此事有着不同看法。首先，他指出比昂、里克曼和福克斯（Foulkes）、比埃尔（Bierer）等其他工作人员（后面两位继续参加了第二轮的实验，而比昂没有参加）之间也存在方法上的分歧。其次，布里杰指出比昂的权威问题可能也带来了一定的影响，这在他关于自己参军经历的文章里面也很明显。布里杰认为，"他忽视了——确切地说是蔑视了——医院当时的环境和军中官僚们的典型反应"（Bridger, 1985: 97）。而且，比昂没打算妥协。35 年之后，比昂仍然将这段经历视作背叛，他对领导的怨恨不减当年（Bléandonu, 1984: 62–63）。我们可以在《梅宁格诊所公报》（1946）上的一篇文章以及《团体中的经验》（1961）的第一篇论文中找到比昂对这次实验的解释。派因斯（Pines, 1985）撰写过关于这两个诺斯菲尔德实验的分析（以及它们之间的差异），还从比昂当时的合作者那里收集到了第一手资料，哈里森（Harrison, 2000）则从偏社会学的角度描述了精神病学与军队之间的关系。

比昂在第二次世界大战初期（可能是在与其他军官交往时）结识了著名女演员贝蒂·贾丁（参见专栏1.2）。两人于战时（1943年左右）完婚。他的好友特利斯特认为比昂这第一任妻子是个温暖、有才华且成熟的人，与比昂十分般配。这两人出双入对，一个是春风得意、体格健壮、英勇无双的军官，另一个是美丽动人的女演员，令众人艳羡不已。比昂在自传中没有详细描述这段婚姻，但他与妻子在这个时期似乎过得相当充实和美满。比昂那时开始撰写一篇简短而鲜少人知的文章《心理战》（*War of nerves*）来概述部队中的精神病学（Bion, 1940）——据哈里森（2000: 53）所言，这篇文章写得并不是很好。后来贝蒂怀孕了。比昂接下了陆军工程兵部队第 21 军的一个新课题，在这个项目上，他应该是蒙哥马利的首选（Bléandonu, 1984: 64）。有研究表明最好能在靠近部队的地方治疗士兵的情绪障碍，比昂也想把他的团体疗法应用于此。所以当 1945 年 2 月 28 日，贝蒂诞下女儿帕耳忒诺珀的消息传来时，他还在诺曼底。贝蒂生完孩子三天后死于肺栓塞。军方花了整整一周的时间才找到比昂。他在自传中描写了自己对这则消息的置若罔闻，显然此事让他深受创伤。["从布鲁塞尔打到陆军部的电话是这样答复的，'能听到我说话吗？你的宝宝非常虚弱。能听见吗？''能听见，你嗓门这么大，我又不是聋子。''贝蒂上个星期去世了。''非常感谢你。不，不，没关系。我能搞定。'"（Bion, 1985: 27）。] 他还记得自己回到伦敦时，只剩自己和一个襁褓中的女儿（他想独自抚养她长大），以及一个不确定的未来和 8000 英镑[1]的存款（相当于今天的 2.5 万英镑），这是他和贝蒂一起攒下的钱。

◆ 专栏 1.2 贝蒂·贾丁

伊丽莎白·基特里克·贾丁（Elisabeth Kittrick Jardine），也称贝蒂·贾丁（1904 年生于英格兰柴郡，卒于 1945 年 2 月 28 日），1926 年她在曼彻斯特作为女演员出道，在同一家公司待了 7 年。自 1933 年起，她就一直住在伦敦，直到生命的尽头。1934 年她参演了《发生在乔治身上的一切》（*Whatever Happened to George*），1936 年她在百老汇演了一季的舞台剧。她的成名作是 1938 年的《锦绣前程》（*The Corn is Green*），也正是布兰多努所说的比昂看到的那部戏（1994: 54）。据布兰多努所说，这部戏的编剧和主演都是艾米林·威廉姆（Emilyn William）。该剧讲述的是主人公在该拿牛津大

---

[1] 英国货币单位，当下实时的汇率：1 英镑约人民币 8.5 元，2.5 万英镑约 20 多万人民币。——译者注

学奖学金还是照顾自己的私生子这两个选择之间左右为难的故事。贝蒂·贾丁在其中饰演一个犀利而性感的年轻姑娘。

贝蒂·贾丁在《几乎是个蜜月》(Almost a Honeymoon, 1938)中饰演拉维妮娅·佩珀;在《邮车》(Mail Train, 1941)中饰演黛西·约翰逊;在《新闻中的女孩》(A Girl in the News, 1941)中饰演玛蒂尔达·伦琦;在《幽灵列车》(Ghost Train, 1941)中饰演艾德娜;在《了不起的基普斯先生》(The Remarkable Mr Kipps, 1941)中饰演桃丽丝;在《我们后会有期》(We'll Meet Again, 1942)中饰演伯恩小姐;在《小夜曲》(Rhythm Serenade, 1943)中饰演海伦;在《坎特伯雷的故事》(A Canterbury Tale, 1944)中饰演费·贝克,这部剧讲的是美国中士、英国男兵和英国女兵三人穿越国境的神秘童话故事;在《两千妇女》(Two Thousand Women, 1944)中饰演特蕾莎·金,这是一部喜剧惊悚片,讲的是一群妇女帮助飞行员们躲避德国人的故事。一位影评人后来这样说过:"该剧本满是高光时刻,几乎所有的女演员都有机会展露光芒。贝蒂·贾丁不可小觑。"这是她的最后一部电影,一年后,她在产后不久就离开人世,从上面列举的表演作品来看,她的离去是英国影坛的一大损失。

第二次世界大战之后,比昂回到了塔维斯托克诊所。战争期间,塔维斯托克中心投票选出理事会,并组建筹备委员会,积极为战后工作做准备。最终由比昂担任该专委会的主委。他与多个类似的团队共同组织了一个大规模的社会精神病学项目。1945年,比昂开始接受第二轮培训式分析,这次是与梅兰妮·克莱因一起工作,其过程虽然困难重重(他在《我记忆中的全部罪过》中有所描述),但他一直到克莱因去世之前都与她保持着密切联系。1946年,塔维斯托克要为加入英国国家医疗服务体系(National Health Service, NHS)做准备,为此必须达到相关治疗标准。此时比昂开始担任执行委员会的主委。1947年,比昂当选英国心理学会医学分会会长。那些年他一心致力于精神病学的地位问题,他在给英国心理学会主席的报告中强调"精神病学处在困难时期"(Bion, 1948),并明确主张要在精神分析方法的基础上进行改革，由此可见一斑。1948年塔维斯托克加入英国国家医疗服务体系，理事会决定将重点放在精神分析取向的心理治疗上。比昂带领了几个不同的团体：病人、学生和工人。他认为团体主要是用来学习的。可塔维斯托克的同事们却觉得团体可以用于疗愈，他有点吃惊，但也做好了实验的准备。彼时他也开始撰写一些文章，后来都被收录进《团体中的经验》（Trist, 2000）。向英国国家医疗服务体系的过渡让整个塔维斯托克中心充斥着紧张感；不是所有人都能留下，一时间旧人去、新人来；面试和培训也一波接一波地开展。比昂清醒地认识到应该为员工专门开设一个团体，所以决定辞去主委职务。他所付出的保护与耐心让上述问题得到了解决，而随着这个团体存在的必要性逐渐降低，比昂也渐渐退出了塔维斯托克和社会精神病学的舞台。前面那些年他一直在前线工作，提出了影响深远的新观点，比如各种基本假设和原型矩阵。现在他开始私人执业，也只关注精神分析。他花了10年的时间密切研究团体，到20世纪40年代末他正好迎来了新的生活。在鳏居育女7年之后，他建立了一个新家庭。

◆ 专栏1.3 20世纪40年代的比昂：三幅肖像

在比昂开展团体期间，同事们都对他天生的领导力和力量感印象深刻。萨瑟兰德（Sutherland）、德马雷（de Maré）和拉康都在心中为比昂描绘了一幅肖像画。

比昂有个特别的优势，即军容威仪。他体格健壮，身披代表第一次世界大战期间赫赫战功的绶带——配有英国杰出服务勋章和法国荣誉军团勋章。除了这些耀眼的奖章（它们有利于消除资深技术团队成员对精神科医生所固有的质疑和潜在的不安），他还能瞬间让所有人明白什么叫"举重若轻"。他说话轻声细语，对人一向彬彬有礼、体贴入微，对他人提出的观点总是敏锐而关切。他的点评往往言简意赅还幽

第一章 传记：1897—1966

默感十足，寥寥数语就能引人捧腹，间或分享一两则趣闻逸事，就能表达清楚自己的观点。

(Sutherland, 1985: 48)

比昂……身材魁梧、秃顶、胡子又黑又密、脸颊红润，戴着厚厚的金边眼镜，嘴上叼着福尔摩斯式的大烟斗。他看起来像个"老派的"军官，其家族也确实来自爱德华时代的上流社会，与英国王室关系密切。威严的外表掩盖住了他内心的极度害羞。他少言寡语，一开口就总是晦涩的论调。与里克曼分开带领探讨会的时候，他会坐在一圈人中间沉默良久，抽着烟斗，偶尔在某人发表言论后重重地长吸一口气，意义不明，不由得让人紧张起来。他到底是什么意思？他确实很少展露自己的想法，表面上是个不起眼的观察者，实际却总是人们注意的焦点。我记得他有次评论说"工人阶级时刻处于战斗状态"，还有一次谈及某位坦克军官先前在战斗中将一件防弹衣套在制服里面，比昂对此嗤之以鼻，还推论说战友们一定会视他为"败类"，显然不是个"好人"，这都是那段时间的流行词。但更多的讨论还是聚焦在库尔特·勒温（Kurt Lewin）和布朗的完形式准马克思主义（Gestalt quasi-Marxist）的方法上。

(de Maré, 1985: 111–112)

"因此，我要原原本本地向你们介绍两个人，可以说，这两个男人的心中都燃烧着创意之火。在第一个人身上，这火焰仿佛被冻结在那张沉静的、微亮的面具下面，一道淡淡的胡须与高大的身材和游泳健将般的胸膛相得益彰，愈发衬托了他的面庞，这证明克雷奇默学说[1]（Kretchmerian）并不确切，因为有关这个男人的一切都在提醒我们，眼前这类人即便身负重任仍能特立独行，且看他在佛兰德斯的英勇事

---

[1] 克雷奇默提出了四种体形的人格特点。——译者注

> 迹：他挥舞着鞭子跟在突击坦克后面，看似荒谬却扼住了命运的脖颈。至于第二位，那火焰闪烁在一副长柄眼镜的后面，有节奏地跃跃欲试，想要再展身手，这个男人面带微笑，翘起嘴上的浅褐色短须，津津乐道他是如何经受住1917年彼得格勒十月革命的淬炼，完成了分析和管理的任务。前一位是比昂，后一位是里克曼，1943年11月27日他俩共同在《柳叶刀》(*Lancet*)上发表了一篇文章，该杂志的受众和版式都与我们的《医学报》(*Presse médicale*)相似，那篇文章在这本仅有六个专栏的刊物上发表，标志着这是精神病学领域的一次历史性事件。
>
> （Lacan, 1947: 293–312）

1951年3月，比昂结识了塔维斯托克的研究助理弗朗西斯卡。她也是丧偶状态，并且受过歌唱训练。他们俩4月订婚，并于1951年6月9日完婚。比昂夫妇在萨里郡的克罗伊登买下一栋漂亮的大房子"红庭"，《我记忆中的全部罪过》中附有这栋房子的照片。据称，它是一栋典雅的爱德华七世风格的二级保护建筑，拥有宽敞的休息室和一个可以俯瞰几英亩景观花园的明代村舍式餐厅。

比昂在写给弗朗西斯卡的一封信里表达了对她的感激之情，是她使他成了帕耳忒诺珀的称职父亲（Bion, 1985: 85）。在与弗朗西斯卡的婚姻中，比昂似乎找到了他渴望的幸福和稳定。他们育有两个孩子，分别出生于1952年和1955年。比昂工作非常努力。据布兰多努（Bléandonu, 1994）所说，比昂夫妇结婚7年后才一同出去度了个假。比昂后来（1956—1962）担任伦敦精神分析门诊（London Clinic of Psychoanalysis）的负责人。1959年时，他晕倒在地，不得不住院数周检查身体。这让他想起挚友里克曼也是身兼数项社会任职，年仅60岁就心脏病发作而驾鹤西去（Conci, 2010）。比昂趁着住院的机会写了篇文章《对联结的攻击》（Attacks on Linking, Bion, 1959）。早在20世纪50年代，比昂就已被同行视作天才，但他自己并不这样想，反而觉得汉娜·西格尔才是绝顶聪明之人（Bion, 1985）。

1961年，比昂在第22届爱丁堡国际会议上发表了那篇著名的论文《思考理论》(A theory of thinking)，开启了他的理论文集的序章。撰写文集时他已过花甲之年，他同其他分析师一样利用周末和节假日时间写作（Bion F., 2000: 13）。他的理论文集包含四本著作，虽然都晦涩难懂，却可以引领我们逐步探究情绪的心理过程之起源，即比昂所说的思考。有些人认为比昂的作品是故弄玄虚，另一些人为他鸣不平，觉得他在努力将自己的原始想法化作文字，而我们则幸运地见证了这一过程（例如：Bion, 1985: 103, 131）。

> 那也是个受机构干涉与领导的时代。他当时担任英国精神分析学会会长（1962—1965），出版委员会和梅兰妮·克莱因信托基金会的主席，培训委员会的委员（1966—1968）。他从未要求过这些头衔。在行政管理方面他有着非凡的影响力，他可以找出问题的症结所在，也能让委员会的讨论保持"在正轨上"。他凭借敏锐的视野和精准的直觉，从未允许过一叶障目的情况。
>
> （Bion F. 1995）

他一周很少回家，经过漫长的工作日之后，还得花两三个晚上待在英国精神分析学会里。弗朗西斯卡·比昂指出。

> 他把节奏控制得很好——他觉得在任何工作中这都是重中之重——他可以保质保量地完成繁重的工作。他还能像温斯顿·丘吉尔那样只睡几分钟就满血复活。
>
> （Bion F. 1995）

比昂很享受在红庭的家常生活，他们一家在诺福克郡购置了一套"林中小屋"用于度假，比昂在那里也可以写作、畅游北海和绘画。《我记忆中的全部罪过》收录的诸多画作中就有一幅是"林中小屋"（Bion, 1985）。应梅尔泽（Meltzer, 1997）的呼吁，1997年比昂的画作在他诞辰一百周年纪念时得以在都灵市展出。这样一位对出人意料的感觉与天马行空的思想都持开放态度的分析师,其画作却没有我们想象中那样狂野。它们描绘的是他心爱的风景。我们有理由猜测,比昂内心的自由是在那场颠覆性剧变(本书第二部分将有所讨论)之后才完全释放出来。相比之下有趣的是,他同时期的一位中间学派分析师马瑞恩·米尔纳(Marion Milner, 1957),著有《论为什么不会作画》(*On Not Being Able to Paint*),也像比昂那样借鉴了无意识的持续幻想过程与济慈(Keats, 1917)的负性能力(negative capability)概念,他的绘画风格却与比昂的截然不同。

20世纪60年代似乎是一段幸福的时光。

> 回顾过往,我发现在如此繁重的工作和职责之外,我们竟还能拥有忙中偷闲的私人生活。像周末就属于神圣的休闲时间,可以与家人一起放松、交谈、听听音乐(我们是天主教派,却最爱巴赫、莫扎特、海顿、布里顿和斯特拉文斯基),看看书,也可以冥想与写作。他曾说过,"我是想当一名分析师,但我可不希望放弃去剧院、逛美术馆、绘画或游泳。"孩子们盼着他睡前给他们读书;他就像朋友那样与他们平等地交谈,态度温柔,性情平和。我从未听过他因为愤怒而抬高嗓门,当然他也会生气——那凌厉的眼神与严厉的话语就是暴风雨来临的标志。他为孩子们的成功而欢欣雀跃,却从未让他们觉得失败就该垂头丧气,他奉行失败乃常事这一哲理。他克制住自身的焦虑,放手让孩子们以自己的方式行事,但从不吝于分享经验、提供建议,而且往往用的是轻松愉悦的方式。

(Bion F., 1995)

比昂在精神分析认识论方面的奇幻之旅在这一时期走向了精神分析范式的转变。以下四本理论著作发展了他的元理论:《从体验中学习》(1962)、《精神分析的元素》(1963)、《转化》(1965)以及《注意与解析》(1970)。这工作效率实在令人瞩目,毕竟撰写这些著作时比昂已过花甲之年,还得全天候私人执业,并一直担任各种社会职务。最后一本书写于伦敦,到美国后才出版。他将这四本书称作七仆人，套用吉卜林（Kipling）的诗作《原来如此的故事》(*Just so stories*) 中的比喻。这些年他还向英国学会递交了三篇论文，分别是《记忆与欲望》(*Memory and desire*)、《负性能力》(*Negative capability*) 和《颠覆性剧变》(*Catastrophic changes*)（Lyth, 1980）。

第二章

《团体中的经验及其他论文》（1961）

引　言

《团体中的经验》收录了比昂在第二次世界大战期间和战后写就关于团体的论文。其中第一篇论文由比昂和他的前分析师约翰·里克曼合作完成（参见专栏 2.1）。如帕耳忒诺珀·比昂所言（Vermote, 1998a），比昂后期思想的要点在这本文集中早有体现，比如存在对从体验中学习的阻抗、对思考的憎恶，以及认为存在一个未分化的原型矩阵。比昂所描述的在团体中的经验都是他接触精神分析之前所获得的。直到整本书的结尾他才从精神分析的视角重新诠释了自己的发现。

据我的经验来看，这本书中的一些发现或许还能应用到个体心理学和心理治疗中去。比昂学派的人也认为个体可被视作一个团体，团体的基本假设可以在个体内部发挥作用。

◆ **专栏 2.1　约翰·里克曼**

约翰·里克曼（1891—1951）是一位贵格会（Quaker）信徒，受训成为一名精神科医生。20世纪20年代，弗洛伊德在维也纳分析过一批英国精神分析的先驱，里克曼就在其中。弗洛伊德鼓励他对精神病病人开展工作（Rickman, 2003: 13）。后来他在费伦齐（Ferenczi）那里接受了进一步的分析，之后又接受了克莱因的长程分析，直到参军为止。他本可以算作克莱因圈子的一员（Harrison, 2000: 41），但由于他在大论战中在主战双方之间进行了不偏不倚的调解，所以人们觉得他更应归属于中间学派（Middle Group）。里克曼和比昂一样高大、健壮，带着谨言慎行、谦恭有礼的传统英国范儿。他说话从不教条，引人深思——在学科和团体之间架设桥梁。战争期间，他在联合国教科文组织中发挥了跨国联系人的作用。1935—1948年间，里克曼担任《英国医学心理学杂志》（*British Journal of Medical Psychology*）和《国际精神分析杂志》的编辑，并任英国精神分析学会会长。他还对塔维斯托克（提供实用精神分析和培训）与英国精神分析研究所之间化干戈为玉帛的结果颇有贡献。"里克曼似乎自带领袖光环，那不是行政领导或学术大咖的感觉，而是一种鼓舞人心的风范"（Harrison, 2000: 8）。不止如此，作为《国际精神分析杂志》的负责人，他负责签署了该部门在新卡文迪什街曼斯菲尔德宅的长期租约，因而享有很高的声誉。里克曼著有多篇论文，其内容不仅包含弗洛伊德派学精神分析、贵格会，还有空袭和部队精神疾病康复等方面（比昂和里克曼合作撰写了一篇与诺斯菲尔德实验有关的文章）。里克曼是将克莱因的理念运用于团体心理学的第一人。他在1949年递交给英国皇家人类学学会（Royal Anthropological Society）的一篇论文中公开支持和认可了比昂的独创性。孔奇（Conci, 2010）援引了下面这段话。

> 对团体张力的研究涉及团体内部每时每刻的凝聚力和破坏力之间的拉锯……在我看来，比昂博士堪称该领域的先驱，1943年他就在《柳叶刀》上发表了关于团体张力的论述，其后续作品也刊登在《人际关系》（*Human Relations*, 1948）上。如果你向往的是平静的生活，请务必远离这类工作。因为据我所知，这种团体会面之后第一件事往往就是将炮火对准那个前来帮助他们的人。
>
> （King, 2003: 155）

哈里森（Harrison）有理有据地指出，里克曼的社会心理学思想（以

第二章 《团体中的经验及其他论文》（1961）

及更早期的特罗特）对比昂这一时期的观点影响颇深（Harrison, 2000: 44—53）。他们在团体工作中借鉴了库尔特·勒温（已移居美国）提出的场论思想。场论是比昂基本假设理论的基础。比昂十分敬重里克曼，且为1939年第二次世界大战爆发后自己在他那里的分析不得不过早结束而感到遗憾，但这一结局并不全是时代动荡所致，俩人恐怕早已心生嫌隙。

> 情绪似乎动荡不安，气压也忽高忽低，这足以扼杀我与里克曼的分析。分析到此为止了；虽然在结束之前，我所受用的精神分析前同事们对我的一丝丝尊重都已消失殆尽，而我也已钻研至深，足以自立门户。
>
> （Bion, 1985: 46）

比昂在里克曼那里接受的分析虽然短暂却至关重要。他不再沉浸于强烈的挫败感之中，最后还成功追求到贝蒂·贾丁。而被他称为"'感受过去'医生"的前分析师（哈德菲尔德医生，塔维斯托克诊所的创始人之一）似乎并没有给他带来持久的心理上的改变。

战争期间，比昂和里克曼都被部队授予少校军衔。虽然俩人年龄悬殊、风格有别，却成了忘年之交。即便后来诺斯菲尔德实验（1942—1943）以失败告终，他们仍然保持着联络。1948年比昂试图在精神病学领域掀起一场精神分析的革命，彼时里克曼也与他并肩作战（Trist, 1985: 27）。里克曼还参加了比昂在塔维斯托克诊所发起的一个商界人士研习会。孔奇（2011）翻阅了1939年1月29日至1951年6月17日（即里克曼去世那一年）之间两人的通信。这些信件展现了比昂温暖的一面，也显示出比昂早期与里克曼之间的关系之密切（Vermote, 2011）。

里克曼贵格会成员的身份也隐约对比昂产生了间接影响——我们通过普罗提诺（Plotinus）、波默（Bohme）的作品以及《奥义书》（*Upanishads*）不难发现，这种宗教某种程度上属于新柏拉图主义，以隐藏的真相与奥

> 秘为基础。我们可以看到，比昂后期展露出许多与隐秘真相相关的方面（Velleman，私人交流）。而且比昂家是法国流亡的胡格诺派教徒后代，不少家族成员都加入了贵格会。

比昂带领团体的态度：团体应是研习型团体

从比昂早期的这些文章就可以看出他不是一个教条的人。比昂认为对团体开展工作与经典的精神分析法有着本质的不同。他指出，精神分析因为取决于两人之间的情境，所以主要关注"配对（pairing）"：性关系和俄狄浦斯动力。比昂提出了一个大胆的意见，即相比之下，一个团体的主要关注点是现实。这就是为什么比昂将俄狄浦斯神话中提问的斯芬克斯视作团体最为重要的一个形象。他在追忆过去时，在引言中这样写道。

> 作为一个实践派的精神分析师，我发现个体精神分析疗法和这些文章中所观察到的团体精神分析疗法竟然处理的是同种现象的不同方面。这两种方法为从业者提供了双目视角。文章中的观察结果倾向于分成两类，面对同种现象，其中一种方法着重检查与配对相关的俄狄浦斯情境，另一种方法则把重点放在与无知和缺乏科学方法相关的斯芬克斯上。
>
> （Bion, 1961: 8）

斯芬克斯同样代表着团体中分析师的形象，分析师"给人的感觉与引发灾难的神秘、沉思和向人提问的斯芬克斯如出一辙"（Bion, 1961: 162; Vermote, 1994）。

因此，比昂在带领团体时始终把现实与知晓的联结放在首要位置。他把自己所有的团体都视作研习型团体，并保持研究者的立场，绝不会摆出一副领导者的姿态（参见专栏 2.2）。他以普通团体成员的身份进行观察和思考，而不是像梅因、福克斯和派因斯那样采取精神分析性的或治疗性的态度（参

第二章 《团体中的经验及其他论文》（1961）

见专栏2.5）。比昂关于团体的理论也是从这种观察者的立场上获得的。部分是因为受到他这种态度的影响，团体不可避免地会退行。比昂注意到在他的团体中几乎没有决定性的判断，而是充斥着情绪性的氛围，所有团体成员都受到了影响。他有了一个重要的观察结果，即团体中的对话比正常交流肤浅得多，而且大家明显希望他来担任领导者（Bion, 1961: 38）。他的技巧是，只在整个团体的注意力集中在某个人（包括他本人）身上时才进行干预："这些解释似乎只和我自己有关"（Bion, 1961: 40）。在做干预时，他有意采取自由悬浮的方式："它必须看似漫不经心，实则精准到位"（Bion, 1961: 41）。他进一步发现：围绕着他发生的事情其实不一定与他相关，而是一种团体现象，后来还会被转移到其他人身上。而一些特定的主题由于不是团体普遍关心的话题所以被搁置一边。即便某人试图引入这个话题，其他人也会置若罔闻。综合以上观察，比昂提出存在一种团体心态（group mentality）（由身在其中的某些人无意识地促成团体意愿的表达），它决定了团体的情感导向和精神生活。个体需要有这种团体的精神生活才会感到充实，所以也会通过加入团体来满足这一需求。在团体中，个人需求的满足与团体心态的满足是存在张力的，这也就形成了特殊的团体文化。

◆ **专栏2.2　威尔弗雷德·特罗特对比昂理论的影响**

本专栏基于托雷斯（Torres, 2003）一篇相关的研究论文。威尔弗雷德·特罗特（Wilfred Trotter, 1872—1939）是英国伦敦大学学院医院的外科学教授，同时也是国王乔治五世和弗洛伊德的名誉外科医生。他还是一名社会学家，曾提出群体本能的概念（Trotter, 1916）。当时正是特罗特向欧内斯特·琼斯（Ernest Jones）（他是琼斯的姐夫）介绍了弗洛伊德的作品。1908年，他参加了第一届国际精神分析大会。比昂在伦敦大学学院学医时，曾以特罗特助理的身份获得了外科手术的金牌。托雷斯有力地证明了特罗特的思想对比昂的影响。在特罗特看来，人类的主要问题是如何用合群性来协调那不堪一击的过于理性的心灵。而这种合群性主要是由暗示所操控的［这就是比昂的团体文化、基本假设和效价（Valency）］。特罗特所说的基本本能（自卫本能、性本能、养育本能）与比昂的基本假设（战斗–逃跑反应、配对、依赖性）非常接近。与比昂后来在思考理论中采取的方法相同，特罗特坚持把抵制新的观点、精神痛苦和焦虑视作学习的代价。两人都把焦点放在心理功能上，也都强调真相滋养心灵、谎言毒害心灵。比昂借鉴了特罗特关于身心统一的概念，认为它可能是导致团体疾病的原因（参见比昂的原型心状系统）。而且两人都用消化活动和肌肉活动来比喻心理功能。特罗特认为提高团队的士气是一个疗愈因子，而领导力的架空则是团体发展的标志。比昂后来开展无领导团体项目的实验时，也避免在他的研习型团体中担任领导角色。

2013年，托雷斯在他与欣谢尔伍德合编的关于比昂之源起的书中更新了他的原创性研究论文。这篇论文进一步强调了比昂对特罗特的高度认可和内摄，比昂甚至在引用特罗特的观点时都忘了提及作者，比如他在《第二种思维》（*Second Thoughts*）中是这样评论《形象孪生子》（*The Imaginary Twin*）的。

> 正是他（病人）让我头一次不禁怀疑，有关疗愈的想法会不会在精神分析中引入了一个无关的标准？
> （Bion, 1967: 135；引自 Torres 和 Hinshelwood, 2013: 8）

特罗特在他1916年关于群居本能的著作中提到过这个想法，比昂谈及基本信念（认为理性在心理发展中作用不明）时也提到过。

> 科学时常打断人们的判断，但人们不愿如此。他们太急于求成，等不及慢慢去探索……理性作为一种外来的、敌对的力量入侵，扰乱了美满的生活，引发了一系列无休止的冲突。
> （Trotter, 1916: 35，引自 Torres & Hinshelwood, 2013: 11）

第二章 《团体中的经验及其他论文》（1961）

比昂希望借助他毕生常用的"双目视角"来揭示这种团体心态（参见专栏2.3）。

> 我记得透过显微镜去看特别厚的部分时，如果只看一个焦点，可能会看不清，但有了区分后，画面就完整了。我只要稍稍调整一下焦点，就能看到另一个视角。这正是我在心理领域所做的事，现在我对这个团体有了另一种视角，之后就能描述出我改变焦点后所看到的模式。
>
> （Bion, 1961：48）

因此，假如说比昂聚焦于两个缺席了几次会谈的人。两位缺席者打破了比昂觉得团体运行良好的感觉。然而，当稍稍调整一下关注点时就会发现，余下的、原本很勤奋的团体成员忽然间变得剑拔弩张，而且抗拒分内的工作。从这个角度来看，缺席的成员实际上变成了该团体真正的领导者，他们通过缺席的方式表达了对团体的轻视；其他成员也就亦步亦趋。随后，团体的消极态度就会造成异常强烈的阻抗力量，这既是"逃避和否认的绝佳时机"，也是"观察这些逃避和否认是如何产生的绝佳时机"（Bion, 1961: 49–50）。

这些逃避和否认并不是口头言语，而是通过手势和表情来传达，而且会保持普遍性和匿名水平上。

> M先生扮演了一个有趣的角色；我觉得有必要重点关注一下。在做出大家都能听得懂的诠释之前，我得先观察一下他脸上的表情，以及他招呼团体成员参与进来的顺序。这仿佛是在看一个男人在无声电影中指挥乐队：他这是要唱哪一出戏？M先生的作用就是保持敌对状态，这样大家都可以目睹我在此刻没有本事对任何情况做出任何改变。
>
> （Bion, 1961：70）

◆ **专栏 2.3　比昂工作的基石——双目视角**

　　比昂在其作品的不同地方都使用了"双目视角"一词。《团体中的经验》（Bion, 1961）一书中首次出现该词，比昂当时讲述了它的来源：就像是透过双管显微镜来观察不同的层面。这让他看到，一个表面上运行良好的团体在另一个层面上却表现得截然不同。他在《第二种思维》中明确地运用到了这个概念（Bion, 1984/1967: 54, 86, 104）。

　　除了这些直接的引用，比昂的作品还有个特点，它会同时出现几个乍一看互不相容的观点，它们所揭示的思考仅从单一维度是无法领会的。比昂的作品中到处都是多角度并存的案例：基本假设、PS 和 D、在 K 中的转化，以及在 O 中的转化。他所说的网格图就是在实践从各个角度观察现象。而比昂所观察和诠释的精神分析客体也只有借助网格图的 3 个类别共同展现才能看得出来。

　　《转化》一书也开始将该方法用于多个层面共存的情况：睡眠与觉醒，意识与无意识，出生前与出生后，灾前与灾后，可以感知的与无法言喻的，胡思乱想与严规铁律。这种从多个并存的视角揭示潜在模式的方法后来在《注意与解析》中引入顶点（vertices）的概念时得到了明确阐述。《未来回忆录》正式将引入不同的视角作为一种方法来介绍，比昂在引言中说，他在撰写该书时经常依赖逆向的观点。

　　同理，比昂可以毫不费力地将数学家、诗人以及像休谟和康德这样的宗教人士和哲学家的不同观点（有时甚至是相互矛盾的观点）相结合。格罗特斯坦（Grotstein, 2007）将比昂思考的这一特征比喻为左右脑功能相得益彰。梅森（Mason, 2000）身为比昂的好友对此深有感触，他发现比昂的态度和嘲讽式的幽默中常年存在这种双目视角。科恩伯格和阿乌马达（Kernberg & Ahumada, 2000）以及桑德勒（Sandler, 2005b）都指出，在洛克的常识（common sense）概念以及休谟的作品中都出现过双目视角的概念，这是双眼分别看到的两个意象之间的恒常关联。

第二章 《团体中的经验及其他论文》（1961）

基本假设

比昂注意到一个特殊现象，如果团体中的两个人看似走到了一起，团体会默认此事而不加干涉。这很奇怪，毕竟团体成员对于受到更多关注的个体往往是极难容忍的。

> 只要任意两人开始在团体中发展这种关系——无论他俩是男女、男男，还是女女——这仿佛成了个基本假设，即团体所有成员（包括那俩人在内）都默认他们有性关系。就好像两人除了性之外没别的理由在一起似的。
>
> （Bion, 1961: 62）

比昂解释道：团体之所以能够容忍某一配对之间的交流（比如相互微笑之类），即便这与团体心态会产生冲突，也愿意让其持续存在，是因为大家都有一个基本假设（basic assumption，缩写为 ba），即认为团体是为了性或者繁殖才聚集在一起的；换句话说，团体的聚集是为了维持团体。这个基本假设可被称作"配对（pairing）"，简称 baP。

第二个基本假设是 baF（战斗–逃跑，fight-flight），其作用同样是保护或维持团体。"团体要么战斗，要么逃跑，而且得树敌——如果找不到也制造不出敌人，那就推出一个领导者，这样敌人就一目了然了"（Bion, 1961: 68–69）。第三个基本假设是 baD（依赖，dependency），即团体之所以聚集，是为了从他们所依赖的人那里获得安全感，而他们反过来也会对此人报以敬畏。这三个基本假设满足了不同的需求：baD 是对领导者的保护和敬畏；baF 是有效的行动和力量的代表；baP 则是对孕育中的未来救世主的期待。考虑到另外两个（非主导的）基本假设在原型心状系统（protomental system）中始终处于休眠状态，我们很容易就能看出团体内部的变化是如何发生的：团体的结构和领导者始终没变，但团体内的模式和相关需求、目标却发生了变化。

这三个基本假设有助于无意识层面的对团体的维护，但此举违背了个体的利益和福祉。比昂认为，这就是团体很难对个体产生疗效的原因。

原型心状系统和基本假设

现在我们可以把团体心态定义为"一种旨在确保团体生活符合基本假设的沟通机制"（Bion, 1961: 65）。每个基本假设都有其特有的感受和情绪状态，它们彼此间既有化学反应，又是相互对抗的。比如，baD 中既有安全和依赖感，又有不足和挫败感，可人们期待领导者是无所不能的，这就形成了对比。任何团体的运行都无外乎受到这三个基本假设其中一个的影响。基本假设之间不存在冲突；无论哪个占主导，其他两个都会自动休眠，退至幕后。幕后未得到表达的基本假设被称为"原型心状系统"（Bion, 1961: 101）。心理和躯体的症状或情绪状态往往就是源自这一原型心状系统。在原型心状系统中没有心、身之分，基本假设的原型虽然存在，但尚未被感知。未分化的心身原型心状系统也能产生疾病矩阵（matrix of diseases; Bion, 1961: 102）。关于这一点，比昂认为疾病与个体身处的大小团体有关，一方面是个体与贯彻了基本假设的团体之间的关系，另一方面是与其他两个（未现身的）假设的原型阶段有关[1]。

团体的动力源自一个基本假设向另一个基本假设的过渡。比如一个战斗－逃跑型团体就可以转变为配对型团体。过渡时存在讨论个体需求的机会。好的领导者能够在不危及个人自由的前提下，设法调动其与基本假设相关的情绪。

◆ **专栏 2.4　原型矩阵**

比昂受特罗特思想的影响，认为人类的合群性是因为要确保种族生存等基本本能。这些本能既不关心脆弱的理性思维，也不在乎个性的维持。比

第二章 《团体中的经验及其他论文》（1961）

昂的战争经历强化了这一观点。勒温的场论（Lewin, 1935）帮助他从精神分析的角度构建自己的框架。场论是比昂在塔维斯托克的好友兼同事艾瑞克·特利斯特留美之后引进的，当时勒温也从纳粹德国移民到美国并在那里工作。勒温认为团体的外在和内在都是一个完形（Gestalt），他为团体动力量身打造了"场论"，即 $B = f(P \times E)$，其中 B 是行为（behavior），f 是函数（function），P 是人格（personality），E 是环境（environment）（Ancona, 2000）。

比昂用克莱因学派的心理功能概念（比如在团体中对部分客体的投射性认同）将团体的无意识原初影响做了进一步研究（Bion, 1961）。比昂很清楚，无意识无论如何都不能与团体动力场分离；即便某个成员正在独处，其无意识也会受制于团体。比昂认为这个场（他也称其为"原型矩阵"）是一个身心尚未分化的区域，但其中未分化的思维和感受的丛集会彼此共生和转变。这个观点非常独特。这些丛集将一直存在，直到被涵盖进某种形态之中。一次只能表达一种。其他都潜伏起来，退居幕后。比昂辨别出了这一区域的三种原始丛集或组织：依赖、战斗－逃跑、配对。它们都是心灵的情感状态："柔软、温暖、持久"和"危险、威胁、防御、思考、行动"与"魅力、戏耍、创造、结合"。它们可能非常强大，比昂认为疾病就出自这些未表达的区域。据比昂所说，团体领导者或精神分析师的任务是在工作中运用双目视角来观察未表达出的基本假设，并唤醒它们。让一个未表达的基本假设现身可能会导致各种转变。可以说，健康源自个人、夫妇以及团体或社会中的动力性表达和上述三种领域之间的交互作用。奇怪的是，比昂并未将这种方法发扬光大，即从基本假设的角度理解团体，借此阐明个体心理丛集的前因后果。托雷斯（Torres, 2013）从哲学的视角讨论过原型矩阵。他强调"原型"一词曾被用于描述伯格森和怀特海德（Whitehead）的物质（matter）概念。但它仍然晚于比昂 1950 年对该词的首次使用。不管怎样，像托雷斯所说的，比昂最先研究的是历史，因此具备哲学和历史学的背景。他受医学二元论的背景影响较小，当年正值 20 世纪 50 年代初期，人们认为心身医学的意思是：心理影响着身体机器的完美运行。比昂提出的能量未分化矩阵（an undifferentiated matrix with energy）以及躯体的感知和精神现象属于一体，都是精神分析的原创观点。他的 α 元素概念与此观点十分接近。

比昂（1971）很久之后再次谈及矩阵概念，此时他开始从一个未分化的无意识层面展开思考，这是思考起源之处。他假定每个人身上都存在一个虚幻的、未分化的矩阵，然后它逐渐分化，变成限定的思考和感受。这成为他后期模型的重心。

◆ 专栏 2.5　矩阵：福克斯与比昂

比昂对团体中的矩阵的看法总是与福克斯相左（Brown, 1985, 2003）。福克斯极大地影响了团体疗法，他的背景与比昂相似：都参加过第一次世界大战（但福克斯不是一线战士），就在比昂离开诺斯菲尔德 3 周之后，福克斯正好抵达。他与汤姆·梅因（Tom Main）合作开展了第二次诺斯菲尔德实验。该实验为后来的治疗性社区和机构精神分析心理治疗奠定了基础，比如梅因在卡塞尔医院（Cassel hospital）就开设了一个治疗性社区。比昂与福克斯最大的区别在于福克斯当时已经是一名精神分析师，而不像比昂那样端着军人的架势。在他看来，比昂在第一次诺斯菲尔德实验中所尝试的激发团体斗志的办法是没法治愈创伤性神经症的，只有通过对团体中的个体进行治疗才能起效。福克斯把矩阵视作一个完形，即个体在团体中从内隐和外显层面共享的一个整体。这么一说，它更接近温尼科特提出的过渡空间（transitional zone），而不是比昂的原型矩阵概念。福克斯对矩阵的定义并不像比昂那样以原始力量和负性力量为基础；它是一种有助于个体化的治疗性力量，用于治疗团体中的个体绰绰有余。福克斯治疗的是团体中的个体，而比昂总是在处理团体，在塔维斯托克的团体中，比昂会让团体退行，直至基本假设浮出水面。福克斯则较少让团体退行，基本假设也很少显现。据派因斯（1987）所说，福克斯的团体疗效更好，但比昂的举措让大小团体（尤其是非治疗性团体）的那些无意识动力更容易让人理解。比昂一直视团体为研习型团体。其实派因斯的推测很难站得住脚：虽然比昂的非治疗性聚焦法会明显激起阻抗，但并无证据表明他的方法效果不如福克斯那种中规中矩的团体。

工作型团体

符合团体基本假设的人会被选为领导者。他往往是一个病态的个体，比如在一个战斗–逃跑型团体中，偏执狂会自发成为领导者。根据比昂的说法，符合基本假设的领导者应该具备"神人（magical）"特征，如此便只会令人膜拜，而不是提出科学的解决方案。在基本假设型的团体中，"对经验的憎恶"大行其道（Bion, 1961: 86）。但比昂带领团体并不是靠神人或宗教的力量。他一心向团体推广"双目视角"，以期从内在动力方面带来改变。

比昂的结论是，团体功能存在两个层面：一个是由共同的基本假设和感受（发生在原型心状系统层面，也被他称为效价）所形成的"基本团体（basic group）"，另一个是与现实打交道的"世故型或工作型团体（sophisticated or work group）"。工作型团体通过合作而形成，而且会因完成任务而获得奖励。世故型团体因为干扰到了基本团体的基本假设，所以会出现冲突并受之影响（Bion, 1961: 97）。

◆ **专栏 2.6　我所经历的比昂团体**

大约 25 年前我曾是比昂团体中的一员，那大概是他在英国开展的最后一个研习型团体，它属于团体关系课程的一部分，该课程由肯·赖斯（Ken Rice）在伦敦的塔维斯托克研究所举办。

时隔多年，我已很难想起那些会谈中的细节和对话。但会面的地点和人物却令我记忆犹新，那间房子坐落于德文郡街上，有着高高的落地窗和光洁的地板。那些人当中有一名监狱长、一名监狱心理学家、几名商人、一名记者、一名年轻的社会工作者，还有同样年轻的我。（当时我是塔维斯托克的项目主管，主要在工地上开展行为研究项目。）

那时候，在塔维斯托克的日子可不好过。研究所当时分裂为两个派系，分别由艾瑞克·特利斯特和肯·赖斯掌管。我属于艾瑞克这一派，只因比昂要组个团体，我才有机会加入了这项课程。我对比昂本人的记忆主要是他的表面形象：他走进屋子里坐下的样子，他讲话时不紧不慢的语速，以及他那强烈又冷静的好奇心。他浑身上下似乎带有一种"纯粹的探究感"。这令人非常不安，但回想起来又格外令人动容。

还有另外两段回忆与此相关。首先，我和其中几位团体成员在当时都非常强烈地感觉到，比昂丝毫不像《团体中的经验》的作者。我们当中有几位事先读过此书，多是半知半解。所以我们摩拳擦掌要在工作中发现"基本假设"，也期待能体验到蛛丝马迹可以揭示其真实面目。我们先是大失所望，之后又陡增兴趣。比昂所说的一切似乎都与这套概念无关；但在肯·赖斯、伊莎贝尔·门齐斯（Isabel Menzies）、鲍勃·戈斯林（Bob Gosling）、珀尔·金（Pearl King）和皮埃尔·提尔凯（Pierre Turquet）等人在两个周末持续开展的团体间活动中，依赖、配对和战斗－逃跑几乎无处不在，所以我认为它们确实存在。

比昂的心思不在这儿。在哪儿？在最初的几次会谈中，他总是提到"命名（naming）"以及对名称的使用：命名仿佛神乎其神，只要命名就等于回答了问题，而不是通过命名来寻求解答。

一句"我是大卫·阿姆斯特朗"就围绕自己这个实体形成了一圈边界：用比昂后期作品中的话来说，这是在给姓名绑定一个恒常联结，即定义性假设（definitory hypothesis）。但这种绑定也会限制质询。为探索而设的边界（谁是大卫·阿姆斯特朗？他是干什么的？此时此地他在哪儿？）成了一道防御的壁垒——这是"我",那不是"我"。这是一种限制;未知之物被剥夺了干扰的权利。未知之物也会报复,即让人产生奇怪的空虚感,无法与团体接触,甚至不能以任何真实的方式接触自己。

后期会谈中常见的主题是知晓以及对表达知晓规则、道德和评判的恐惧。该团体开办期间正值臭名昭著的"普罗富莫事件"被揭露之际。我记得比昂当时对团体中释放出的道德能量挣扎不已(这个词或许有点重了),就好像我们不能容忍这种风流韵事(这种情事有时在团体关系的会谈中也会浮现),可借用克劳塞维茨(Clausewitz)或俾斯麦(Bismarck)关于战争和外交的一句话来概括,这不过是在"换种方式实现政治追求"。道德是为了掩盖因发现而产生的思考,而编造出来的谎言。

命名、知晓、制造谎言、发现思考:这些内容贯穿着比昂后期写作的主题。我个人认为,它们无论在个体领域还是在团体领域都是一片值得探索的沃土。不止如此,我还相信这两个领域(用比昂的话说)提供了一个双目视角,用来探索和理解人类的知(knowing)与不知(un-knowing)、成为(becoming)与存在(being)之基础,没有这些,我们无异于自身恐惧与慌乱的囚徒,被困在私人与公共生活之中。

(Armstrong, 1992: 262–264)

一种关于团体及相关技术的精神分析理论

在《团体中的经验》末尾的"回顾"篇中,比昂首次以精神分析的角度诠释了他的团体理论。撰写该篇时正值他接受克莱因分析期间,于是他从弗洛伊德学派和克莱因学派的角度重新阐述了他的发现,但克莱因本人对他在团体领域的工作不置可否(Lipgar & Pines, 2003)。克莱因学派认为,比昂在基本假设中突出了精神病机制的重要性。虽然比昂和弗洛伊德一样(不同于特罗特)一再否认群居本能的存在,可他却坚信人类本质上属于群居动物,所以要加入群体来满足这一本性。团体中发生的事情同精神分析情境中分析师与被分析者之间的咨访关系可不一样。所以移情和反移情模型不能用于解释团体动力。但受基本假设效价约束的团体有很多特点都近似弗洛伊德学派的无意识：它没有时间概念，很难用复杂的言语交流，拒绝发展或从体验中学习。虽然比昂后来用"治疗性团体"来称呼他的病人团体，但仍不够清晰，因为他有关团体的实验并非旨在治疗；其本意是要研究团体动力。比昂深信团体治疗并不适用于治疗个体病人（Bion, 1961: 79），因为基本假设会以牺牲个人需求为代价来保护团体（Bion, 1961: 182–183）。

顺着这些思路，比昂认为治疗性团体应当是 baD 占主导的团体，因此其中会充斥着退行状态。这就要求精神科医生或领导者以某种神奇的方式治好所有人的病，而不是团体成员通力合作来达成疗愈。在比昂看来，屈服于做出诠释的冲动并不是在阐明外部现实，而是痛苦的一种表现。所以治疗师应当努力保持双目视角并提供多层次的诠释，以期促使基本假设发生变化，从而揭示团体的潜在结构。为此，治疗师得试着调动团体的工作能力，迫使大家通过思考来领悟新情况。工作型团体可以类比于弗洛伊德所说的自我功能（ego-functions）。它与现实保持联系，并以科学的手段着手解决问题。

比昂用其他有关团体的理论检验了自己的模型，这些理论的提出者包括柏拉图、圣奥古斯汀（Saint Augustine）和尼采（Nietzsche）等哲学家，勒庞（Le Bon）和麦克杜格尔（McDougall）等早期人类学家，以及弗洛伊德和克莱因等分析师。

生活中有三种体系可以看到这三个基本假设，它们惯例上受到哲学家和精神分析师的研究，其理论不能说全错，而是比较片面。教会就属于典型的依赖型团体，军队则是战斗 – 逃跑型团体，而上层社会这个团体主要讲究门当户对、两性关系和传宗接代。上述三者实际上都属于工作型团体，它们自有一套成功的经验去应对潜在的基本假设所带来的特定恐惧。

比昂最后求助于梅兰妮·克莱因关于前俄狄浦斯期发展的观点来解释作为一个团体所赖以生存的基本构造。鉴于工作型团体通过合作和认同发挥作用，与弗洛伊德学派的自我概念（一种为现实检验和感知觉 – 意识服务的装置）类似，而且具有俄狄浦斯式结构（因此也容易造成神经症性失调），所以基本假设型团体的机制得用克莱因所说的原始阶段论（即偏执-分裂位和抑郁位）方能描述。将这套理论挪到治疗性团体上，就意味着团体成员会试着通过分裂和投射性认同来"治愈"自己。分析师得明白自己身处这样一个团体动力中何时会被"利用"。

> 我相信这些反应之所以出现，是因为团体中的分析师处于梅兰妮·克莱因（1946）所说的投射性认同的接收方，而该机制在团体中十分重要。所以于我而言，反移情体验现在有了别样的妙用，它有助于分析师分辨自己在某一场合下究竟是不是投射性认同的对象。分析师感到自己不知不觉地被操纵着、在别人的幻想中扮演起了某个角色——只有事后追溯才会发现他当时短暂地失去了洞察力，一面体验到无比强烈的感受，一面坚信这些感受有客观事实可以充分证明，根本不必对它们的因果关系做出深奥的解释。
>
> （Bion, 1961: 149）

团体成员很想清除团体中的"坏分子"，所以他们会锚定某人，进而忽视他、排斥他。可大家又希望得到疗愈，所以将自己人格中好的那部分分裂出去，投注到分析师身上。人们在团体中受到此种"待遇"后会形成如下心态：一方面如同弗洛伊德所说"丧失了个体的独特性"，另一方面像我们遇到的精神病病人那样"人格解体（depersonalization）"了（Bion, 1961: 184）。

结 论

比昂的团体思想均属高度原创，而且在他从事精神分析工作之前就已初步成型；他后来只是用精神分析的术语将它们重新阐述了一遍。

比昂别具一格地认为团体的任务是应对现实。这属于工作型团体的层面。但比昂视团体为研习型团体并采取观察的态度，这有助于揭示那个潜在的、被他比作精神病功能的层面，而展露这一层面是团体必不可少的工作。该层面属于原型矩阵，由三个基本假设组成，每当其中之一露面时，另两个就退至幕后休眠。这些无意识机制的唯一目的就是不惜一切代价保护团体，这就意味着个体需求必须让位，而团体不得用于治疗目的。但团体的领导者可以借助双目视角让这些动力现出原形，从而刺激其转变；一旦如此，个体的需求也便可以得到满足。

在比昂后续的理论中，心理功能尚未分化的那一层、用投射性认同进行原始性沟通，以及用双目视角揭示上述心理现象都是至关重要的概念。

◆ 专栏 2.7　矩阵：其他观点

好几位精神分析派作者都提到过心理功能存在尚未分化的层面，他们并不全是受比昂的影响。这一观点是巴林特（Balint, 1968）"基本缺陷（Basic Fault）"概念的基础。从这一层面给出反应的病人倾向于用大致的、未分化的方式来解释行为、感受和想法。他们更多是在听音乐，而不是听歌词。用此法来听不同波长很容易造成误解，像边缘性病人就经常这样。

马特–布兰科（Matte-Blanco, 1988）整合了弗洛伊德对无意识功能的理解和比昂的无限–有限，这个数学概念认为，心理功能是从功能完全未分化到完全分化的一个范围，其间存在无数种不同程度的未分化–分化混合型。格罗特斯坦用同时播放一千张光盘来比喻这种心理功能模型的效果，上千个心理功能的程序，每个都是独特的未分化–分化功能混合体（Vermote, 1999）。无意识最深层的作用是纯粹的、无限的。马特–布兰科进一步将弗洛伊德所说的无意识置换与凝缩等初级过程与无限的特征做了关联。两者之中，部分都可以代表整体，反之亦然。意识（伴随着次级过程）则意味着已分化的功能和有限之物。在马特–布兰科看来，我们的梦正是一种典型的分化与未分化功能的混合体。

巴兰格夫妇（Branger & Baranger, 1983, 2008a,b）后来对该人际领域

第二章 《团体中的经验及其他论文》（1961）

做出进一步探究，随后费罗（1999）引入了与分析性设置有关的双人场域（bipersonal field）概念。利希滕贝格·艾廷格（Lichtenberg-Ettinger, 1997）从拉康学派的视角探讨了矩阵（母亲的子宫）概念。比昂（1971）后将该区域称为幻觉矩阵（hallucinatory matrix），个体通过深度退行即可接触到，这一观点也得到了德姆乌赞（de M'Uzan, 1989）、博泰拉夫妇（Botella & Botella, 2001）等法国分析师的支持。奥格登（1989）在描述"自闭－毗邻位的连续谱（autistic-contiguous continuum）"时也谈及对该区域的理解。这个最基本的区域［也被比昂称为"基本矩阵（ruddy matrix）"］在心理治疗中影响很大，有证据表明在该层面的变化是一个重要的疗效因子（Vermote, 2005, 2009）。

这样一个不可知的、未分化的、无限的内心领域既是我们的原始推动力，也是普罗提诺、圣奥古斯丁、梅斯特·埃克哈特（Meister Eckhart）、雅各布·波默、扬·范·吕斯布鲁克（Jan van Ruusbroeck）和圣十字约翰（St John of the Cross）等大多数神秘主义哲学家的依据；这一观点也影响了比昂关于在 O 中的转化的概念的发展。

注　释

[1] 最显著的疾病在身心层面上（比如压力对免疫系统的影响）确实与社会文化有关（比如心血管疾病）。即便是非常明显的原因，比如感染或被枪击，它都有一部分是取决于该领域的无意识动力。这一点在比昂关于战争的著作中有过深入描写（参见第十二章）。

第三章

精神病相关论文（1953—1960）

引　言

比昂关于精神病的临床精神分析论文写于 20 世纪 50 年代。他将这些论文原样收录进《第二种思维》（Bion, 1967）之中，并附上一篇评论。我将在第二部分按年代顺序讨论这些论文，届时会一并讲述评论。若能对比昂在 20 世纪 60 年代的思想演变了然于心，将有助于理解他在"评论"中采取的观点。

精神病系列论文（1953—1959）开篇是他的会员论文（《形象孪生子》），就此为他 20 世纪 60 年代那篇关于思考的经典元心理学论文铺平了道路。后者为接下来的四本理论著作奠定了基础，堪称当代精神分析的基石之一。后期那四本著作中鲜见扩展性的临床案例介绍，反倒是 20 世纪 50 年代的这批论文更全面地展现了比昂的临床观察及他工作时采用的直觉法。

比昂在 50 年代这批论文中提出了许多著名的观点，比如分裂、人格的精神病部分和非精神病部分、言语思维、精神病的功能和幻觉、怪异客体、对联结的攻击，以及阻碍性客体。他借助这些重要观点加深了对精神病的理解，并最终发展出他的思考理论。本章我将概述《第二种思维》包含的所有论文。建议熟知比昂精神病方面观点的读者直接跳转到本章讲解《论傲慢》（*On Arrogance*）的那部分，这是一篇高度原创的论文，当然还可以直接看关于比昂的经典文章《思考理论》（*A Theory of Thinking*）那一部分。

触碰精神病人的心灵

比昂写了大量关于精神分裂症的文章。常有人觉得他思想凝练、富有寓意，甚至带有精神分裂式的思维特点。他竭力去理解和认同病人在应对心理体验时遇到的困难，弗朗西斯卡·比昂是这样描述的。

他常常对我说，他觉得两眼一抹黑，对病人的行为毫无头绪。即便偶尔能窥知一二，几乎立刻就回到原点，不晓得什么疗法能有效。他会说，"我入错行了"，或是"我做不到"，再或"我完全搞不懂"。他有时会暂停沉思，走出书山学海，为这些棘手的问题绞尽脑汁，脸色苍白，简直"魂不守舍"。我起初很担心，但后来意识到他其实一直在深度挖掘精神病心理的本质，已经与病人的体验"感同身受"。某一刹那，他会为灵光一闪而欣喜若狂；记得有次他惊呼"我他妈简直是个天才"。但他很快就认定它们其实是"不言自明的事情"。

（Bion F., 1995）

多年后，比昂才研究透了忍受挫折和变换视角等能力，进而考虑如何将这些能力用于精神分析的技术（参见第十一章）。

《形象孪生子》

比昂在《形象孪生子》中描述了与一位病人的分析过程，他逐渐意识到病人在会谈中提到的很多对话其实是与他人格中分裂出的各种虚构人物在对话。其中一个角色竟然是病人的替身。比昂试图通过诠释来聚合这些人物、整合各个部分，但发现病人对他的努力无动于衷。在"联想－诠释－联想"的循环往复中，比昂感到分析师其实被当成了另一个孪生子，以便于否认掉所有的差异。有个梦境清晰地展现了这一点。

他当时正要超车。可他经过对方时却并未加速，而是小心地保持并驾齐驱。那辆车减速停了下来；他也亦步亦趋。两辆车就这样并排停在了一起。那辆车的驾驶员（身材与他相仿）随即下车，绕到他这边，重重地靠在他的车门上。而另一侧车门正好抵在那人的车门上，这一侧又被对方堵住，左右夹击，插翅难逃。那个人透过车窗恶狠狠地睨视着他。

（Bion, 1984: 8）

这时比昂有了一个重大的发现，足以标志其思想的进一步演变。一旦他诠释的是特定的心理功能本身而非梦的内容，心理变化就产生了。我们在克莱因、西格尔、罗森菲尔德和约瑟夫等人的工作中也能看到这种关注焦点从内容到心理功能的转变，这成了克莱因学派的特色疗法，也深刻改变了精神分析的技术和理论。

这篇文章随后将该病人与另两个同样涉及孪生子题材的案例做了比较。三个案例中的孪生子主题都与视觉有关，比昂将其与探索环境的新能力以及智力的出现联系在了一起。而视觉主题又引出了原始情境和父母间的关系，因此再现了俄狄浦斯期的议题。

◆ 专栏 3.1 贝克特和比昂：一个形象孪生子？

据安齐厄（Anzieu, 1983, 1986, 1989, 1992）所说，形象孪生子可能指的是比昂对贝克特的治疗。我们只能猜测贝克特和比昂会谈中的风暴产生了延迟效应（Connors, 1998）。

两种人格的碰撞会引发一场情感风暴。一旦两人充分接触后彼此熟悉（哪怕充分接触后彼此仍然不熟），这两个个体间的联结都会制造出一种情感状态，若他们此前素未谋面，那么之后发生的风波几乎不可能被认定为事态的改善，而既然情感风暴已经发生，双方当事人可能就会"力争柳暗花明"。

(Bion, 1979: 321)

在比昂治疗贝克特期间（1934年1月至1935年12月），两人都还籍籍无名。直到1969年贝克特才获得诺贝尔文学奖，比昂也成了最有影响力的精神分析师之一。贝克特在父亲去世后饱受专横的母亲的极端压制，他对母亲爱恨交织，受内心恐惧、写作停滞和无数心身问题（囊肿、感冒、心律失常）所困。他每周3次前往塔维斯托克诊所会见比昂，后者刚刚完成医学学业，仍在接受心理治疗师培训。那时比昂37岁，在塔维斯托克担任助理已有两年（Knowlson, 1997），一直在接受一位他称之为"'感受过去'医生"的分析师的治疗，因为"感受过去"就是该分析师对当前所有问题的回答。据推测这人可能是哈德菲尔德，一位当时在塔维斯托克似乎非常有影响力的折中派治疗师（Connors, 1998）。比昂很可能对贝克特运用了哈德菲尔德的还原分析，聚焦于贝克特与母亲的关系（Knowlson, 1997）。比昂与约翰·里克曼之间富有成效的分析是在这之后（1939—1940）才开始的。

贝克特在接受治疗期间写了几部戏剧：《一个罕见的病例》（*A Case in the Thousand*, 1934），该剧显然与他自己的分析性治疗有关；以及《莫菲》（*Murphy*, 1938），该剧讲到在精神病院与一位精神分裂症病人会面的故事。据安齐厄（Anzieu, 1986）所说，《既然如此》（*As it is*）中有两个角色皮姆和庞姆指的就是比昂，而康纳斯（Connors, 1998）则认为"莫菲"中的角色恩登先生是以比昂为原型的。但奥本海姆（Oppenheim, 2001）指出，这些终究只是推测。虽说如此，贝克特和比昂确实有几个主题不谋而合（Stevens, 2005），比如关注心理胜过行为；虚无［虚无分为两种：非思维（non-thought）和无有或乌有（nothing 或 naught）］；精神病与非精神病；心灵的混沌状态与忍受混沌的重要性；无以名状（unnameable）；一面不信任语言，一面又将词语用于描绘；将内在对话（"内在声音"）当作来自外界的声音；分裂；以及自闭性客体（autistic objects）。我们从贝克特的剧本中可以看到多个反映由比昂所描述的"-K"和"对联结的攻击"概念例证的极端案例。

史蒂文斯（Stevens, 2005）认为比昂能够容忍贝克特的"精神错乱"，这激发了贝克特的灵感，据说对他的创作影响很大。后来比昂就将创造力的起源定位于偏执–分裂位。但贝克特和比昂都觉得他们的心理治疗还没做完就结束了。贝尔（Bair, 1978/1990: 208）在她所著的贝克特传记中指出："1935 年 2 月，他记录说自己即将结束与比昂的第 130 次会谈，并称之为一场永无休止的'口角'"。就在贝克特决定结束时，他与比昂一起到夏洛特街的星星餐厅共进了晚餐（Knowlson, 1997），然后一起参加了荣格的讲座，这是荣格在塔维斯托克举办的系列讲座之三。贝克特深受荣格"未诞生的自体（unborn self）"和"自体未诞生的部分（unborn part of self）"等概念的影响，这与贝克特对子宫的恐惧密切相关。而"未诞生的自体"也是比昂《未来回忆录》（Bion, 1991）的一个重要主题，该书仿照贝克特三部曲［《马龙》（Malone）、《莫莉》（Molloy）、《无以名状》（The Unnameable）］的形式，也出了一个系列。安齐厄（Anzieu, 1983, 1986）觉得贝克特就是比昂的一个"形象孪生子"。史蒂文斯（Stevens, 2005）认识贝克特，他怀疑《对联结的攻击》（Bion, 1959）和《形象孪生子》（Bion, 1950）两篇文章中的临床案例其实都在讲贝克特的心理治疗。从书名来看，不得不怀疑这是一种强烈的身份认同，但比昂在相关评论（1967）中撇清了自己（Stevens, 2005）。此外，贝克特的《无以名状》（1955）与比昂的"无名恐惧（nameless dread）"（Bion, 1967）概念简直异曲同工。

从贝克特的作品和比昂后期的自传中可以清楚地看到，俩人都承认有内在空虚感且缺乏内在的涵容性客体。他们似乎都有一种冷漠和强烈内省的态度，以便于深入自我。他们行文时惜字如金、情感剥离（比昂去加利福尼亚之前是这样），但这些情感的存在感依然很强。虽然两位作者都比较严肃，以沉默、高冷和讲话时抑扬顿挫著称，但他俩应对内心世界的方式却有所不同。比昂沉静的天性在精神分析的框架中找到了出路，他可以借助精神分析理论来把握自己的心理功能。贝克特则任由内心世界存在，倾听它，让它自然地出现；他以一种不加修饰、不讲故事、不含热情的方式（类似比昂的"无忆、无欲、无理解、无连贯"）描述了它的虚无和无用。比昂和贝克特都很自律，这种风范对他人有很大的影响力和吸引力，给人以沉着冷静的感觉。贝克特在《碎片集》（*Disjecta*, 1949）中写道："这种表达无表达内容，无表达对象，无表达主体，无表达力，无表达欲，也没有表达的义务"（引自 Katz, 1999: 1）。

我们发现这些主题在比昂后期的文章中尤为明显，文中去掉了它们的病理学解释。

> 我发现自己正处于一种非常熟悉的心理状态——只能说在这种心理状态下，无论字面意思还是深层意思上我都是无知的。所以我才急于寻找某种网络，以便从中捕捉到任何可用的想法。
>
> （Bion, 1977: 31）

比昂比贝克特更注重无拘无束的生活和社交的一面，他有了自己的家庭，但他对社会生活的态度仍然非常矛盾：1968 年他搬到洛杉矶之后便将交际抛诸脑后，过上了更独立的生活。贝克特虽然跟着乔伊斯（Joyce）学习充满艺术气息的巴黎风情，但他的晚年生活也是极尽勤俭朴素。令人惊讶的是，比昂和贝克特都不愿在贝尔（Bair, 1978）写的关于贝克特的不朽传记中合作。

◆ **专栏 3.2 贝克特与精神分析师（安齐厄）**

强烈建议对比昂和贝克特之关联感兴趣的读者阅读安齐厄（Anzieu）的著作《贝克特与精神分析师》（*Beckett et le Psychanalyste*, 1992）。安齐厄经过透彻地研究贝克特的剧本后写出了这本书,但贝克特本人却对此兴致索然（Anzieu, 1983: 1989）。

安齐厄（1923—1999）是一位有影响力的法国精神分析师,他一直接受拉康的分析,直到发现拉康著名的案例"艾美"实际上是他的母亲。安齐厄深受比昂的影响,并根据比昂的思考及其关于团体无意识的理论,对比克（Bick, 1968）的关于"第二层皮肤（second skin）"的文章进行了深度解读（Anzieu, 1989a, 1989b, 1990）。20世纪50年代之后,安齐厄开始着迷于贝克特的作品,认为它们实现了布莱兹·帕斯卡（Blaise Pascal）的理念（Anzieu, 1992）。安齐厄有次在巴黎的一个公园里大声地给妻子朗读《莫莉》,恰逢贝克特和爱人一同路过——贝克特抬头看了看,但没有靠近。1989年,安齐厄开始撰写一本至亲好友猎奇日记,从个人视角发自肺腑地讲述了贝克特的重要性,以及比昂和贝克特的会面情况（Anzieu, 1992）。在贝克特这位反传统小说（Nouveau Roman）之父的影响下,安齐厄试图仿照比昂在《未来回忆录》中的做法,开辟一种新的风格。安齐厄的作品并不是那种试图掌控主人公的传统传记;相反,他根据自己的体验唤醒了贝克特。他没有去编造故事,而是通过倾听自己内心的声音,让他内心世界里的贝克特栩栩如生。安齐厄借此展示了自己作为一名精神分析师的内在动力,与比昂在后期文章中所展现得一样。阅读安齐厄（1992）的《贝克特与精神分析师》是一种体验。

有关精神分裂症的一个理论

《第二种思维》有大量篇幅是发表在《国际精神分析杂志》上的关于对精神病性疾病的临床研究,重点关注言语思维在精神疾病中的运用。比昂在《有关精神分裂症理论的说明》（Notes on the Theory of Schizophrenia, 1953）中观察到,言语并不一定总是对应着言语思维。它可能是一种行为模式,就像在投射性认同或将客体分裂时那样。比昂举例说,一个病人试图用令人昏昏欲睡的方式讲述某事，让分析师分神，但这件事的内容却激起了分析师的兴趣。还有个病人试图刺激分析师给出两种相反的解释，同时又借一个惊人的比喻来表达希望分析师左右为难的意思："当我同时按下两个按钮的时候，电梯该怎么办呢？"（Bion, 1967: 25）。比昂还观察到，言语思维的使用还会平添痛苦，因为它令个体更加敏感于心理现实和内在迫害者。它与整合能力和抑郁位有关。精神病病人会将这种言语思维能力的进步体验为产生痛苦和焦虑的原因。精神病病人出于防御反应，就会借助分裂的形式来攻击他那不成熟的言语思维能力。实际上治疗精神分裂症病人时，就在我们觉得病人即将摆脱妄想之际，却极有可能是他冒出新的精神病状之时。分析师为此左右为难（Vermote, 2002）：一旦病人能够运用其言语思维，就可能唤起内在的迫害者并更加清醒地意识到处于抑郁位的痛苦，所以分析师很容易忍不住去安慰病人。但比昂明白，安慰将导致分析工作付之一炬。

比昂在1956年发表于《国际精神分析杂志》的《精神分裂症思维的形成》（The Development of Schizophrenic Thought）这篇文章中表明：不只精神分裂症病人，其实每个人都同时拥有精神病性和非精神病性两种人格。这与克莱因的心位概念并无二致，但与拉康的观点有所不同，后者认为精神病人无法进入象征秩序，只能停留于想象秩序。比昂认为人格的精神病部分由于存在先天的死亡驱力，所以会攻击感知内部和外部现实的装置以及言语思维。这就产生了微小的碎片并通过投射性认同将其排泄出去，病人徒留空虚。被排泄出去的来自感知装置和自我的微粒，离开主体的人格，继续以独立和不受控制的方式，存在于"封禁它们"的外部客体之中，因而被称为"怪异客体（bizarre objects）"。这就是比昂对幻觉的解释。

比昂经常引用这样一个例子，病人对一台留声机的感知觉被他的感知装置（视觉或听觉）所排出的一部分所吞噬。只要留声机一响起，病人都会觉得自己正被这个"人"监视、监听（Bion, 1967: 40）。汉娜·西格尔1957年的论文《有关象征形成的说明》（Notes on Symbol Formation）中有个著名的案例与之相似：那位病人认为拉小提琴等同于当众手淫。

1957年，比昂在《精神病性与非精神病性人格的区分》一文中进一步探讨了人格中精神病部分的特点，即分裂和投射与内、外现实的意识有关的部分人格，制造出与思维混在一起的各种怪异客体，随后还可能被"反向的投射性认同"带回自身，力图重建自我、重获思维能力。这些非思维之物随后会在非精神病部分被堆积起来，而不是接受思维的加工。若病人一味地"堆砌辞藻而不是言之有物"，会给人留下他在使用言语思维的印象。但这只是看似言语思维，实则隐藏着一种截然不同的、破坏性的心理功能。

1958 年《论幻觉》（*On Hallucination*）延续了此项研究。文中那位精神病病人觉得自己的体验仿佛是从外界回到了他身边。

> 病人如果说看到某物，可能是指外界某物被他所感知，或是指某物通过他的眼睛回到了他这里；他若说听到某个声音，可能是指他正在发出一个"响指"——这与制造噪音有所不同。
>
> （Bion, 1967: 67, Bion 的斜体字部分）

比昂在这篇文章中还表示，精神病病人的梦实际上是一种排泄，因此也属于幻觉。"对于精神病人来说，梦是在排泄清醒时吸收进来的各种素材"（Bion, 1967: 78），而在非精神病性部分中，这些素材会得到言语思维的加工。从这个角度来看，精神病人很少能够连贯地复述梦境也是情有可原的。

《论傲慢》

《论傲慢》（1957）是一篇精彩的短文，足见比昂的独创力和临床敏锐度。比昂认为人格的精神病性部分不止在精神病人身上占主导，它在严重的神经症病人（我们如今称其为边缘性人格病人）那里也可能占主导。知晓这一点对于治疗至关重要。比昂典型的工作风格就是如此。他并不进行逻辑演绎或感知，而是挑出共同发生的现象（他后来称之为恒常关联）背后的循环模式。比昂在很多病人那里观察到好奇、愚蠢、傲慢会同时出现。傲慢与骄傲不同："在生本能占主导的人格中，骄傲会形成自尊，而死本能占主导时，骄傲会演变为傲慢"（Bion, 1967: 86）。一旦好奇、傲慢和愚蠢同时出现，说明病人人格中的精神病性部分占据了主导，病人早年曾遭受过精神上的灾难，并在那时摧毁了自我。比昂认为这是由于正常投射性认同的失败造成的；因此以性为导向的俄狄浦斯情境也变得让人难以忍受。正是因为病人不得不破坏掉他与环境之间的重要关联，所以才毁掉了自我。

为了说明好奇、傲慢和愚蠢之间的关联，比昂提议将俄狄浦斯神话做出如下解读：故事中对知晓（好奇）的追求、傲慢（嘲弄众神）、愚蠢和灾难（精神病态）是同时发生的（Steiner, 1985）。比昂（1967: 86）这样写道。

> 狮身人面怪（斯芬克斯）叫人猜谜，等人猜中后便自杀；盲眼先知（忒瑞西阿斯）知晓一切，他痛惜于国王探知真相的决心，引国王一探究竟的那个预言正是让预言家唏嘘之处，而国王得知预言后便自残双眼，流放他乡。

比昂在治疗这类病人时，会尽可能容忍病人借助投射性认同放到他这里来的东西，或者说他给了病人早年不曾有过的体验。由此他形成了涵容的第一个定义。

> 换言之，精神分析有个隐性目标，即不惜一切代价追求真相，这需要有能力去涵容他人性格中被摒弃、被分裂出的那些方面，同时还得保持心平气和。这几乎可以成为嫉羡和仇恨一触即发的导火索。
>
> （Bion, 1967: 88–89）

◆ **专栏 3.3 投射性认同**

克莱因在《关于一些分裂机制的说明》（*Notes on Some Schizoid Mechanisms, Klein, 1946*）这篇文章中引入了投射性认同的概念。没想到这个概念后来成了克莱因学派精神分析的"商标"。克莱因用投射性认同来描述一部分自体可以被安放到别人那里的全能幻想。比昂在研究原始性病理时,将正常的与病态的投射性认同做了区分,并指出这种现象所蕴含的不只是一个幻想那么简单;它切实产生了某种作用(Spillius, 1992)。某种心理上的东西确实储存在了对方那里。约瑟夫(1985)在她关于移情是一个整体的情境的观点中详细阐述了这一点。据格罗特斯坦(Grotstein, 2005 a)所说,比昂归纳了克莱因关于投射性认同的内在心理概念,并将其带到心理间的层面。他将这一概念的范围从幻想层面的病理性防御机制拓展到母婴之间及咨访之间的原始性交流层面。当前的神经生物学研究(比如镜像运动神经元的发现;Gallese et al., 2007)证实了非语言的、无意识的沟通不逊于语言的和意识的沟通,而且我们天生就能接收他人的感受(Damasio, 2000)。不止如此,比昂还将心理过程的起源与投射性认同联系在一起:被投射到母亲那里的事物可以被母亲的遐思所消化,那么这种心理处理能力就会被婴儿采纳,内摄成为其原始性的内在乳房。在比昂看来,投射性认同是母婴之间原始关系的基础,也是所有关系的一个方面。这样看来,比昂区分了正常现实型的和病态过度型的投射性认同。这个见解对心理治疗技术产生了根本性影响。治疗师不再被视作移情中的空白屏幕,而是一个主动地、无意识地投入其中的人。治疗师的任务是像母亲那样通过遐思和放松式注意来涵容投射到他这里的事物。

格林伯格(Grinberg, 1962)造出了"反向认同(counteridentification)"概念,以说明分析师会受到经由投射性认同放到他这里的事物的控制。只有到了第二个阶段,分析师才能意识到并主动修通这个部分。在英国,约瑟夫的研究(Feldman & Bott Spillius, 1989)和比昂的容器-被容纳者模型相似。格罗特斯坦(Grotstein, 2005)进一步阐述了比昂对投射性认同的运用以及它在心理内和心理间、意识和无意识、语言和前语言等方面的潜在特征,并将其命名为"投射性跨越认同(projective transidentification)"。布里顿认为投射性认同中的沟通和母亲的涵容构成了一个心理空间,三角关系和病人对自身的观察性态度也被包含在这个空间之中。我们从奎诺多茨（Quinodoz, 2007）的理论中可以找到投射性认同概念在后比昂时代的演变概述。

《对联结的攻击》

比昂发表这篇文章时尚未出名，但凭此足以展现其锋芒；显然他从其熟悉的理论转向了一个崭新的未知领域（Ferro, 2017）。布朗斯坦和奥肖内西（2017）合编了一本书，从当前精神分析学派（A. Ferro; E.& E. da Rocha Barros）和克莱因学派（R. Blass; R. Britton）的视角重新审视了这篇60年前出版的《对联结的攻击》，佐之以临床案例分析（M. Horovitz; C. Nemas; E. O'Shaugnessy），并将其与比昂后期的著作进行了比较（N. Ferro; R. Vermote）。

比昂在文中点明：精神病之中不仅有过往已发生的灾难，还有目前仍在继续的灾难。病人不止会攻击与分析师之间的创造性联结（这与克莱因所说的对乳房和创造性伴侣的攻击类似），还会攻击言语思维本身。之后病人会连夜无梦，头脑空白，如惊弓之鸟一般感到四面楚歌。

比昂强调，言语思维能力的分裂会导致一群迫害性客体凝聚为一个巨大的迫害性客体（参见专栏3.4），然后扮演原始性残酷超我的角色。比昂认为，治疗精神病时一定要了解这种阻碍性客体是如何形成、如何发挥作用的。

在这种情况下，他再次给出涵容的定义："善解人意的母亲能够体验到婴儿努力借助投射性认同去处理的恐惧感，同时保持心平气和"（Bion, 1967: 104）。比昂认为分析师与病人精神病性部分之间的联结基础是投射性认同机制。如果病人的嫉妒心过于强烈，借助（正常）投射性认同攻击了人际间的加工和消化过程，或者周围环境缺乏对病人投射性认同的接纳，都可能让联结过程出现问题。结果，病人会过度使用投射性认同，发展也不断恶化。如果缺乏对投射性认同的接纳，那些不被涵容和消化的元素就会聚合形成一个攻击自体的阻碍性客体。虽然某种联结仍然存在，且因为合乎情理、逻辑通畅而使人误以为是言语思维，但其实根本不是以情感联结为基础的。

◆ **专栏 3.4　阻碍性客体和涵容客体**

阻碍性客体是一个精神分析概念，有助于我们对边缘性和精神病病人的理解，他们的人格都由精神病性部分占主导，且出现了对联结的攻击。比昂将阻碍性客体定义为一个迫害性客体的集合，一个原始性的残酷超我。它是一种主动攻击心理功能的无意识幻想。它在精神病病人身上可能表现为一些具体的行动；比如我想到某位精神病病人因为手淫而阉割了自己，还有个病人因为手淫便要刺瞎自己的双眼。但是我们在边缘性和神经症病人身上也能发现阻碍性客体，它在那里也会像在精神病病人身上一样对心智化发起攻击，并产生自毁行为，比如毁掉人际关系和职业行为。阻碍性客体的内在表征可能体现在移情反应和关系之中。伊顿（Eaton, 2005: 8）为阻碍性客体下了一个精彩的定义。

> 这种内在客体可以让强烈的精神痛苦、暴力和自我攻击永不消失……经年累月的自我攻击（包括对联结的攻击）阻碍了个体自主感的增长，后者原本可以让一个人在其分析性转化中获得帮助或建立合作关系。

阻碍性客体是一个投射性认同－拒绝的客体，这是它的核心特点。比昂指出如下。

> 拒绝使用这一机制（不管是母亲拒绝充当婴儿情感的储存器，还是病人出于恨意和嫉羡而不允许母亲行使这一功能）都会破坏婴儿和乳房之间的联结，最终让个体赖以维持所有学习的好奇冲动出现了严重的障碍。这下便为通往严重的发展停滞做好了铺垫……因此，憎恶的感觉针对的是包括仇恨本身的所有情绪，以及刺激到它们的外部现

> 实。从憎恶情感走向憎恶生活本身，只需一小步。
>
> （Bion, 1993: 106–107）

伊顿还指出了分析师的任务。

> 学会描述（并借此涵容和意识到）病人体验到的疼痛和焦虑水平在每时每刻、一次又一次的治疗后的变化。长此以往，我们向病人展示的正念和遐思都会被内化，变成病人自己投射性认同－欢迎的客体世界的一部分。
>
> （Eaton, 2008: 22）

一旦对投射性认同敞开怀抱，就开创了阻碍性客体的对立面：一个涵容性客体，它相当于一种良好的内在乳房。马崔尼（Mitrani, 2001）对涵容性客体做了详细的介绍。

《思考理论》

《第二种思维》的数篇论文最终汇聚成《思考理论》，它是一个关于对情感体验的思考的原创理论。这篇文章是比昂后期所有理论思想的基础，他后来所有的研究其实都是在阐述《思考理论》。比昂就此踏上了他的原创理论之旅。他在这篇文章中一面引用了弗洛伊德（1911）关于思考起源的论文《阐述心理功能的两个原则》，一面又引用了克莱因学派总是使用的无意识幻想（Isaacs, 1948）或醒梦思维（Bion, 1962）概念。他还用到了哲学和数学的概念，但没有明确参考文献。他希望能用这种"应用哲学"来帮助分析师应对思维失调。

比昂的出发点是，思维并不是思考的结果；相反，"我暂时称之为思考的这一装置……必须被召唤出来去处理思维。"（Bion, 1967: 111）。所以在比昂看来，思维领先于思考。思维可以根据其发展程度分为各种类别。前念（pre-conceptions）类似于康德学派的空念（empty thought）（比如婴儿固有的或先天的期待乳房的倾向）；当它们得以实现时（比如婴儿得到了乳房）就会变成各种观念。但这些观念还不是严格意义上的思维。弗洛伊德曾将思考与挫折（享乐原则）联系在一起，比昂借鉴了这个观点，假定只有当"前念"没有得到实现而是受到挫折时，思维才会产生。

> 我提出的模型是：期待乳房的婴儿所面临的是没有乳房在那里满足他的现实——一个缺席的乳房的现实。
>
> （Bion, 1967: 111）

只有当承受这种挫折的能力得以充分发展之后，"无乳房"才能成为一个思维，然后思考的装置才开始处理这些思维，从而使受挫力进一步增强。这就是人格中非精神病部分所发生的事。

由于精神病病人或人格中的精神病部分忍受挫折的能力不足，缺席的乳房就不会在其中发展成思维，而是变成一个坏客体，必须通过投射性认同将其排泄出去。因此投射性认同的装置就得扩容，以便清理塞满了坏客体的心理。这里没有思维的出现，只有无穷无尽的反复排泄。时间在精神病性部分仿佛静止了，就像《爱丽丝梦游仙境》（Alice in Wonderland）里的"疯帽子茶话会"一样，总是停在四点钟（Bion, 1967: 113）。

在中间阶段，病人的受挫力刚好够用，已无须诉诸排泄，但尚未准备好思考的发展，所以可能会用非黑即白的全能式分类法。这种刻板的归类经常有人用，但可能被视作原始的思考形式。

比昂进一步整合了自己先前与精神病相关的文章中的观点。他认为思考的发展是一个互动的过程，即婴儿借助正常的投射性认同与养育者展开沟通的过程。婴儿自体的感觉材料通过投射性认同表达出来，母亲的遐思能力负责接收过去。

比昂在这篇文章中为涵容做了较从前更加详细的定义。

如果婴儿觉得自己快要死了，便会唤起母亲对于孩子将死的恐惧。一个心平气和的母亲可以接受这些并给予疗愈性的回应：以某种方式让婴儿感到它正在将自己的惊恐人格接收回来，但现在这些东西没那么吓人了，可以忍受了——那些恐惧可以被婴儿的人格所掌控了。

（Bion, 1967: 114–115）

若母亲无法忍受这些投射，婴儿就会被再次注入无名的恐惧。投射性认同和反向投射性认同将循环往复。这个过程就像是婴儿体内一个寄生的内在客体，"一个贪婪的阴道状'乳房'，夺走了婴儿得到或被给予的一切美好之物，空留一些衰败之物"（Bion, 1967: 115）。

若母亲能够容忍婴儿的投射，婴儿就可以把母亲当作工具来处理心理上的感觉材料，因为它自身尚不具备这种能力。这样，投射的内容就成了心理，人格发展成意识。比昂就此引入了 α 功能的概念（这是"梦的工作中的 α"的简称），这一功能可以"将感觉材料转换成 α 元素，从而为心理层面的梦境思维提供素材，进而具备醒来或入睡、进入意识或无意识的能力"（Bion, 1967: 115）。

比昂定义过 α 功能之后，就把经过 α 功能处理而进入心理层面的材料称为 α 元素。它们是今后做梦和思考的基石。而还不属于心理层面的情感体验和感觉材料则被称为 β 元素。

关联模式的进一步建立得益于语言——这是另一个重要步骤（Bion, 1967: 118–119）。这带来了比昂所说的关联（correlation）。换言之，不同的感官知觉和情感可以借助言语化和思维彼此关联，创造出一种真实感。对应这种"共通感觉"的是"共通的情感观"，这意味着如果对同一个客体可恨的一面与可爱的一面能够结合起来看，就会体验到"真实感"，而这种结合证实了激起不同情感的是同一个客体。[1]

结　论

比昂将精神病大体上理解为一种思维障碍，即未能成功地将情感体验带入心理层面并进一步处理（思考）它们。他将克莱因的理论（包括无意识幻想、投射性认同、内在客体、偏执-分裂位和抑郁位）与弗洛伊德学派的心理装置概念（意识-无意识）和享乐-现实原则整合起来，并巧妙地添加了哲学（休谟和康德的理念，比如预先存在的思维、遐思、意识）（参见"导言"）以及他自己关于沟通在思维起源中的作用（α 功能、涵容、β 元素和 α 元素）等见解，为精神分析从业者们开创了精神病的"应用"理论。

◆ **专栏 3.5　精神病：远期发展**

比昂生活在精神病治疗的全盛时期，也在 20 世纪 50 年代治疗过几位精神病病人。梅兰妮·克莱因的理论（Klein, 1946）和投射性认同概念的进一步演化让接触精神病人的设想成为可能。众所周知，弗洛伊德坚信精神病当中不存在移情，所以他区分了移情性神经症和自恋性神经症或精神病。克莱因学派则预设每个人都有一个精神病功能区域，可通过投射性认同进行移情，此法极大地扩充了精神病心理治疗的适应证。

我们从目前讨论过的文章中可以看到，比昂借鉴了弗洛伊德学派和克莱因学派的死亡驱力和分裂等概念，提出一套关于精神分裂症的原创理论，包括分裂至破碎的程度、人格的精神病和非精神病性部分、对思考和知觉的攻击、怪异客体的形成，以及投射性认同-拒绝的内在客体：阻碍性客体。

比昂在理解精神病方面的贡献是独一无二的，因为他虽然也关注客体关系和临床材料的内容，但主要聚焦之处还是言语思维本身。在他看来，无论是言语思维的能力、无意识功能（弗洛伊德），还是无意识幻想（克莱因），都是精神病人可望而不可即的。精神病人无法做梦、无法形成梦的思维[1]等事实也证明了这一点。同时，他们在初级和次级过程之间缺乏足够的接触屏障。比昂在研究言语思维的基础时，将 α 元素定义为刚刚达到心理层面但尚未得到进一步阐述的那些体验，但它们是构建思考的基石。他还提出与 α 元素相对的尚未成为心理层面的元素（β 元素）概念，同时强调要思考已经存在的、给定的那些思维（思维先于思考而存在）。在他看来，思考能力只有在他人的帮助下、在主体间的互动中才能得到发展。更确切地说，一个具有母性角色的人就像一个容器，非思维性的元素在这个容器中能够通过投射性认同被排泄掉，并转化为心理的形式。比昂将思考情感（或梦境思维）的自动化过程与抑郁位联系到了一起。只有当挫折容忍力足够时，思考才会产生，因为思考会带来痛苦和悲伤。思考的能力如果没有得到发展，便只会不断地分裂和排泄，如此一来各种体验就无法进入心理层面，也无法被 α 功能从心理上进行阐述，接着已经存在的思维就会被 α 功能反过来再次拆散（就像乐高积木拼成的房子被拆掉了）。这些被分裂出的部分与自我分裂出的部分凝聚成团，形成怪异客体，被体验为存在于心理外部之物。正由于自我分裂出了这些部分，所以视、听、嗅都被体验为来自外界：比昂以此来解释幻觉现象。分裂一旦开始就不断持续，导致了毁灭性的精神破碎；借用弗洛伊德的话来说，精神病人陷入了一个"旋涡"。这种恶性分裂遇到原始性、迫害性的内在客体便会进一步恶化，比昂认为这是精神病发展过程的核心之处。格林伯格等人（1993）和德玛西（de Masi, 2000）对比昂的精神病理论做了很好的总结。格罗特斯坦（Grotstein, 1999）的模型由于合并了神经生物学的研究，所以更加全面。

比昂的革新思想起源于他的临床实践。盎格鲁–撒克逊区域的精神分析中，只要涉及精神病和精神分裂症的文章，几乎每篇必谈比昂。另一位新派精神分析师雅克·拉康的理论文集同样始于精神病、哲学、语言和数

---

[1] 比昂的原话中并没有说精神病人无法做梦，而是说他们难以连贯地报告自己的梦。——译者注

学之间的关系研究。虽然拉康和比昂分别在法语国家和盎格鲁-撒克逊国家的精神分析中占据主导，但这两种模型在南美和其他非盎格鲁-撒克逊国家中可以并存。20世纪70年代和80年代，很多其他组织机构和学者都对精神病病人进行了分析性治疗。仅举几例：美国著名的切斯特纳特小屋（Chestnut Lodge; Searles, Feinsilver, Pao）；英国的梅尔泽、莫里（Murray）和威廉姆斯；法国的拉博德（La Borde）诊所，走的是拉康学派路线（Oury, Guattari）。比昂的模型借着安德烈·格林的著作《白人精神病》（Donnet & Green, 1973）被引入法国。欧洲大陆的其他中心分布在瑞士（Benedetti & Ciompi）、意大利（Lombardi）、斯堪的纳维亚（Rosenbaum, Culberg & Larssen）以及比利时（Van Bouwel, Thys, Vermote, Dehert, Pieters, Peuskens）。

这些治疗有不少都是依托机构而进行的。由于生物学模型、去机构化和循证法等对心理治疗和管理式医疗多方施压，近年来许多机构都已消亡。但实际上，植根于精神病治疗的心智模型已然成型，并对精神分析产生了强烈的影响，包括对非精神病问题的治疗。目前，比昂的思考模型在临床上主要用于人格障碍的治疗。

注　释

[1]　这与克莱因学派的抑郁位概念相对应。

第四章

《从体验中学习》(1962)

◆ **专栏 4.1　函数**

比昂在《从体验中学习》中采用了函数这个数学概念。此概念是伽利略提出的。一个函数由相互作用的变量或因素组成。它是各个变量之间关系的精确表述。这种函数关系的代数表达式被称为公式（Kline, 1967）。函数在数学理论中的经典之处在于它既可以处理已知的因素，也可以处理未知的因素。如果某个函数是一个常数，我们就可以研究未知变量在交互作用时的变化方式。

引　言

在这本书中，比昂将数学上的函数理论（参见专栏4.1）与认识论的一些观点相结合，进一步阐述了他的思考理论[1]。《从体验中学习》里的"体验"带有英国经验主义学派的哲学含义：换言之，它关系到某件事在心灵中留下印象时会发生什么。它涉及不可知的思维的前身（参见"导言"）。比昂认为精神病病人就是在这个层面出现了问题，且以思维障碍为主。他希望能开创一个理论，将应用思考理论作为精神分析师治疗精神疾病的临床实用指南。

但比昂敬告读者，他虽然借鉴了哲学和数学的概念，却并未受这些学科的条条框框所约束。他知道自己可能会因为"误用"既定意义的词汇和概念而受到批评，但仍希望保持这种模棱两可，因为将已有的概念做出新的、出其不意的运用是人类头脑的一种能力，这是心智成长的关键之处，所以在精神分析中也至关重要。同理，比昂提醒读者"这本书就得一次性通读，不要一看到晦涩难懂之处就先刨根问底"(Bion, 1962：导言)。50年过去了，这本书从未过时。

◆ 专栏 4.2 《七仆人》

比昂用《从体验中学习》(1962)、《精神分析的元素》、《转化》(1965)、《注意与解析》(1970)四本著作进一步发展了他的思考理论。

后来在这四本书形成合辑再版时，比昂引用鲁德亚德·吉卜林(Rudyard Kipling, 1936)《原来如此的故事》中的典故〔智慧有七根支柱：什么(What)、为何(Why)、何时(When)、如何(How)、何地(Where)、何人(Who)这六仆人，以及尚未命名的第七仆人〕，将合辑命名为《七仆人》。格罗特斯坦(Grotstein, 2007)认为，此举是对精神品质的觉悟和对真相的追求。上述四本书确实有关外在现实、感知觉、体验以及它在心理上得到转化和超越的方式。

正如布兰多努(Bléandonu, 1994)等人所说，这四本书堪称精神分析界认识论方面的史诗巨著。

在阅读这四本书或本书中与之对应的四个章节*时，您可以看到比昂的思考有一个发展的过程，即在 K 中的转化到了某个特定时刻变成了在 O 中的转化。他在这个转折点之后改变了风格和生活方式，也重新阐述了自己的各种发现。该转变发生在《转化》一书的结尾。我们用比昂作品中的这个转韵作为本书第一、第二部分的分界线。

因此，第一部分讨论《转化》，第二部分讨论《注意与解析》。后一本书撰写于伦敦，但出版于比昂在美国期间。

---

* 我在"导言"中提到过，建议读者先通读一遍有关这四本理论著作的章节，不要频繁中断，也不要读中间的专栏，只看每章开头关于数学概念的专栏即可。这样就可以看清比昂的路线。读第二遍时，可以把正文和专栏作为深度阅读那四本书的伴读材料——在视野拓宽之后，这一点并非难事。

第四章 《从体验中学习》（1962）

根本问题：如何从情感体验中学习？

像《思考理论》（Bion, 1962）那篇文章一样，比昂也回顾了弗洛伊德（1911）的论文《阐述心理功能的两个原则》，但这次侧重于心理功能的概念（参见专栏4.1）。弗洛伊德在这篇论文中聚焦于思考与外在现实的感官印象以及享乐和现实原则之间的关联。比昂直接引入这一观点，认为源自"外在世界"的感官印象与源自"内在世界"的情感体验共存于同一层面。他进而将弗洛伊德学派的享乐原则归纳为逃避挫折，而现实原则即矫正挫折（参见"导言"）。他用消化过程来比喻这种逃避和矫正：吐出来，或者吸收和消化。

逃避发生在人格的精神病性部分，而非精神病性部分则会发生类似消化的事情，比昂将后者当做一个未知的功能（函数）来研究：即他在《思考理论》中曾经提过的 α 功能。α 功能若能成功运行，便会产生 α 元素。α 功能和 α 元素都是未知的，比昂也"故意让它们保持没有含义"的状态（Bion, 1961: 3）。

α 元素适合被存储起来（即弗洛伊德派所说的注释和记忆），它们是梦的思维的基石。若头脑中的感官印象、情感和思维无法被推动形成 α 元素，它们就会保持原样，被称作 β 元素。

梦的思维

弗洛伊德认为，幻想（fantasy）使人得以从现实原则退行至仍被享乐原则支配的心理空间。白日梦就属于此类。克莱因的无意识幻想（phantasy）概念与弗洛伊德的幻想概念有所不同。她认为驱力总是与幻想纠缠不清。西格尔（Segal, 1991）将克莱因学派的无意识幻想比作辽阔无边的海底大陆，而不是弗洛伊德学派所说的海里的一座孤岛。"phantasy"一词的出现，正是为了区分克莱因与弗洛伊德两个学派的幻想概念。

比昂开创"梦的思维"或"梦的工作中的 α"这两个概念（后者是他在

1959 年所著《深思》中的术语），参照的就是无意识幻想的概念（参见"导言"）。作为克莱因学派的支持者，他认为无意识幻想是心理功能的基础，并将"思考"理解为对感受、知觉和思维进行持续的心理加工的过程。"醒梦思维"就是这种持续进行的无意识过程，他将其标记为"想法（Idea）"或"I"，有别于"推论（Reason）"或"R"。

◆ **专栏 4.3 比昂前后期工作中的做梦与梦的工作中的 α**

比昂在《深思》一书（1992）中也指出梦的工作中的 α 是一种"醒梦思维"。它是"清醒时的一个持续的过程，也在清醒期间一直保持运转，但除了在精神病病人身上一般不会被观察到"（Bion, 1992: 38）。所以他后来（Bion, 1979: 257）将其比作阿尔斐俄斯，即一股时隐时现的神秘的地下水流。据比昂所说，梦的工作中的 α 制造出了无意识（1992: 71）。它使得各种元素能够在意识层面和无意识层面来回变化，也让意识和无意识层面的功能彼此独立又相互关联。这个过程一旦出了问题，就会产生某种幻觉："这些元素会一直暴露在外，因为病人无法将它们变成无意识再为己所用"（Bion, 1992: 71）。这个观点与弗洛伊德不同，后者认为无意识原本就存在。值得一提的是，弗洛伊德认为人们在精神病中观察到的不是外显的、未被压抑的无意识内容，而是"尝试康复（Heilungsversuch）"（Freud, 1914）的结果，即精神病人试着重新将欲力投注到客体上，但因部分失败而停留在词汇表征的水平，无法进行事物表征。其结果是出现了一个怪异的次级过程，即词汇之间以初级过程常见的方式彼此关联。

比昂在《深思》一书中指出，阻抗除了弗洛伊德所说的含义外，还包含"想把意识层面的理性体验转化为梦，而不是想把梦转化为意识层面的理性体验。这种'想（felt need）'非常重要"（Bion, 1992: 184）。在处理梦时，应当留意病人有处理体验的需求，这一点"很容易因为分析师执着于释梦而被忽视"（同上）。

第四章 《从体验中学习》（1962）

比昂认为梦的工作中的 α 是自我功能的一个重要组成部分："α 有关于（且等同于）无意识的清醒思维，后者作为现实原则的一部分，旨在协助完成真实的（而不是病态的）对挫折的修正"（Bion, 1992: 54）。比昂在此基础上进一步指出，"我这么说的意思是，梦的象征和梦的工作是记忆形成的前提"（Bion, 1992: 47）。

在比昂看来，我们睡觉是为了做梦，但梦并不是梦的工作中的 α；梦不过是反映了睡梦中这一无意识层面所发生之事。比昂一度认为梦意味着 α-梦的工作的某种溢出，或用消化来比喻。

> 我提议把平常所说的梦视作消化不良的一种表现，但不是身体上的消化不良。它应当被视作心理上消化不良的一个症状……说明梦的工作中的 α 在这里失败了。
>
> （Bion, 1992: 68）

比昂的这个后来不了了之的假设意味着：若梦的工作中的 α 是充足的，就不会产生梦。透过我们在比昂的笔记本中发现的这个有趣且特别的观点可以看出，他觉得梦不是 α 功能的产品，而是 α 功能不够充分时所产生的一种垃圾。

比昂还宣称，若要梦的工作中的 α 发挥作用，必须要有他人或其内在某个方面（比如内化的乳房）的涵容。β 元素、α-β 元素的混合体以及各种想法纷纷来到"乳房功能"面前，以期得到转化。只有经过这种消化，它们才能为心理（psyche）所用。也就是说，心理元素（甚至梦）都可能处于不被心理所用的状态。这或许能解释一种常见的临床现象，即有些病人在清醒时缺乏心理加工过程，依赖见诸行动等排泄机制，却能不时展现出别样的丰富梦境。仿佛梦不能为他们所用，若无治疗师的醒梦功能的帮助，他们就无法从中获益。如此看来，β 元素（非心理的）也能包含思维和梦，它们也需要梦的工作中的 α 来帮助自己为病人的心理所用。关于分析师在无

> 意识与意识两个世界之间（也就是比昂后来称为出生前心理和出生后心理之间）转韵、交界之处的工作，众人所知甚少（Bion, 1989）。从这个角度来看，做梦可被视作在另一处过自己的生活，而不仅仅是转化各种体验的过程。换言之，比昂后期所考虑的不止那个能用 α 功能将体验转化为心理元素的心理世界，还涉及一个独立的梦的世界，后者只有少量的出口通往意识世界。这似乎正是比昂询问病人"昨夜你在哪儿？"时的内心所想（Bion 1997: 36）。他将这个世界比作不时浮出水面的河神阿尔斐俄斯，并称其为"待成熟状态"，属于心理功能的幻觉层面。

α 功能作为接触屏障的一个因子

比昂认为进行中的梦的思维或 α 功能是与无意识的一种接触，同时建立起一个屏障，区分意识与无意识的功能。该接触屏障[2]是一种动力机制，取决于 α 元素[3]的供给，α 元素可以按叙述、逻辑或几何的方式聚集或排序。

> 接下来我把我说过的关于意识和无意识的建立以及它们之间的屏障转换为一个假定的实体，我给它命名为"接触屏障"；弗洛伊德用该术语描述特定的神经心理学实体，即后来广为人知的突触。为保持一致，我所说的"人必须'梦到'当前的情感体验，无论它发生在睡梦中还是清醒时"可以换成这样的表述：无论在睡梦中还是清醒时，人的 α 功能都会将与情感体验相关的感官印象转化为 α 元素，这些元素增殖、凝聚在一起，形成接触屏障。这种接触屏障在形成的过程中不断标记着意识与无意识之间相连或隔断的点，最终将两者区分开来。接触屏障的性质取决于 α 元素的供给，以及两者间彼此关联的方式。
>
> （Bion, 1962: 17）

我们运用数学的函数理论，可以将未知的 α 功能（函数）视作接触屏障的一个因子，而接触屏障本身也是一个未知的函数。尽管两者都未知，比昂还是可以借助"函数理论"假定 α 功能的提升有助于接触屏障的改善，从而可以更好地接触情感体验并从中学习。这与他的临床观察相符：当他从心理功能的层面而非意义的层面进行干预时，从情感体验中学习的能力就会提升。如今我们早已习惯了这一技术上的转变，但当年比昂将焦点从意义转为心理功能堪称革命性的转变。从那之后，这一主题就贯穿了他的全部作品。

人格的精神病性部分中接触屏障的损坏

为了更好地用 α 功能模型理解精神病理学，比昂进一步借鉴了克莱因学派关于嫉羡和分裂的观点。如果 α 功能被嫉羡所攻击并摧毁，就只剩下 β 元素。其后果是接触屏障损坏，意识与无意识思考之间的区分也随之瓦解。这会导致精神病人产生某种理性思维，其特点是缺乏"共鸣（resonance）"（Bion, 1961: 15）。精神病人会像机器人一般生活在充满 β 元素的世界中。他可以发音清晰，但言语维度单一；没有弦外之音和潜在含义。这当中不会产生任何思维。

现有的 α 元素在精神病性人格中被进一步剥夺了心理特征（被反转的 α 功能），成为各种 β 元素并被压缩为 β 屏膜（beta-screen），而不是有活力的接触屏障。用贫瘠的 β 屏膜替代接触屏障是一个动力性的过程，旨在回避挫败感。妄想就是 β 屏膜的一种：妄想在逻辑上是连贯的，但不会变化；所有的情感体验都用同一种理性解释，仿佛时间静止一般。我们可以把妄想比作一块保护个体不受情感体验影响的塑料，而由 α 元素构成的接触屏障则更像是一张有生命力的心理皮肤。我有案例可以说明这一点。

约翰是一位精神病病人，他产生了一个妄想，即自己青春期的挫败感可以用外部因素来解释，这些外部因素与他的优秀品质有关。他的偏执妄想的前提很荒谬（比如他觉得自己智力超群，在大学里是一个威胁，所以教职员就要阴谋阻止他进步），但逻辑上倒是严丝合缝。约翰有好几个月都一再重复着同样的妄想;所有新的材料都会被卷入这个妄想。时间仿佛静止一般。他不再从心理上加工新的体验,而是任由它们被厚如牛皮、密不透风的妄想所驱除。他面对问题时常常直接用行动驱除情感,比如发出巨响或做某种动作,不去回答问题。一旦生活中有痛苦的事发生(他曾在求职时被拒),他会一再陷入同样的妄想情节,而且情绪更加激动。我记得有次发生了某件事,他否认了,然后避而不谈。他仿佛身披一个毯子,我只能看到毯子下面有动静,但他没法告诉我,也搞不明白究竟发生了什么以及这对他意味着什么。

比昂(1961: 25)在关于精神病的文章中将怪异客体重新定义为幻觉的起源(参见《第二种思维》),即 β 元素,自我和超我分裂出来的部分都依附于它们。一旦分析师通过投射性认同收到了这些怪异客体,它们的自我和超我特征会促使分析师莫名地产生褒贬不一的态度。分析师在这种情况下有可能会退回原始性的无思考(non-thinking)状态,而不是运用开放性的、像梦中那样的 α 功能。

详述 α 功能的若干因素

尽管 α 功能是未知的,比昂仍开发了一些模型来解释它的起源。他指出婴儿体验到的与母亲之间最早的情感(比如爱)必须以某种形式通过母亲的乳汁得到传递。婴儿头一次接触到的情感体验属于口欲方面,而他必须学着处理它们。比昂认为这说明 α 功能与婴儿的消化道(或至少与它的身心表现)有关。在这个基本层面,被渴望的乳房(wanted breast)会在特定时刻被婴儿"感觉到乳房不见了似的",而一旦这个挫折可以被婴儿容忍,就会产生一种思维。这么说消化道其实额外承载着一些原始思维(proto-thought)。比昂一再强调思考的起源之困难:类似被渴望的乳房这样的原始思维实际上是消极的、贪婪的、让人难以忍受的客体。

这是婴儿这头的情况。问题是母亲如何从消化道层面传递爱意呢,换句话说：母乳怎样传递爱呢？答案让人有些意想不到：通过"遐思"或"放松式注意的能力"。比昂把休谟的遐思概念（没有进一步解释或引用）用作母亲 α 功能的一个因子。母亲的遐思可以承载被渴望的乳房等原始思维，并使之适应婴儿的 α 功能，这一过程又增强了婴儿的 α 功能[4]。

比昂认为母婴之间的交流最初是通过投射性认同实现的。此处他的观点与克莱因（1946）不同，后者认为投射性认同是一种全能的无意识幻想，在这种幻想中，自体中不想要的部分多数被投向别处。比昂觉得投射性认同不只发生在无意识幻想层面。他将其视作实际发生之事：个体确实通过投射性认同把某些东西放到了别人的头脑中。所以投射性认同是一种基本的交流形式，也是原始思维的起源。因此，它属于 α 功能的因子之一（参见专栏3.3）。

弗洛伊德（1911）在关于思考起源的理论中反对享乐原则和现实原则。在比昂的模型中，将不想要的情感体验投射到母亲那里同时符合享乐原则和现实原则。确实，只要母亲有充足的遐思能力，投射性认同就能够减轻痛苦，同时有益于现实原则，因为借助投射性认同将某些部分放到母亲那里就有可能产生思维。

比昂强调，从进化的角度看，在心理上处理情感体验的能力可能是人类有机体尚未装备好的一个全新的必需品。我们需要他人来承受挫折、培养"思考"情感体验（想法）的能力。这与基于逻辑思考（推论）的思维世界有着根本的不同。

◆ **专栏 4.4　奥格登对比昂的遐思概念的阐述**

奥格登关注的是分析双方的主体间体验。他在 20 世纪 90 年代发表的文章中沿着温尼科特学派的思路设想出一个中间地带——体验的第三区，分析性的第三区（Ogden, 1994）。这第三区属于新事物，是一种创造的产物。各种遐思用来隐喻分析师和病人在这一区域的各种体验（Ogden, 1997），聚在一起还能形成该心理空间的一层包膜。第三区概念植根于温尼科特所说的"我们生活的处所（the place where we live）"，以及我们的创造力和生命力之所在。

奥格登在2004年的一篇论文中将比昂的无意识醒梦思维整合到自己的模型里，并指出人格的精神分析功能就是做梦的体验，而且"涵容就是梦到自身体验这种能力的精进"（Ogden, 2004c: 1356）。奥格登从那时起认为，分析师的任务就是帮助病人涵容这些尚未被心智化的部分；换言之，即"与病人一起做未梦之梦（undreamt dream）"（Ogden, 2004c: 1360）。这样说来，奥格登（Ogden, 2004b）区分了应当被梦到的夜惊（night terrors；即未入梦的、分裂出来的部分——β元素）和实际上已经成梦的噩梦（nightmares）。此时主体间分析性的第三区就成了一个无意识的情感场域，病人在这里可以通过"逐渐能够梦到自身的体验，即梦到自己的存在"而恢复生命力（Ogden, 2004b: 862）。他开发了一种技术来帮助尚未获得这个能力的人："仿梦式谈话"（Ogden, 2007），即看似在谈论书籍、电影等话题，实则"用一种结构松散的对话形式（可以涵盖任何主题）在即兴创作，分析师也参与其中，与病人一起做过去没能入梦的梦"（Ogden, 2007: 577）。

K：精神分析对情感体验的处理

在函数理论中（参见专栏4.1），函数与未知因子相关——一种可以用公式来表示的关系。比昂在用公式表示 α 功能时，首先考虑的是该功能的主因子：情感。我们可以把情感视作对主体之间联结的一种表达。为简单起见，比昂建议将每次精神分析会谈的主导联结确定下来；换言之，即移情的主导联结。将一段关系简化为某个主导联结并不会降低关系的复杂程度，但有了这个主导联结作为常量因子，研究 α 功能的其他未知因子就会容易些。比昂识别出了三个基本的情感联结：L（Love，爱）、H（Hate，恨）与K（Knowledge，知晓）。最后这个术语指的是克莱因学派的求知本能，值得注意的是，比昂觉得K联结也是情感上的：知晓必须涉及感受，而不是逻辑思考。在分析师与被分析者的关系中，后者对前者的关系可以用三种联结的任意一种来描述，但分析师的关系始终应当是一种K联结而非其他。这不能想当然。与团体中K联结占主导（参见《团体中的经验》）有所不同的是，伴侣之间的L联结是由"配对"这一基本假设所促成的，所以很多分析师才选择从L联结（比如移情和反移情中的抱持、母性养育、重温俄狄浦斯幻想）着手。

再次强调，比昂将K定义为一种对情感体验的思考，与理性思维不同。而且K是一种求知晓的过程，而不是对知识的占有。比昂在这第一本书中就已经指出，一个完全开放的、不饱和的、无知的态度是K联结产生的必要条件。将比昂的K理解为是试图理解或寻找因果关系其实是个陷阱。即便是知道了某种情感体验，这种态度也会毁掉K联结。实际上，比昂将这种针对知晓的控制态度称为–K（负K），即K的对立面。

由于K是逃避（比昂将其与享乐原则相联结）的对立面，所以他认为K常常是令人痛苦的，并提醒我们在分析时切勿忘记这一点。–K正是为了避免体验这种痛苦才提早封闭[5],[6]。

模型、抽象与理论

为了探索分析师如何才能在思考情感体验（K）的同时不会固着于知晓本身（–K），比昂进一步依赖于所谓的模型–抽象法（model-abstractions approach）。模型是具体的，可以精准地贴合体验，如同影子。它具有可感知、可叙述的特性。抽象与具体体验的关联则较为松散，距离更远、更不饱和。它更关心客体之间的关联模式。抽象无法被叙述，也不能进行逻辑推导；我们在自发的过程中才能"看到"它。所以它们更适合涵容尚未形成的体验，也因此可以被视作前概念（pre-concepts）。比昂推测：模型和抽象这两个元层次之间存在某种运动。

各种抽象可以相互关联，形成理论。理论有一个特性，即组成它的各个元素是连贯的，所以理论有助于揭示临床材料中的各种关系。但一个理论的各个元素也可以不连贯，这样它们才能作为一个具体的模型来对应特定的情感体验。

据比昂所说，约有六种理论可以为精神分析推导出模型和抽象。俄狄浦斯神话就是个很好的例子，尽管神话中各种元素之间固定的叙事性联系可能会给每个元素的单独使用造成困难（比如说，在精神分析中讲到俄狄浦斯神话时，多数用的是俄狄浦斯的视角，鲜少提及斯芬克斯或忒瑞西阿斯的视角）。

抽象是指看到各种联结、关系和模式，或换言之，各种功能。这符合比昂对K的定义。分析师借助遐思以及通过在放松式注意的状态下像梦一般的存在，可以让一种模式（一种领悟）浮现在人们面前。若要让这一领悟具象化，就得有一个模型。我们可以把这种抽象比作在漫天星河中看见某个星座；有了北斗七星这样的模型，才能锚定和命名这一领悟。

逻辑思考与K不同，它不像K一样基于对某个模式的自发性领悟（抽象），也没有某个模型来阐明这一模式。如果精神分析中某个模式并不是从情感体验中自发产生，而是从逻辑上推导出来的，那么用精神分析的话说就会产生某些贫瘠的东西。比昂在用模型来命名这些模式时强调，因为模型比抽象更具体、更容易被感知，其感官特性可能会影响到我们的思考[7]。例如：比昂借用消化模型把心理的加工过程比作消化、吐出、吸奶。这种比喻又自带了感官的内涵。

◆ **专栏4.5　精神分析的字母表**

比昂当时正在寻找一个可以用作模型和抽象的系统。模型是具体的，会映射到具体的情感体验。换言之：它是照亮了部分现实的一种领悟，仿佛黑暗中的一束光芒。抽象则进一步远离了具体体验，可适用于不同的体验。虽然模型因为特别具体而具有感官特性（比如图像），但抽象却可以是一个概

> 念（比如投射性认同）。所以一个理想的系统在处理病人和分析师的思考过程中所发生之事时，就可以具体与抽象并存，灵活性强，就像字母表中的字母一样。它们虽然抽象，却可以供我们形成特定的词组。
>
> 比昂正因为如此转向了对元素的几何理论的研究。我们可以从抽象系统中提取出各种元素，并将它们与具体的体验重新关联，从而产生某种领悟，同时维持抽象系统的特性不变。

选定的事实

比昂引用庞加莱的直观几何（intuitive geometry）来描述抽象的过程是如何实现的（即某个模式或恒常关联）。在一列看似不连贯的元素中，忽然点亮了一个联结，随即整体都有了连贯性。在直观几何中，这个现象被称为"选定的事实"[8]。

他用克莱因描述的偏执－分裂位与抑郁位来解释这一点：即在连贯性突然引发抑郁位（D）之前，能够容忍不连贯的偏执－分裂位（PS）的能力。比昂使用抽象符号PS，它不像克莱因原创的定义那样带有恐惧和迫害的含义。因此，"PS-D"和"选定的事实"都是 α 功能的因子。

为了促使选定的事实出现，比昂建议放松注意力并使用遐思，这已经被他视作促进 α 功能的正确态度。

恒常关联的其中一个元素可以作为这个联结的名称[9]。所以我们有了选定的事实或可见的联结（抽象），也有了与这个联结相关的名称或表征（模型）。

精神分析客体

据比昂所说，精神分析的过程允许选定的事实出现；换言之，它包含了对恒常关联的实现，以及假设某些元素是不断在联结的（Hume, 1735—

1985）。分析师对情感体验的这种 K 态度刺激了病人人格的成长。此时比昂就认为，这些恒常关联是精神分析客体[10]（参见专栏8.7）。它们不是随机存在的，因为它们在人格的未知本质中拥有一个对应的人或物（这类似于康德所说的物自体）。

所以精神分析客体（以恒常关联的形式存在的人格功能）具备康德所说的初级（不可言说的本质或本体）和次级（现象、被感知之物）特征（参阅本章导论关于哲学的部分）。我们无法直接接触其初级特征。[11]

被置于公式中的精神分析客体概念

比昂一心要为执业分析师提供一个关于思考的应用理论，因此依赖于数学的函数理论（参见专栏4.1），将精神分析客体（也是一个函数）代入了公式之中。该公式描述了各未知因子之间的常数关系。精神分析客体的公式是（+/-Y）（&）ψ（ξ）。它由一个未知的常数 ψ（比如某个先天的预想）和一个为 ψ 赋值的不饱和的元素（ξ）（比如情感体验）所构成。因此 ψ（ξ）可以是关于乳房的一个先天的预想，遇到乳房之后，它就被这具体的情感体验所填充。在精神分析中，预想和具体的情感体验都与人格（&）有关。此外，精神分析客体既可以被揭露，也可以被回避；这就是公式（+/-Y）中包含了"人格成长"因子的原因。最终精神分析客体的公式就成了：（+/-Y）（&）ψ（ξ）。

举例来说，有位病人想要帮助一个朋友解决关系问题（ξ），这时她意识到此类事情经常发生：一旦有人感到悲伤，就会触发她想要伸出援手的反应（ψ）。这似乎与她的人格和经历（&）有关。她既可以探索这个领悟，也可以避而不谈。换言之，它能够以积极或消极的方式（+/-Y）改变她的人格。

容器、被容纳者以及原型组织

比昂在《从体验中学习》中把他以前的容器－被容纳者概念抽象为 ♀

（容器）♂（被容纳者），并从功能的角度对其进行了探讨。母亲通过投射性认同接受了被容纳者，被容纳者由此被解毒[12]，之后婴儿才能逐渐接管以♀♂表示的 α 活动（alpha-activity）。换言之，K 或思考作为一种功能可以用♀♂来表示。

比昂将♀♂这两个抽象概念进一步发扬光大。他仿照埃利奥特·雅克（Elliot Jacques），使用一种网状结构（即体内细胞或纤维组成的一种小网格）作为模型来对应♀♂。♀可以看作网状结构的缝隙，情感则是线条。这样我们就有了一条♀+♀+♀+♀的增长线，其中"+"代表情感。"内容 c'（content c'）"可以被容纳在这些♀缝隙中，但请注意，在比昂的模型中总是由♀在寻找 c'。为了使♀♂成为可能，♀必须保持整合而不能僵化，这样♂才能适应网状结构并通过它得到整合。

第二点是将♂的内容比作从未知的基础上伸出来的东西。这条抛物线展现出了一幅二维图像（Bion, 1961: 92）。为了促进 c'的成长，不安全感或怀疑感——PS 位上的心理状态——就必须被容忍。这可以表示为♂.♂.♂.♂，其中"."是代表怀疑的常数。

重点是要知道在♀+♀+♀+♀和♂.♂.♂.♂之中，究竟哪种情感（"+"和"."）与 K 相适配。比方说，如果 + 是嫉羡，那么♀+♂之间几乎不可能存在共生关系，我们只能得到 –K，而不是♀♂。这其中不会有成长，只会有意义的剥蚀、善良的消融和堕落的发生。

结　论

在《从体验中学习》这本书中，比昂详细阐述了他为分析师的临床应用（尤其是针对思维障碍病人的治疗）而开发的思考理论。他提出的问题与经验主义哲学家相似：人类大脑如何处理那些给自己留下印象的事物（感知、理论、情感）？比昂关注的是那些不可知的思维前导，即先于言语思维存在的不可知的原型思维。这些在婴儿身上必定发生于消化层面或与之相当的身心层面。这样一来，这些印象就可以被吐出或消化。他在研究时诉诸数学函数理论，如此便可以通过观察不可知因素（比如他正在处理的这些因素）之间的关联方式，对它们提出假设。他想知道，"α功能有哪些因子？它们之间是何关联？"情感和母婴关系都是重要的因子。为了理解这些思考因子，他引入了精神分析学、哲学、科学哲学和数学的一些理论。他的母婴沟通理念是对克莱因学派投射性认同概念的拓展。思考或对情感的进一步心理加工是一个无意识的、自发的过程，与推论有所不同。这一关于思考的观点与比昂研究过的哲学家们一致，比如休谟、怀特海德和伯格森。比昂在假设母亲如何处理婴儿通过投射性认同放在她这儿的情感体验时，就参考了休谟的自动遐思概念。他从分析角度出发，将其等同于克莱因学派的无意识幻想，即联结各种情感的一股恒流。

比昂进一步研究了这些关于思考或α功能等观点在精神分析会谈中的运用，并得出结论：这是在自发地去看实为人格本质的联结的模式。比昂认为看到这些无感官性的本质正是精神分析的意义所在，所以将它们称为精神分析客体。在将这些功能理论应用于"思考"之时，他为之打造了一个公式，便于表示未知变量之间的恒常关联。他希望借此展现心理现实[13]。在他关于自发式思考的观点中，最关键之处就是突然实现了元素之间的恒常关联（即一个精神分析客体）。他把这种实现与直观主义数学家庞加莱所讲的选定的事实进行了比较。用精神分析的话来说，他先将克莱因学派的两个心位概念抽象为PS和D之间的振荡，然后将其与前述的实现过程联系在一起。我们可以把比昂的思考公式或精神分析过程看作一个元理论：公式中的各个因子可以用许多不同的理论方法来填充。让这种思考过程在会谈中发生（或者说看到这些模式或联结）就与病人建立起了一个K联结，它比关注病人所述材料的意义更容易对重症病人产生临床效果。比昂指出，发生这一切所必需的心境是：放松的注意力或遐思，就像母婴之间的情况一样。比昂将在接下来的两本著作中进一步阐述这一过程。

第四章 《从体验中学习》（1962）

注　释

［1］ 他在脚注中提到了森普尔（Semple）和克尼伯恩（Kneeborn）、弗雷格（Frege）、波普尔（Popper）、布雷斯韦特、庞加莱和康德。

［2］ 接触屏障这个概念源自弗洛伊德的专题研究，与神经元突触相关。弗洛伊德假定存在感知、记忆和意识三个神经元系统，它们在自己的接触屏障处是无法渗透的，只有心理量（psychic quantity, Qn）通过时才会变得可以渗透（Sulloway, 1979）。

［3］ 这个关于 α 功能之必要性的模型提示我们，原始性过程和无意识的思考都无法不言自明，正如弗洛伊德的无意识模型和克莱因模型中的幻想功能也都是遮遮掩掩的。

［4］ 注意，在这个模型中，思考和感受、内在客体和身体感觉都是相关的。比昂非常清楚母亲喂养、护理和对婴儿的总体照顾的心身本质（即母亲的遐思的载体）。

［5］ 这在后期发展为他的网格图的第 2 列。

［6］ 这一观点备受争议。它与别的理论不同，比如温尼科特就认为心理发展并非取决于对挫折的容忍，通过游戏也能发展。但俩人都强调养育者的保护作用十分重要。比昂认为挫折需要被母亲涵容，而温尼科特认为养育者需要保护儿童免受现实的过度侵入，以便于发展心理空间和成长。

［7］ 关于感觉可能会以何种方式抑制对无感官关系模式的自发性感知，将在比昂的《注意与解析》一书中得到深入讨论。

［8］ 在摄影中，罗兰·巴特（Roland Barthes）将这一有组织的契机称为一个色斑（punctum），它能在一众细节中抓住观众的眼球，并赋予照片一种（个性化的）含义。

［9］ 这是他即将在《精神分析的元素》一书中提出的网格图第 1 列中的定义性假设。

［10］这与数学客体（mathematical objects）相似：即数学中所包含的各种客体。

［11］这一主题及其临床意义将在后面的《注意与解析》（Bion, 1970）中得到详述。

［12］与涵容有关的解毒（detoxification）概念在文献中被广泛应用，但比昂本人用的是消化（digestion）的比喻。

［13］比昂提到的科学哲学家布雷斯韦特也持有相同的观点。参见哈里斯和雷德韦 – 哈里斯的文章（Harris & Redway-Harris, 2013）。

第五章
《精神分析的元素》(1963)

◆ **专栏 5.1　元素**

"元素"是构成各学科基础的公理化演绎结构。欧几里得在公元前 300 年所著的《几何原本》(*Elements*)一书中就定义了几何的各种元素。为此他整理了泰勒斯、毕达哥拉斯、希波克拉底、柏拉图等诸多人士的研究。他首先定义了点、线、圆等基本概念,然后提出公理,比如,"两点可确定唯一的直线"(公理 1)。接着他又根据这条公理证明出 476 条定理(比如,定理 1:外角大于任何一个和它不相邻的内角)(Kline, 1967)。这种方法影响了牛顿等诸多科学家。

引　言

后面两章讲的是《精神分析的元素》和《转化》,它们是本书最为复杂的部分。比昂在《精神分析的元素》中试着对思维的元素进行科学分类,又在《转化》中以近乎数学的方法继续这一尝试。我尽量将其整理归纳,并给出背景和解释,但过于简化并不能公正地反映比昂所经历的那个过程。

比昂的网格图以简明、高效的方式展示了他的研究,分析师可以用自己的方式进一步开发该网格图,并将其融合为自身直觉的一部分(Vermote, 1998b, 2000a)。比昂的主要方法就埋藏在这张网格图和它的使用过程中:不知和开放的态度,不去做道德评判,聚焦于心理功能,使用双目视角并发展遐思和想象力，使用网格图时"不要急于搜寻确定的答案"，分析时不采取因果关系法，而是注重现象的共现性和关联性，观察不变量在各个层面上的体现。比昂把网格图打造成一种工具，使之能开发直觉能力并观察到元素之间的恒常关联。他认为这就是精神分析的真谛。

> 通过精神分析的实践，我深信从情感体验中可以提取出一种不断变化的情感体验模式。如果精神分析师对这些体验的直觉能力得到开发，他就会意识到某些体验总是相互联结的，而且这些恒常关联本身就是不断重复的联结。经过一段时间后（倘若分析师不急于搜寻确定答案），他就能看到这些恒常关联渐渐地像万花筒一样千变万化：感官变化将与他的模型中所发现的 C 类元素越来越相似。
>
> （Bion, 1989:11）

重要的是，网格图既可用于比昂理论的前半部分（在 K 中的转化），也可用于后半部分（在 O 中的转化）（参阅专栏 5.2）。比昂对自己的所有作品都吹毛求疵，对网格图这一重大成就也不例外（参阅专栏 5.2），但他直到晚年都在不断引用它，甚至打算起草一份网格图版的《未来回忆录》。

1963 年 10 月 2 日，比昂向英国精神分析学会递交了一篇关于网格图的文章[1]，可视作他在发表《精神分析的元素》时所提及的网格图概念的雏形。他一直没有发表这篇文章，但弗朗西斯卡·比昂在 1997 年对它进行了校订（Bion, 1997）。《深思》也是弗朗西斯卡·比昂在比昂去世后帮他出版的，文中涵盖了一些关于元素的初步理念。几年后，比昂根据自己 1971 年在里约热内卢的一场演讲发表了一篇有关网格图的论文（Bion, 1977）。弗朗西斯卡·比昂后来还出版过一些录音带，这是比昂在准备 1977 年一场罗马演讲时所录的，他在录音中全面讲解了各种元素和网格图（Bion, 1997），但由于本书主要是按时间顺序解读比昂的作品，所以为避免破坏这种年代结构，我选择在专栏 5.2 中对 20 世纪 70 年代的这些文本进行介绍。

◆ 专栏 5.2 比昂作品中对网格图的态度转变

比昂撰写《从体验中学习》这本书时正在研究网格图这一概念，该书刚一出版，他就在 1963 年 10 月 2 日向英国精神分析学会递交了一篇有关网格图的文章。比昂一直没有将该文章发表，但 1994 年罗莎·比阿特丽克丝·颇特斯·米兰达·德·费雷拉博士（Dr. Rosa Beatrix Pontes Miranda de Ferreira）把这篇文章的文字记录寄给了弗朗西斯卡·比昂，后者于 1997 年将其发表（Bion, 1997）。

这篇精彩的论文讲述了网格图如何帮助我们观察和处理各种恒常关联，这是比昂精神分析方法的核心。当时文中就已经提到了转化和 O。这表明划定元素的方法在他后期的思考演变中起到了至关重要的作用。

事实证明，网格图是保持开放性和培养 T（K）的一个重要工具。它增强了人的观察力和直觉，让人可以展开推测性的想象，并产生一种既允许新思维出现，又能观察到恒常关联的心理态度。虽然比昂后来将重点从 T（K）转移至 T（O），但网格图仍然有用。对于 T（O），网格图可以如他所说被当作"真的量表"，用以标明一个思维或感受与 O 之间的距离。换言之，网格图展现了未分化–已分化在顶点上的移动，这样一来，它或许可以提示我们在 O 中的转化何时发生。

对于网格图的诠释不一而足，像布兰多努（Bléandonu, 1994）、格林伯格等人（Grinberg, et al., 1975, 1993）、格罗特斯坦（Grotstein, 2007）、洛佩兹科尔沃（LopezCorvo, 2003）、赛明顿（Symington, 1996）和费尔默特（Vermote, 1997, 1998, 2000, 2005）都有各自的见解，但比昂本人对网格图的态度有所不同。他坚持认为网格图永远是一个元系统，只在表征层面工作，决不会作用于被表征的事物层面。在巴西时，他戏称网格图就像是一把可以用来拍打手指的尺子（《巴西讲座》，1974: 98）。他曾突发奇想要做一个三维的网格图，还想象说网格图中每条线之间一定贴得很近，以至于变成一道栅栏(《比昂在纽约和圣保罗》,1980: 92)。当时他还说:"一旦把网格图从我的系统中取出,就会看出这是多么不合适……这只会是浪费时间,因为它与我可能遇到的事实不符"(《比昂在纽约和圣保罗》,1980: 56)。弗朗西斯卡·比昂发表了比昂1963年的文章,她在引言中将比昂对网格图的评论做了一番回顾(Bion, 1997)。

比昂直到晚年都在使用他的网格图,甚至考虑把《未来回忆录》也做成网格图版。1977年5月28日,为了准备一场罗马研讨会,他边遛弯边录音,讲述了β元素、α元素和C元素之间的关联。他再次强调β元素不在心理层面,所以一片黑暗。他想知道,如果母亲因为呼应婴儿的生殖器勃起而乳头勃起、无法喂奶,这种现象对应的是网格图中的哪种元素?我们体内的鳃裂(说明在生物的进化过程中,在进化到人类之前,曾进化到鱼的阶段,现在它对人类已毫无用处)对应的是头脑中的哪些元素?鳃裂有时会增生为鳃裂囊肿,那些古老的心理残留也会增生吗(Bion, 1987)?还有过往某件事在记忆里莫名地深刻,又是发生了什么?像比昂就记得小时候看到动物园里一只动物在笼子的金属隔栅上摩擦的样子,以及在第一次世界大战期间曾打动他的一首风笛曲。它们属于哪种元素、联结和转化?

比昂将网格图视作一只可以涵容其奇思妙想的笼子,一个类似脱氧核糖核酸螺旋的转化系统,一座通向未知的桥梁。

《精神分析的元素》一书的本质

此时的比昂已经在探索"思考情感体验"的过程中发展出了诸多概念,比如接触屏障、α功能、L、H、K、♀♂、PS-D、选定的事实和精神分析客体,所以他开始用元素理论来进一步区分这几个基本概念及其关联(参阅专栏5.1)。

比昂最初尝试用上述部分概念,辅以他在从事精神分析过程中发现的关键特征:孤独、痛苦和成长,来描绘精神分析的基本元素。但他对此法并不满意。比方说,保留♀♂作为一个元素是不合逻辑的,因为♀♂或容器-被容纳者概念必须经过其他元素的填充才能有意义。所以不能将♀♂视为基本元素。

第二次尝试的时候,他开始将精神分析的元素定义为《从体验中学习》一书中所讲的不同形式的思维,从具体的到较为抽象的(β元素、α元素、梦的思维、前念或模型、观念、概念或抽象、理论),而且他将它们放在一条纵轴上。所以这条纵轴或"成因轴"其实是在描述思维的成因。他在横轴上给出的是可分别供病人和分析师使用这些不同形式思维的方式。他借此构建出了一个具备2条轴和至少42个类别的网格图,且该图仍有待于进一步开发。这些类别最后被称为精神分析的元素,因为会谈中发生的任一情况都可被归为其中某个元素。分析双方在会谈期间的所有思维、行为、陈述或感受都可以在网格图中找到自己的位置。

最重要的是,比昂后来设法运用他在《从体验中学习》中所说的♀♂、PS-D和选定的事实等概念(见下文"重新考虑作为元素间过渡的思考理论"部分),进一步构建出了这些元素之间的关系和转换。将"♀♂、PS-D和选定的事实"共同列为精神分析的元素,这就构成了关于思考的公式及新的定义。这样我们对精神分析过程中所发生之事就有了一个清晰、独特的描述:它是一种可以为每次会谈及长程精神分析指引方向的元理论。该元理论的目的是帮助精神分析师准确地看到正在发生之事,并就此与其他同事交流。把网格图中的各个类别定义为精神分析的元素也让精神分析所关注的客体有了一个新的定义:它是网格图中至少3个类别才能描述清楚的恒常关联所反映的未知客体(参阅专栏8.7)。

比昂的元素网格图

网格图的纵轴

纵轴的A—H行表示思考某种情感体验的各个阶段。

A. β元素:未经处理的原始感官和情感印象落在此处。它们尚未进入心理层面，所以是无生机的、饱和的，不存在成长的可能。β 元素在被转化为 α 元素之前不适合思考。现有的思维如果还未被心理选用，也就是说仍处于事物的状态，也可以被当作 β 元素。比昂举例说，某些精神病病人会"把'思维'当做'事物'，（并且）完完全全把我认为在精神分析上属于幻想的内容当成了'事实'"（Bion, 1963: 97）。

未转化的 β 元素只能通过投射性认同或行动来排出。这在横轴的 A6 列表示为行动。比如一次偶然的打击可以视作一个 β 元素（Bion, 1963/1997），酒精滥用或自虐则是用行动而非思考的方式在宣泄心中痛苦。β 元素不能当作不饱和元素来使用；换言之，它们无法像容器或预想（preconception）那样开放地对某个体验进行注解或涵容。所以它们在网格图横轴上显示为空格：A3、A4、A5 不存在，或者它们的特征与 A1 相同。

B. α 元素：通往内在好乳房的渠道，或是能将 β 元素转化为 α 元素的 α 功能，系构造梦的思维的基石。它们可被视作原始的思维和感受（Bion, 1997: 23）。

C. 梦的思维、梦、神话：与 α 元素和 β 元素等只是假设存在的概念相反，有直接证据表明梦的思维、梦和神话是确实存在的。这些 C 元素[1]是醒梦思维对 α 元素做出进一步阐释的结果（参阅专栏 5.2）。醒梦思维是比昂关于思考理论的基础。

但文化中本就存在许多思维和神话，所以这取决于分析师和被分析者双方的开放性，即他们能否以一种促进成长的方式运用这些元素。

D. 前念（pre-conception）：表达了某种期望的元素，但只适用于小范围的现象。它与比昂在《从体验中学习》中所阐述的模型概念十分相似，在书中该模型被定义为一种虚无的思维，因此属于不饱和的。比如，它可能是适用于特定体验的某个意象。它可以是与生俱来的，比如对乳房的前念，也可以是语言或文化赋予的。

---

[1] 即网格图中第三行的元素。——译者注

第五章 《精神分析的元素》(1963)

　　这让我想起一件趣事，我的小儿子还在蹒跚学步的时候，有一次和我一起在田野里散步。当时他刚开始学说话。我们家有本小小的卡纸书，上面是简笔漫画，有小马、小猫等。那次我们在路上遇到一匹真马。他从未见过真正的马，而且真马长得一点儿也不像书上那只明黄色的漫画小马。它个头高大、气味难闻、有棕色的皮毛，摆摆身子、嘶吼一声都震天动地。他指着它说出了马这个词，与他平时看到书上小马那一页的反应一样。他对现实中遇到的真马已经有了一个前念，尽管现实中的体验与书中那个小小的形象非常不同，而且要惊人得多。

E. 观念（conception）：当前念或虚无思维遇到了所期待的事物时，就会产生某种实现（就像对乳房的前念遇到了真正的乳房），前念也变得饱和起来而成为一种观念。这一观念能以不饱和的方式被再次使用，即反过来作为一个前概念（preconcept），可对更大范围的现象开放。

F. 概念（concept）：它与具体的感官现实之间距离更远，因此可以对更多的现象开放，比如说椅子是一个四条腿的坐具，这个概念适用于各种座椅。再比如抑郁的概念，它对应的是一组症状，比某个具体悲伤者的所见所感要抽象得多，而后者属于"前念"或"观念"的层面。而"概念"更接近于是抽象的。

G. 科学演绎系统（scientific deductive system）：逻辑上相关的概念和假设。

H. 代数演算（calculus）：以代数演算为代表的科学演绎系统。它是不饱和的。精神分析客体若能被代入公式中，精神分析师就能对现象进行预测。在物理或几何中：代数几何由于已经从视觉符号过渡到数学符号，所以不再与感官捆绑；至于物理，我们也不再依赖自己对电的感知去研究或计算。比昂希望精神分析也能建立这样一个系统；网格图既是其中一部分，也是《转化》中的数学符号。

网格图

	定义性假设 1	Ψ 2	注释 3	注意 4	探寻 5	行动 6	... n
A β 元素	A1	A2				A6	
B α 元素	B1	B2	B3	B4	B5	B6	…Bn
C 梦的思维、梦、神话	C1	C2	C3	C4	C5	C6	…Cn
D 前念	D1	D2	D3	D4	D5	D6	…Dn
E 观念	E1	E2	E3	E4	E5	E6	…En
F 概念	F1	F2	F3	F4	F5	F6	…Fn
G 科学演绎系统		G2					
H 代数演算							

第五章 《精神分析的元素》（1963）

网格图的横轴

横轴（1—6列）指的是对纵轴上描绘的各层思维的不同使用方式。要理解比昂对各层思维之用途的区分，自我认识的开放程度是一个重要的因素。如此，第1列（定义）以及尤其是第2列（否认）可被视作封闭的，而第3、4、5列是开放的。

1. 定义性假设：当一个恒常关联出现时，就可以用定义性假设来给它命名。但用此法将它与非它区分开，总归难以面面俱到。举个例子，"你现在经历的正是多数人所说的抑郁症。"

2. ψ：这一列是指不去体验，而仅仅去使用某个元素。这种封闭、否认或谎言可以发生在纵轴从具体的到抽象的各个层面的元素身上。比如将某人定义为抑郁，然后将其当作万能借口，阻碍与病人接触时产生任何新的体验和思维，此举就不再是将抑郁这一概念用作定义（C1），而使之成为一种阻碍（C2）。

   鉴于有多种方式可以将自己隔绝于情感体验之外，我们可以导出一个完整的负性网格图，而不只是一列ψ（Bion, 1963: 101; Meltzer 1978）。比昂认为，此时精神分析尚未成为一个科学的系统。它正处在描述的水平上，而不是理论和注释相结合的水平，这种结合能够帮助我们预测并从根本上改变心理现象，物理和化学在各自领域就做到了这一点，它们通过抽象的方式在各种不明显的元素之间建立了联结。所以比昂将精神分析的科学系统放在了第2列，这也是谎言所在的位置（G2）。

3. 注释（notation）：指记笔记和记忆。比昂所说的"注释"和后面的"注意"都是借鉴了弗洛伊德（1911）在《阐述心理功能的两个原则》中对自我功能的描述。会谈中的注释一般指"对现在和过去某个领悟的表征，一种简要概括"（Bion, 1963: 18）。比昂发现神话是最兼容并蓄的注释系统，因为千百年来各种元素都在其中彼此关联。所以使用神话作为注解，临床材料中各元素之间隐藏的联系就会变得清晰可见。

4. 注意（attention）：虽然比昂沿袭了弗洛伊德（1911）在《阐述心理功

能的两个原则》中的注意概念来命名这个类别，但比昂认为它并不是一种主动的状态。相反，它是一种被动接受[2]的心理状态，是在用一种自由悬浮或放松式注意的方式期待某个选定的事实，期待某种相关性能被看到。此处与"前念"概念有所关联。D4结合了注意（第4列）和前念（D行），是一个非凡的不饱和元素。所以比昂认为，（由K联结表达出的）分析师对病人的爱可以用该元素来描述。

5. 探寻（inquiry）：为阐明某事或释放更多信息而进行的调查。比昂早些年称之为"俄狄浦斯列"（Pontes Miranda de Ferreira, 1997），因为好奇和固执都与渴望知晓（a wanting to know）有关。这就牵涉自大，而自大会受到诸神的惩罚。比昂热衷于这个想法，我们从他经常引用的神话（伊甸园、巴别塔和俄狄浦斯）里可以看到它的身影（Bion, 1963a: 46）。

6. 行动：可在 β 元素这一层面发挥作用（比如借助自伤消除痛苦，而不是将其心理化）；也可以是一种类似于诠释的行为——从思维过渡到言语表达。比昂明白分析师在从事这一行动时会特别孤独，但也希望其永远不要失去这种重要的孤独感。

◆ **专栏5.3　β 元素和 α 元素：两个富含诗意的例子**

比昂（1990: 41）在引用约翰·邓恩（John Donne）下面这首诗（1979: 257）的时候给出了一个 β 元素的例子，虽然未经转化，但可被心灵使用。

> 她那纯洁而奔流的血液
> 透过脸颊，纤毫毕现，
> 几乎可以说，身体觉得
> 它无比新鲜而富有活力。
>
> （Donne, *The Second Anniversary*）

> 安齐厄等人（Anzieu et al., 1993）和帕耳忒诺珀·比昂（1997）都将"普鲁斯特的玛德琳[1]（les madeleines de Proust）"视作 α 元素的例证。这是一个类似于感觉的想法，它仍然生动、感性，但已经被心灵所用。正如安齐厄（Anzieu et al., 1993）所说，感觉的哲学概念是盎格鲁-撒克逊式的，且已经涉及某些心理因素；这与它在法语中的含义不同，法语的"感觉"更接近于感官体验的意思。

网格图的使用

网格图或许可以像门捷列夫（Mendeleev）的元素周期表那样使用。比如，它可以用来澄清哪些元素没有在一次会谈的材料中出现，也因此未经诠释。通过练习，比昂建议分析师试着将会谈中所发生之事和所说、所想之内容放到网格图的不同类别中去。这有助于澄清抽象（纵轴）的思考位于哪个层面，以及被分析者和分析师对它们的使用方式（横轴）。如果分析师将会谈中的事件、话语和想法置于网格图上的不同地方，网格图就能帮助他或她看到这些内容从其他角度可以如何解释，即哪些元素未在分析性的会谈中出现。此外，它还有助于评估分析双方交流时是否处在同一频道（Lucas, 1993）。同样的交流，是精神病病人从第一行的层面出发来宣泄某种感受，还是分析师为了将某种体验转化为语言并推动进一步探索，其含义可能大相径庭。

比昂坚持认为网格图应当在会谈之外使用，但它的使用总归会令人以一种特殊的方式来处理临床材料。分析师使用网格图的结果，便是开始以特定的方式思考临床经验，这将给实操造成潜在影响。它可以用于操练，类似于音乐人的音阶和演练[3]。一旦被频繁使用并至内化，它就能开发和提升分析师的直觉力。这种会谈之外的工作目的是用创造性的思考取代常常是徒劳无

---

[1] 玛德琳是一款小蛋糕，《追忆似水年华》的作者马塞尔·普鲁斯特在小说中对玛德琳赋予了许多隐喻和象征。——译者注

益的笔记。它有助于分析师发展瞬间得出结论的能力，否则还要费劲地理智化才能得到相同的成果（Bion, 1963:72）。

比昂建议分析师做一做俄狄浦斯神话的游戏，即用该神话各个部分替换所有的行和列：第2列换成忒瑞西阿斯；第5列（探寻）换成俄狄浦斯。还有个类似的游戏也能让网格图生动起来，即在每个类别中填入有代表性的人物名字，让网格图变成涉及真人而非木块的棋类游戏。

我们也可以把俄狄浦斯神话作为一个整体归入某一类，比如C类或G类等。拿C4举例，它属于一种前念式的不祥预感；而F2则是用来将分析师与体验隔开的一种理论。

网格图的主旨是帮助分析师看到元素之间的模式和过渡。它并不用于检测因果关系。每个人都可以用自身体验和理论背景中的重要元素构建自己的网格图。比昂认为对一个分析师来说，多加练习、深入了解有限的理论方法比浅尝辄止、理性运用多种理论更为有益。

重新考虑作为元素间过渡的思考理论

比昂对元素的描绘加深了他对思考的理解。他在研究元素之间的过渡后详细阐述了自己的思考理论。在横轴或使用方式轴上从一列转到另一列必须去饱和，即体验和其表征的元素之间去耦合（PS）。就像比昂在《从体验中学习》里所说的，我们必须容忍这些，直到突然不由自主地感知到一个新的连贯性（D）的出现。比昂将分析师那里出现的这种新连贯性与庞加莱在直观数学中描述的"选定的事实"这一概念进行了比较。

梅兰妮·克莱因对偏执-分裂位和抑郁位的探索离不开一个理论，即在某些情况下，与受迫害感相关的各个互不相干的元素会聚集为一个与抑郁感相关的整体。这个理论得和我从庞加莱那里借来的"选定的事实"概念配合使用。示意图中轴1—6列每个类别的用途都取决于该机制在A—G元素上的运作。

从网格图所表示的一个类别变换到另一个类别的过程可以描述为分解与重整，PS ↔ D。

（Bion, 1963: 34–35）

一个连贯性，可以被放在第 1 列的定义性假设中。它既可以被标注或命名（第 3 列——注释），也可以以开放的形式被运用，从而导出更多的连贯性（第 4 列——注意）。这一切可以得到进一步的研究（第 5 列——探究），并最终用于某些事情，比如提供诠释（第 6 列——行动）。这样一来，列与列之间就有了过渡，而且总是以去饱和开始的。

与上述开放式的过渡相反，有一种运用思维的方式是封闭的。该联结一旦出现（第 1 列），就可以堵住对未知的探索之路。这种阻止进一步思考的防御式态度体现在第 2 列 ψ 列中。如前所述，封闭式的用法由于过于丰富多样，甚至可以自成一个网格图。

横轴（用途轴）上各元素之间通过 PS-D 的运作来产生过渡，而纵轴上（思维的成因）行与行之间的过渡则是原始的容器（♀）和被容纳者（♂）关系所促成的。我们可以把容器看作一个"前念"，它找到了适合放入的东西（即一个领悟）之后，便形成了一个"观念"。每个观念都可以被再次去饱和并成为"前念"[4]。

横轴（PS-D）和纵轴（♂♀）上的变化之间的区别是相当复杂的，人为因素众多，比昂最终整合了这两个动作。

人们很容易假设 β 元素向 α 元素的转化取决于 ♀♂，Ps ↔ D 之间的运转取决于先前 ♀♂ 的运转。但很遗憾，这种简单粗暴的方式并不足以解释咨询室里发生的事情；在 ♀♂ 开始运转之前，必须先找到 ♀，而发掘 ♀ 的过程又取决于 Ps ↔ D 之间的运转。显然考虑 ♀♂ 和 Ps ↔ D 两者哪个在先是偏离了主要问题。

（Bion, 1963: 39）

由此，思考可以视为是类别之间的一种过渡，这种过渡取决于"♀♂、PS-D 和选定的事实"之间的交汇。后来它成了比昂的思考公式。"PS ↔ D 的运转取决于对整个客体的描述（看其中的联结）；♀♂ 的成功运转取决于整个客体的含义"（Bion, 1963: 90）。

比昂还描述了一种负性心状（minus state）：它不同于 PS-D 通过饱和 - 去饱和的方式往更高层面的整合移动，而是一个 –（PS ↔ D, ♀♂）状态，即，不去赋予意义，而是剥夺意义，"这将导致解体、完全丧失和抑郁性木僵，或是强烈的碰撞和退变性的木僵式暴力"（Bion, 1963: 52）。

各个元素与精神分析客体之间的关系

精神分析客体本是《从体验中学习》讲到功能理论时以公式（+/–Y）（α）ψ（ξ）来定义的。如今既然可以运用各种元素，比昂就换了一种更简洁的方式去定义它。

> 精神分析的各种元素是网格图中某一特定类别上所呈现的想法和感受；精神分析客体是针对感官、神话和爱好等领域的外延所展开的联想和诠释……它们需要网格图中的 3 个类别来表征。
>
> （Bion, 1963: 103）

精神分析客体属于主观的心理现实（神话就被科学家称为杜撰之物，而非事实），能激起强烈的情感，但不是那种破坏性的、攻击性的情感（激情），它能用可感知的现象（感觉）来表现自己。比昂在《从体验中学习》第三章第 11 页中提出了这一定义。但在第 101 页，他又指出精神分析客体存在 3 个维度：感觉、神话和分析理论，并将这些维度与网格图中的 B 行（α 元素）、C 行（个人神话）和 G 行（理论）进行关联。不知为何他在此处用理论替代了激情。到了第 103 页，他又不加任何解释地回到了第一个定义，再次将精神分析客体称为"延伸至感觉、神话和激情领域的联想和解释，需要 3 个网格图类别来加以表示"。它们可以是网格图上 A—G 任一类别。如果想法和感受只能用网格图中某个单一类别来表征，就可被视作元素。

神话作为实情调查的工具

在精神分析中，神话常被用于提取内容和含义。比昂在致力于揭示各种联结或功能的过程中，倾向于将神话用作"实情调查的工具"或♀。神话可以引出新的元素，展现元素之间的关系，还能揭示一次会谈中缺失的元素。如此说来，神话可算作一种原始的科学体系。比昂以我们与知晓的关系为例（知晓是他作品中的指导线索）：有三个神话可以揭示我们与知晓之间关系的具体方面，即智慧树、巴别塔以及俄狄浦斯与斯芬克斯。这三个神话都体现了人类获取实情之艰难，也描绘了神对人类此举的惩罚。比如在俄狄浦斯神话中，德尔斐神谕借怪物之口发出，引发一系列灾难：底比斯瘟疫、国王驾崩、伊俄卡斯忒与斯芬克斯自戕、俄狄浦斯致盲。因此，俄狄浦斯神话所阐明的不只是 L 和 H 的关系，更是与知晓的关系。

在分析中，思考本身（拿想法来说，其对情感体验的自发、自动、如梦般的处理过程就与推论或逻辑思维有所不同）就是问题所在，如何处理知晓的这一过程就是我们最为重要的体验。比昂举了个临床案例来说明这一点。

分析师不仅身处于咨询室里做分析，内心也觉得自己正在做分析。病人也有同感，参与分析作为一种经历为他的白日梦提供了原材料。病人这个带有现实色彩的白日梦是这样的：他是一个直觉超敏锐的人，能够不加任何分析就看出自己的问题所在，其聪明和友善令分析师又惊又喜。后来病人的某段叙述让分析师认为他做了个梦。但病人讲完之后却并不认为这是梦。该梦境涉及非常强烈的情感体验，病人觉得自己只是在直接描述那段可怕经历。他担心，一旦分析师把这段描述当作梦来诠释，就打破了他原先那个白日梦……

当病人做白日梦的能力被削弱之后，"梦"……就只能在会谈中以幻觉的形式现身。

（Bion, 1963: 49–50）

比昂称这种现象为逆转视角（reversible perspective）。俩人产生了意见一致的错觉，但病人对分析师的干预的运用却与分析师所期待的方向背道而驰。所以看似意见一致，实则不然。

鲁宾（Rubin）提出过一个经典的花瓶图案，从不同视角看过去，此图既可以是一张脸，也可以是一个花瓶，比昂用它来比喻逆转视角。表面上看来，分析师和病人所言一致、意见相合，内心看法却南辕北辙。我们需要牢记于心，临床案例中发生的形变始终与巨大的痛苦息息相关，又由于分析师和被分析者双方步调一致而难以被觉察。当问题出在思考情感体验本身时，网格图就有了用武之地。网格图有助于我们觉察到病人与分析师的心理功能正处于不同水平。病人要对心理痛苦避而不谈，分析师却想继续探索。如果我们把俄狄浦斯神话当成实情探查的工具，根据神话中的联结来观察会谈中所发生之事的关联，就会发现问题并非出在父子冲突（拉伊俄斯与俄狄浦斯）这一内容层面，而是落在思考本身的层面［洞察真相的先知忒瑞西阿斯与"对真相视而不见"（Steiner, 1985）的俄狄浦斯］。

病人所说的主题可能引出的是俄狄浦斯的内容，可一旦放在网格图中，它可能看起来就像是自我毁灭后四散的碎片。在这种情况下，病人没有一个很好的装置（apparatus）来思考俄狄浦斯议题，其注意力必然是更多地放在思考装置上，而无暇诠释俄狄浦斯的内容。

神话以及痛苦、成长与知晓之间的关系

比昂在实践中了解到，心理痛苦是精神分析的一个基本元素。容忍挫折的能力便是其思考理论之基础。虽然病人和分析师肯定都希望痛苦能自行减少，但增长"承受挫折的能力"仍然是分析和心理成长的必经之路。这就是为什么分析师得做好准备去看到受分析者所面临的痛苦。关注痛苦并不意味

第五章 《精神分析的元素》(1963)

着被分析者得在分析过程中遭受不必要的痛苦。分析师可以在病人直面痛苦之前,就通过直觉触碰到潜在的痛苦以及被分析者处理这种痛苦的方式。前文逆转视角的例子就展示了网格图对这种直觉的提升作用。

> 痛苦不会从人格中消失。分析必然是痛苦的,倒不是说痛苦必定有价值,而是因为那些看不到痛苦、不讨论痛苦的分析根本就不在处理病人来这儿的核心原因。有时候……这在某些案例中尤为明显,即哪怕病人和分析师都希望减轻痛苦,也得让分析性的体验提升病人的忍耐力。这一点与物理治疗很像;无论什么情况,摧毁一个人身体疼痛的能力都是一场灾难,除非面临更糟糕的情况——死亡。
>
> (Bion, 1963: 61)

成长、痛苦和知晓之间的关系在俄狄浦斯、智慧树、巴别塔和斯芬克斯等神话中都已阐明。可想而知,它们也会在被分析者的材料中出现,此时神话就成了实情调查的工具。比昂在1977年思索网格图时(Bion, 1989)添加了《乌尔王陵》(*Royal Cemetery at Ur*)的故事,因为他发现其中蕴含着两个神话。其一是公元前2500年,名流们列着队(或许受了大麻的影响)走进王陵墓坑,以其赫赫之名为王陪葬。该墓坑位于城市垃圾场中,仿佛寓意着人的遗骸就是垃圾。比昂将其与巫术、宗教和死亡联系到了一起。其二是公元前2000年左右,盗墓者受利益和非凡的巫术及信仰的驱使探入了陵墓——比昂称他们为科学的先驱。他还补充了"帕利努鲁斯之死(death of Palinurus)"(Virgil,《埃涅伊德》第五卷)的故事,为了让特洛伊人安全抵达意大利,海神涅普顿需以帕利努鲁斯的生命献祭,而后者擅长于观星(知识)驾船。比昂之所以引入这些神话,是因为它们提供了各种全能–无助的意象,可为执业分析师们所用。有了这五个神话,分析师就可以此为工具,提升对恒常关联的感知力。

感受与网格图

至此比昂的方法一直聚焦于知晓。但"我知道你恨我"和"我感觉你恨我"之间并不遥远。思维是对其他事物的先入之见,感受其实也是如此。从字面上看,感受是保留了恐惧和警告内涵的一种预感。比如性的感受就不只是一种性欲的表达,它也是其他事物的先兆。比昂更喜欢在"先兆水平(precursory level)"上做诠释,即诠释那些"对分析师而言是显而易见但对病人而言却是尚未观察到的东西"(Bion, 1963: 74)。他希望分析师能对被分析者那些已有迹象但尚未露出真容的感受保持敏感。至于显而易见的事实,他觉得没什么好说的。

感受作为预感可收可放,也可以像思维那样被放置在网格图之中。它们还能按复杂程度(纵列)和使用方法不同(横轴)进行区分。感受与思维是相辅相成的。感受可以是想法的先驱,甚至可以代表某种想法;有时它还能终结某种想法。各种感受和思维之间的关联可以借助网格图变得更加清晰。

负向成长

什么是成长?PS-D 和 ♀♂ 会自然地让人成长吗?网格图中的 PS-D 和 ♀♂ 等动力既可引发更抽象、更复杂的思考(网格图中逐行下沉者),也可引发更靠近体验、更生动的具体思维(网格图中逐行上升者)。上升至更具体层面者称为负向成长(negative growth);在网格图中逐行下沉则称为正向成长(positive growth)。"正向"和"负向"一说必须从数学意义上来理解;它们是指方向,不必做价值评判。两个方向的成长都很重要。这无疑关系到比昂在书中的出发点:模型和抽象之间的两难困境。

由抽象形式转变为具体体验的这种负向成长应当与"对联结的攻击"进行明确区分,后者可理解为在网格图中做上升运动,但强调的是意义的剥除,而不是人格的发展。这些对联结的攻击就是前文讨论过的 –(PS ↔ D, ♀♂,

选定的事实)。

◆ **专栏 5.4　安德烈·格林关于负向的工作**

比昂的工作靠的是对碎裂和退行的高度容忍。比昂在《注意与解析》（1971）中表示，我们都是退行的，还可以补充一句，"我们也都是碎裂的"。在工作中，比昂始终坚持对无心理掌控、处于极度无知状态的容忍。这并非一种安宁的状态，而是在为即将到来的灾难感到焦虑并发挥作用。必须忍受缺乏掌控的状态这一观点也出现在他的其他理念之中，比如接纳不存在（non-present）的乳房，对无物（no-thing）的思索，让网格图中的元素保持开放性，♀的去饱和，包容 PS 位，无限，身处于未知（O）之中，并最终无忆、无欲、无连贯、无理解。这种容忍最后体现在济慈的负性能力概念之中。比昂一直在讲从碎裂至连贯的辩证运动，但他所期待的创造力的形成其实需要两者兼而有之。

如果没有运动，毁灭就会代替创造力出现，往往是对心理痛苦的反应。之后 –♀♂ 和 –K、–L、–H 便会出现。"贪婪点（Greedy points）"、对联结的攻击、意义的剥除、精神疾病也都一一登场。

比昂的朋友安德烈·格林在《关于"负性"的研究》（*The Work of the Negative*, 1999）一书中，受弗洛伊德启发提出了负性（negative）概念。1997 年都灵举行的比昂百年诞辰庆典上，格林做了一场重要的演讲，他将自己关于负性概念的研究与比昂的研究联系在了一起。格林是这样解释负性的。

> 我提议将压抑、分裂或否认、排除或拒绝以及否定等相关机制共同归入"负性工作"的概念。上述所有机制都是从压抑这个原型发展而出，所以理应合并在一起。它们都暗含对接纳或拒绝的评判：回答这类问题必须分出个是与非来。正如我们所见，造成该问题的背景多种多样，涉及弗洛伊德观念中的多种素材（本能冲动、情感、表征、

感知、词汇，等等）。在弗洛伊德、安娜·弗洛伊德和克莱因（否认也是她的贡献之一）等人所描述的各种防御机制中，这一组尤为特别，因为其组成成分决定了它必然会选择在意识中接受或拒绝那些植根于无意识或本我的衍生物。

所以比昂反对将"无物"并入"无有（nothing）"是有充分理由的，这一观点与弗洛伊德的阐述相关联，尽管有人可能会提到梅兰妮·克莱因在两者之间的影响。

我们讨论比昂的观点时应重点区分乳房的缺失和乳房的湮灭（annihilation）。前者（缺失）出现在正常状态或神经症状态下，会引发各种表征，换言之，会引出幻想。这里用的就是弗洛伊德的构想。而后者（湮灭）更常与人格中的精神病部分相连，面对的情况以毁灭为主，其形式比废止更加极致。这种毁灭既可以理解为弗洛伊德所说的排斥与拒绝，也可以解读成克莱因所说的湮灭焦虑，与其说它引出了古老的毁灭幻想，倒不如像温尼科特和我所说的那样，它使心理表征活动受到破坏，然后心灵变得"千疮百孔"，或出现失落、空虚等感觉。弗洛伊德在描述施雷伯（Schreber）的妄想时，将其解释为脱离现实后的恢复过程。换言之，它们相当于补丁盖住了代表损失之物的疤痕和空洞。比昂也提到了类似的过程，但他认为毁灭是投射性认同（排出了心理上无法消化的内容：β 元素）过度使用的结果。

(Green, 1998: 660–661)

PS-D、选定的事实联结和叙事联结

最后，比昂方法的特点在于他对元素之间的联结更感兴趣，而非其内容。叙事联结不利于调查元素间的联结，因为因果、逻辑或叙事等的联结主要产生于推论，而不是自然浮现出的想法。逻辑推理性的联结是封闭的，所以通常位于第 2 列。

比昂潜心研究的是由 PS-D 间的摆动所自发形成的创造性联系，而不是

理性思考所产生的推理。

结 论

元素理论和网格图结构进一步推动了比昂的思考理论的发展。有了网格图作为工具，他就能详细深入地描述各层思维和感受之间转变的过程，以及它们是否在促进心理的成长。其重点是处理全能感和忍受痛苦的能力。他还能将思考或元素之间的转换置于抽象的公式之中，希望借此促进分析师之间的交流，并提升精神分析所需的对非感官心理现实的直觉力。他的网格图甚至可以展现网格图中各元素、各类别（表征、现象）与这种非感官的、未知的心理现实之间的关联，为此他打造出精神分析客体这一术语，或可与本体一较高下。若想窥见精神分析客体之一斑，要用上至少3个网格图类别才行。

◆ **专栏 5.5　安东尼诺·费罗：会谈中的转化心理**

安东尼诺·费罗曾写过几本书来讲述他在对儿童和成人进行临床个体精神分析时，对比昂思想生动而富有创意地运用（Ferro, 1996, 1999, 2002, 2005, 2006, 2008）。费罗的启蒙者是拉丁美洲克莱因学派分析师巴兰格夫妇（Baranger & Baranger, 2008），他们将分析情境视作一种无意识的配对幻想，一个双人场域。费罗认为双人场是一个充满了未经代谢的心理元素的情感场域。病人和分析师从该领域提取元素并将其转化。

费罗借鉴了比昂的思考和转化理论来解读此种转化。心灵是病人和分析师将双人场中未经代谢的感性 β 元素转化为 α 元素的地方，α 元素是象征化的基石。费罗称上述过程为"β 元素的 α 化（alphabetization）"。这个原创词可以用来形容比昂所说的病人和分析师之间的"醒梦思维"。有时费罗会把会谈中的情形比作两个磨坊在转化双人情感场中的各种元素。

费罗提醒分析师们留意"β-α-梯度（β-α-gradient）"，以防止其逆转。如果病人或分析师的头脑被未经代谢的元素所淹没，就容易出现逆转的情况。β元素不再形成α元素，就连现有的α元素也被心灵排出。费罗对α元素的描述较之比昂要具体得多。在他看来，α元素在会谈中出现时，甚至偶尔会发出一道如梦似幻的光芒。还有一些更详细的隐喻和故事可用来说明和描绘α元素，以视觉表达居多，即比昂所说的"C元素"。分析师可以运用这些C元素帮助病人在会谈中将"用于思考的心理装置"（容器－被容纳者和PS-D振荡）拿来转化双人场中的各种元素。费罗针对这一过程给出了许多临床实例。

为了理解双人场中的转化过程，费罗提出了一个新的维度：叙事（Umberto Eco）。经过情感场域代谢后的元素或α元素都可以用来构建一个故事（即一个叙事）。费罗称之为"叙事的衍生物"。这些有生命或无生命的角色可以有不同的叙述方式。每次会谈都能提供无穷多的故事。为了凸显其中一个，其他故事都得受到压制（即他所说的"被麻醉"）。分析师必须秉持非常开放和通透的心理状态（即济慈所说的负性能力），才能有助于这些故事的展开。

与之相反的态度则是将所发生之事理论化。此举占据了情感上的双人场，阻碍了角色间的自由切换，让故事难以顺利展开。费罗认为，分析师的作用不在于破解情感双人场中因转化而产生的故事的含义，而是参与该场域的叙述，协助创作故事或电影。双人场的创建是一个持续的过程，现有的故事和意象与情感场之间的联结也是不饱和的，因为故事的创作也是一个持续的过程。会谈之外发生的转化（比如夜里做的梦）可以拿来在会谈中讲，就像回放电视节目那样。

费罗的关注点始终是会谈中情绪场的转化过程，精神分析从根本上讲正是在增强病人的这种转化能力。从这一点出发，费罗重新定义了病人是否适宜分析、分析性框架、性与攻击等方面的标准。

第五章 《精神分析的元素》(1963)

注　释

［1］这篇论文由汉斯·索纳博士（Dr Hans Thorner）手抄后，于1971年交给罗莎·比阿特丽克丝博士，后者1994年交给弗朗西斯卡·比昂，她于1997年将其发表。

［2］比昂非常强调当一个人处于适当的放松或遐思状态时，会自发地对恒常关联进行感知。所以他将 Cs（conscious，意识）称为一种取向：它会不由自主地转向选定的事实。

［3］比昂将他的网格图视作一张心理攀爬架，可用于会谈之外对自身的训练。

［4］与 D 行那个类别相比，预想（preconception）在这里的使用范围更广。为了区分两者（Bion, 1963: 73），涉及使用思维（第3列和第4列）时用"预想"表示，讨论思考的发展（D 行）中那个阶段时就用"前念（pre-conception）"。

第六章

《转化》(1965)

◆ **专栏 6.1　转化**

　　一次转化是指一组点对点的映射。如果该过程发生在同一个二维平面上，则所有长度保持一致。平移、旋转、反射和滑移反射都是如此。这些转化被称作等距转换或刚性运动转换。由于艺术与透视的问题，剖面和投影也会有所不同。帕斯卡进一步推动了投射几何学的发展，他提出的定理说明了几何图形在剖面和投影下保持不变这一特性。

　　这种转化下的不变性有助于比昂对精神分析客体做出进一步的描述（参见专栏8.7）；他现在可以将其定义为一个恒常关联——元素之间不变的联结。

　　当笛卡尔（Descartes）遇到新问题时（多半和运动有关，比如弹道轨迹的曲线、光的特性、日心说，等等），他便会从零开始，将代数法运用到几何之中。一旦摆脱了欧几里得几何学所赖以生存的视觉表征的限制，他就有了研究弹道曲线的机会。几何学演变至今，欧几里得对点和线等基本概念的定义已不再适用于更为复杂的问题，比如圆在球体上的投影问题。代数几何可用来计算四维几何，这是相对论中的一个概念，包含了我们无法感知到的时空维度。如此一来，我们的心智就不必局限于地点与空间。

　　比昂熟知黎曼（Riemann）和庞加莱等人的定理，他们研究的是维度数量的改变有哪些意义。黎曼将代数几何扩展到了 n 维。我们那些基本的感官只能对这个世界产生三维的认知，不可能想象或掌握 n 维的世界。三维以上

> 非欧几里得几何学的影响，就是人类的心灵超越了常识、体验、感官数据和直觉（Kline, 1967）。数学不再像两千多年前那样被视作真相的学说，而成了一个不可知的、不确定的主体。

转化之介绍：本书的精髓

比昂曾希望不了解他其他作品的读者也能读懂《转化》，但后来发现此路不通（Bion, 1965: 引言）。《转化》实在是一本晦涩难懂的著作。阅读它所产生的体验可以创造出 PS-D 的情境，而比昂在撰写此书时说不定也有同感。该书结尾处以及后一本书《注意与解析》开始有所转变，也带来了某种启示。

总结：比昂在《从体验中学习》和《精神分析的元素》中已经将思考定义为精神分析各元素之间依靠"PS-D、♂♀、选定的事实"所产生的转变。在《转化》一书中，他将利用几何学的转化理论来更加细致地研究这些转变（参见专栏 6.1）。比昂以代数几何作为类比，希望精神分析能借助代数公式摆脱其在描述方面的局限性。他甚至求助了一位数学家，最终得出的术语却是晦涩、古怪、难懂的数学与哲学混合体。就像梅尔泽（Meltzer, 1978）所说，数学在比昂那里变成了"道奇森学（Dodgsonian）"［出自查尔斯·道奇森（Charles Dodgson），《爱丽丝梦游仙境》的作者，其笔名是路易斯·卡罗尔（Lewis Carroll）］。

在《转化》一书的结尾处，他觉察到个体无法知晓被转化之物的本源，他将其称为 O，而知晓也只是停留在表征层面。这些洞察为比昂后期的重大转变奠定了基础：他将重心从体验的表征转向了这些表征背后不可知的现实本身（O）以及在该层面所发生的转化（在 O 中的转化）。后来他发现数学和几何并不足以理解不可知的现实 O，便开始寻找新的比喻。除了代数中的无限（infinity）概念，他还参考了柏拉图式的形（Platonic Forms）概念和康德的"物自体"概念，最终借鉴的是奥秘派的表达方式，后者千百年来肩负着同样的使命，即理解和传达不可知、不可言说的体验。后来，经过漫长而艰

第六章 《转化》(1965)

难的理论攀升,比昂终于对"在 O 中的转化"形成了一个鲜明有力的认识,并在《注意与解析》中做了进一步的发展。比昂觉察到"在 O 中的转化"标志着其思考发展过程中一个转韵般的改变,一个质的飞跃。此后,他根据 O 重新定义了之前自己提出的所有概念。我在导言中解释过,"转韵"也被我用来划分本书的章节结构。

转化的视觉隐喻

为了更直观地体现理解精神分析各种表征背后的含义是多么困难,比昂用花田与画家在画布上对它的描绘来比喻。画作是一种转化,所画之物部分保持原样,让人能够看出它是花田。分析师在会谈中的位置恰似观众站在画作面前,想要捕捉现实中花田里发生的事情。分析师的立场在比昂另一个比喻中呼之欲出:此人仿佛能感知到树木在水中被风吹皱的倒影。情感就好比是风,进一步扭曲了倒影。分析师面对的是转化后部分仍维持原样之物;它们被称为不变量。这些不变量反映的是原初的现实。同理,当心理灾难出现时,非常重要的是考察哪些是灾前灾后的不变量。

在由弗朗西斯卡·比昂 1997 年首发的一篇关于网格图的论文中,比昂再次提及花田和用画作转化的例子。他在文中提议用 O 来表示花原本的样子,并指出 O 在精神分析中必须始终是一种情感体验。

关注转化

O 是永远未知的情感刺激,比昂一早就引用了康德的"物自体"概念。O 在会谈中被转化为可以感知到的事物,可以是某种行为、感受、意象或想法;简而言之就是网格图中的类别或元素。如果 O 是双方在会谈中共有的体验,分析师就更容易了解病人的 O 的转化情况,并看到它与自身之 O 的差异。比昂从临床案例开始讲起。他用一位虚构的病人涵盖了三位病人的情况。当然,病人的转化可以出现在网格图的任意元素之中。至于分析师自身的转化,他们可以用精神分析性的前念作为工具,这些前念理论本身也存在不变量和转化的过程。[1] 比昂提到了移情、俄狄浦斯情境和投射性认同等理论概念。此时的他不像后期那样强调"无忆、无欲、无理解、无连贯"(参见第二部分),而是指出分析师的任务是通过在其精神分析前念中的转化看到病人从原始真实体验中的转化,并用尽可能精确的语言将其反馈给病人。这一点可能会被强烈的情绪所模糊。分析师也可能受到蒙蔽,只看到因果关系,忽视了贯穿转化过程的不变量之间的恒常关联。这位虚构的病人带着膝盖处的疑病性疼痛,在精神分析过程中精神崩溃,随后其精神状态也发生了剧烈变化。比昂研究了该灾难前后的不变量。

在 A 案例中,比昂描述了一场精神病性的崩溃以及病人在这场灾难发生前后的不变量,也提及分析师使用的投射性认同理论会如何反映出这种恒常关联。案例 B 的病人像比昂在《论幻觉》(*On Hallucination*)中描述的那样使用了分裂,并将碎片以投射的方式排泄出去,这些理论上的前念有助于比昂做出分析性的转化。案例 C 的病人处于比昂所说的寄生状态(parasitism),或者是病人所说的慢性谋杀状态:分析师从精神分析的前念出发所进行的干预看似都很合理,却毫无效果。其关注点是转化而不是内容和意义,这说明病人的转化会对分析活动造成攻击和破坏。病人在治疗时气冲冲地说送奶工打电话来了,比昂在此处区分了一下刚性运动和投射性认同。如果病人关于送奶工的表达是移情性的,且谈到了他和分析师的关系,那么这就属于刚性运动转化(他对分析师的感受被复制到了送奶工身上),但这位病人其实气的是分析师似乎没有注意到送奶工的电话——病人觉得分析师身上的送奶工部分已经到访了他的家,但分析师似乎并不知道这一点。这非但不是复制,反而是极大的扭曲。

几何概念在转化中的应用

如前所述,转化和不变量这两个概念取自几何学(参见专栏 6.1)。我们看到比昂在精神分析中运用了三种不同的几何式转化。第一,**刚性运动转化**

(Rigid Motion Transformations）像欧几里得几何那样，属于二维平面上的转化；比昂认为它们最大的特点是不会变形。比如，正方形无论滑动还是旋转仍然是正方形。比昂觉得这恰是精神分析中整体客体（whole objects）产生经典移情时所发生之事。俄狄浦斯竞争在移情中的重复就是这样一种经典情境。刚性转化时各种不变量之间的关系在移情过程中仍然清晰可见。

第二，与同一平面上的刚性运动转化相比，从三维向二维转化的**投射性转化**（projective transformation）就会在几何上导致原始客体的严重变形。比如球体投射到平面上会变成圆形。这种转化可以隐喻移情中的投射性认同，因为所移之情也变形了。比昂认为它最重要的特点是变形。各个不变量之间的关系虽然稳定，但比单纯的投射难识别多了。比昂举例说，一位病人在讲述某种体验时添加了一大堆无关材料，以至于会谈中那些原始体验的不变量几乎已经无法识别。

第三，在几何中，投射如果出现在无限维度的空间里，就会产生**无限中的转化**（transformation in infinity）。这种几何学转化可用来隐喻治疗精神病病人的过程中所发生的情况。比昂将此情此景中的分析师比作核物理学家，后者面临的情况同样没有边界。他举了一个和病人谈论冰激凌（ice cream）的例子，这个词在后面多次会谈中都会莫名其妙地出现，而此刻它被听成了"我尖叫（I scream）"。"冰激凌"和"我尖叫"仿佛空间中风马牛不相及的两个点。这种形式的转化就很难识别出其中的不变量和各种联结，自然也识别不出它们所反映的原始客体。这也被比昂称为"幻觉中的转变"。联结受到攻击，消失不见；点与点彼此孤立，散落于无限。已无任何思维可以在无限中留住；这俨然是一个空旷而可怕的空间，看不到可以组成框架的任何一条思维之线。就像帕斯卡所说：精神病人只会觉得"这空间无边无际的，我害怕极了"（Bion, 1965: 171）[2]。精神病性思维不会形成一个三维的涵容空间，它只会不断地被阻碍性客体破坏，这种客体是一个贪婪、有害、无底洞似的点。

比昂指出，针对幻觉中的转化，与其观察其内容，不如观察病人与下述素材的关系：一种严重的分裂、排泄，以及一种"虚弱但顽强的抵抗"。上述现象都是不变量,可以表明转化在幻觉中的存在。这类病人看似可控,实则无法忍受任何与他们的世界观不符的事物。这种不变关联有一个特点,嫉羡,即攻击所有新的观念:病人已经知晓一切。挫折是不能容忍的。言语思维荡然无存;行动远超语言。心理的功能成了排泄的肌肉,新的思维全都碎裂并被排出。比昂用的是视觉夸张的比喻;我们所看到的是某种超出限制的东西,不再被涵容的东西。开放性不复存在,取而代之的是预定的态度。病人自产自销式地满足自身全部需求;他自力更生却又好胜、贪婪和卑鄙。

新概念:转化的起源或 O

在将转化这一概念置入精神分析会谈时,比昂假设存在一种不可知的情感体验(O),会给被分析者和分析师都留下印象。精神分析重视的是分析师和被分析者之间共享的那部分 O。当容器(♀)发现了体验之后,它就可以被"实现"或被转化为表征或思维。这样一来,每一方都会经历不同的情感体验的转化。精神分析正是这些转化的集合。

转化中的不变量和精神分析客体

在几何中,通过观察不变量之间的关系可以导出所投射的客体:一些点的位置在转化过程中保持不变。比如,球体投射到平面上就成了一个圆形,圆形上点与点的关系与在球体上的时候保持一致。如前所述,不变量之间的这种关联在刚性运动转化时很容易识别,在投射性转化时较难识别,而在幻觉中的转化里则几乎不可能识别。

转化过程中不变量之间的恒常关联可以用来理解原本难以形容的精神分析客体。这些恒常关联无法从逻辑上推导出来,但就像柏拉图的"洞穴之喻(allegory of the cave)"里影子能够反映现实那样,恒常关联也可以在反映精神分析客体的变化多端的表征中被感知和体验到。《从体验中学习》和《精神分析的元素》都已说过,对不变量之间联结(精神分析客体)的感知在转化的变迁中始终不变，可能碰巧就成了一个选定的事实（庞加莱）。若想促成这种实现的发生，须得有放松式注意的态度或遐思（对应的是网格图中的C3、C4、D3和D4类）。换言之，我们虽无法知晓精神分析客体，却可以体验它或"成为"它。此处比昂采用了康德的术语，并断言O和精神分析客体是一个假定的"物自体"，可以通过次级特征（现象）或转化来表现它自己，同时保持其本身的不可知性（一个本体）。

在K中的转化

在材料中寻找联结与寻找意义和逻辑关联有所不同。休谟认为，我们对现象间关系的理解取决于我们对共现关系（co-occurrences）的感知，而不是去准确感知他所说的必要联系（即因果关系）。寻找因果关系会有碍于我们对联结的关注（因而被放在网格图的第2列）。虽然这种思考方式在物理现实来看是疑点重重（比如，我们往墙上钉个钉子，明明可以观察到清晰的因果关系），但比昂认为，自发探测联结这种模式有助于思考分析师应对情感现实的体验。

分析师不去寻找因果或叙事关系，不代表病人不去找。病人会根据情感联结（L、H、K以及–L、–H、–K）来做叙事性解释，但比昂提醒分析师不要过多关注这些叙事；最好尽可能保持开放态度，让♀（容器）去寻找和涵容未知的体验以及病人身上各种元素之间的联结。这些♀不只是言语或视觉上的，也可能是嗅觉、性欲或听觉上的。其实比昂一直在提倡放松注意力，忍耐挫折，采取PS位，不要执着于理解，并允许♀自然而然地找到一个♂（被容纳者）。他对思考过程的理解越是深入，就越是强调这几点。

关闭转化过程的态度

比昂认为，思维的形成取决于感官客体不在场时个体忍受挫折的能力。♀一旦捕捉到这种不在场（non-presence）的心理体验，一个思维就产生了：

这是一种对无物（no-thing）的思维。与《从体验中学习》一样，比昂继续强调 K 和忍受挫折的联系。这说明磨难和孤独是构成精神分析的重要成分，分析师必须重视这一点。他一再讲，病人封闭自身情感体验（网格图中的第 2 列）是正在遭受磨难的标志，说明挫折过于严重了。

分析师应站在 K 的位置，其目的不是提供情感上的满足。比昂指出，分析师对于恒常关联的开放态度（分析师的 K 联结）可能会受到欲望（无意识）或记忆（无意识）的阻碍，进而走向封闭（网格图的第 2 列）。欲望（欲望上方箭头向右）指向未来，而记忆（记忆上方箭头向左）指向过去，两者都会干扰分析师当前的开放态度。

一旦联结被破坏，这种封闭式的心理功能可能是毁灭性的，比如精神病。比昂把这一过程称为意义的剥蚀，–K 或 –（♀♂, Ps ↔ D），即他在《精神分析的元素》一书中所讨论的思考公式。我们在讨论精神病中的转化时曾说过，这将导致贪婪、嫉羡、幻想中的无客体（no-objects），它们与比昂之前说的内在阻碍性客体有关（参见专栏 3.4），我们在治疗重度人格障碍和精神病病人时可以见到这种情况。比昂实验性地运用了空间、时间、希腊数学家们的符号、精神病中的嫉羡与贪婪，并将它们与网格图相结合。一个点（"."）代表一个可被思考的无物（不存在的事物）。上述思考可用网格图中的位移来表示：←↑变成了← . ↑；没有圆点的时候，我们拥有的是幻想中的无物←↑。

由←↑[3]引发的问题可以与现有客体进行类比来说明。←↑是暴力、贪婪、嫉羡、无情、残暴和掠夺性的，不尊重事实，不在意人和物。可以说，这就是皮兰德罗（Pirandello）所谓的"寻找作者的剧中人"。至于它找到的这位"剧中人"，完全是一副无道德、无良知的样子。其力量受嫉贤妒能的执念所支配，意图占有存在之物的一切，甚至要占有存在本身。

（Bion, 1965: 102）

–K"空间"即空间曾经的所在。它里面全是无物，暴力、嫉羡式地

第六章 《转化》（1965）

贪图所有特质、事物或客体，可以说是"着魔于"一切存在。

（Bion, 1965: 115）

这会摧毁某些东西——比如创造力或对某人的爱，它由于嫉羡、妒忌、憎恶或痛苦——成了一个黑洞，却不只是个洞，而是心理上能产生消极、破坏性的影响的一处场所，与弗洛伊德所讲的"精神病形成的深渊周围的巨型旋涡"如出一辙。

对联结的感知与命名

恒常关联的各个元素可用于命名或定义恒常关联，比如"爸爸（Daddy）"或"猫（Cat）"。这是第 1 列。它与第 3 列的注释有所不同，注释通过把某个恒常关联与其他恒常关联关联在一起（比如与俄狄浦斯神话的其他元素关联起来），从而将其置于一个更为宏大的整体之中。所以第 3 列从本质上就具备更多的叙事和因果特性。绝不能用有意搜寻联结的方式取代 Ps-D 法，后者对联结的感知是自然而然产生的。可一旦有意去寻找，就成了一种封闭、评判式的态度，一种道德批判，属于原始的守旧行为。对联结的感知可以联系到弗洛伊德所说的意识（conscious, Cs），比昂决定称其为向性。向性是一种自发的不随意运动，就像植物的趋光性一样。比昂认为 ♀ 会以同样的方式自发地搜寻并找到 ♂。这一 Cs 也可以通过网格图上的位移来标记，"←↑"表示"♀ 找寻 ♂"，即比昂所说的"找寻存在（in search of existence）"。这种向性也可能是负性的：贪婪的破坏性内在客体剥蚀了意义；它随即被表示为"–←↑"。

我所说的"–←↑"状态也可以表示为 C3 类，因此："–←↑"可能会被一个无存在的"人"拟人化，"它"怀揣憎恶与嫉羡，决意要把任何"有"处可移的客体的每一丝"存在"都移除和破坏。这种无存在的客体十分恐怖，其"存在"已被否认，空留"曾经存在之处"。这并不能解决问题，因为它曾经存在之处已空无一物，更可怕的是，它的存在会一直被否认，永远无法用所能找到的任何存在来满足自己。否认曾经所在之"处"的存在只会让情况更加糟糕，因为现在这个标志着无物的"地点"也没法定位了。

（Bion, 1965: 111–112）

心理功能的无限和有限模式

比昂提醒我们，使用网格图时一定要在表征或符号的水平上工作，而不是在情感体验本身的水平，因为情感体验层面可能不存在直接的接触。因此我们也应牢记，O 只是会谈中一个不可知的情感体验符号。这一洞察至关重要，比昂也正是从此时开始重点关注 O。对符号进行工作的好处是更容易发现或体验到不变量（尤其是不变量之间的关联）。换言之，符号有助于 ♀ 找到 ♂。

但这也必然存在一个问题。表征以及表征之间的联结都发生在有限世界，而 O 中的联结都发生在无限世界。所以我们建立的三维模型和联结是不够准确的[4]。比昂感到，始终牢记有限和无限心理功能模式之间的差异是重中之重，他始终认为这种差异比意识与无意识心理功能之间的区别更加重要："我所说的区别因素不在意识与无意识之间，而在有限与无限之间"（Bion, 1965: 46）。

比昂工作的转折点：寻找与 O 中的转化的直接接触

我们见证了比昂的研究在此刻的重大转变，这是比昂的方法上的一个转折点。在此之前，他一直研究的是思考情感体验的来源，即它们是如何成为心理表征并被进一步转化的。他当时假设各种表象的背后存在一个不可知的现实，并将其命名为 O。如今，在长期探索体验和感知如何在各种表象中转化之后，他将关注点从表象转移到了 O 本身。他举了个例子来说明通过表象与 O 接触是多么困难。

> 把原初转化的（O）想象成许多不同颜色和直径的弹珠。首轮转化包括在托盘 2 中放入与托盘 1 里的绿色弹珠数量一致的直径 1 英寸（约 2.54 厘米）的弹珠。以下是即将进行转化的 O，要求在托盘 3 中放入的弹珠数量与托盘 2 中的蓝色弹珠数量一致。如果我们不知道转化的规则，几乎不可能从托盘 3 中减去最开始的托盘 1（O）。
>
> （Bion, 1965: 127）

同理，网格图的作用也是详细阐述符号，以便找到其中的联结和转变。网格图并不局限于某种理论，它可以用作一种元理论工具来描述感受和思维转化的过程，从而帮助使用者保持开放的态度。使用网格图可以避免与过去、记忆或精神分析的理论建立因果关系。但网格图并不能让我们接触到符号 O 所表征的内容，因为网格图和 T（K）都停留在表象的水平上。

这是一个重大发现，也是一个转折点，比昂的研究就此出现转韵。这个转韵位于卡纳克图书于 1984 年再版的《转化》一书的第十章与第十一章之间，确切地说，是在该书的第 138 页（Bion, 1965）。比昂从此一心研究接触表象背后之事的可能性。这种直接接触被称作"在 O 中的转化或 T（O）"。它与在 K 中的转化不同，后者由 ♀♂ 和网格图中各元素间的 PS-D 移动来表示。比昂称 T（O）带来了一个重大变化；它让精神分析有了止境（Bion, 1970）。比昂将与 O 的接触比作激情状态下发生的事情。借用利奥塔（Lyotard, 2000: 19）的话来说，"它从后面带着你走"；它可遇不可求。

定 义 O

认识 O 是不可能的，但一个人可能会体验 O 或成为 O。要想成为 O，就得体验"在 O 中的转化"。我们对体验 O 有一种抵触，不由自主地想与它隔绝开来。实际上所有对临床材料的思考，包括用心智上的理解将它锁定，都是在抵制与 O 的接触。真正从 O 中生出的思维是不需要思考者的。

比昂虽然开始专注于 O 本身，却并未放弃之前的方法，他规划出一个新的模式，可以充当一个前概念，也可作为这种未知之物的一个不饱和的 ♀。这一新模式的依据是柏拉图、康德和宗教神秘论。三者都担心错觉帷幕下的现实是难以接近的。

柏拉图提出了"形"这样一个不可知的概念。他认为意义只不过是在引用这些形。康德对无法言说的本体和它在现象中的反映也做了类似的区分（参见"导言"）。最后，根据奥秘派的说法，有一种精神实质是不可知但可被拟人化、被体验到。套用梅斯特·埃克哈特的话说，这是神性，神只不过是它的代言人。

因为 O 从定义上讲是不可知的，符号 O 也只是试图表达一些难以言喻的事物，所以比昂给出了 O 的一个负性定义。

> 为了定义 O 的性质，使其能够被列入第 1 列的类别，我列出了如下负性因素：它作为一种内在的存在，无论是存在于某人还是上帝或魔鬼身上，都没有意义；它非善非恶；它无法被知晓、被爱或被恨。终极实体或终极真相等术语都可以代表它。个体最可能成为它，也最不可能成为它。对它有多认同，距离它就有多近。玫瑰之美这一现象背离了 O 的丑陋，丑陋之物也背离或揭示了 O 的存在。L、H、K 都属于联结，也因此成为与 O 之间的终极关系的替代，这种关系既非关系，也不是认同、补偿或重逢。无论 O 的性质还是与 O 之间的联结，都是 O 的转化和**成为**（being）O。你**说**（said）玫瑰是什么，它就**是**（is）什么。人就**是**（is）他自己，这里的"是"指它在两种情况下都属于正性的存在性行为，而 L、H、K 只是其替代品或近似物。
>
> （Bion, 1965: 139–140）

◆ 专栏 6.2 玫瑰：本质与表征，本体与现象

玫瑰以其观念、形式和本质成为真正的玫瑰。玫瑰之美（其色彩与完美）源自我们的头脑。博格斯（Borges, 1972: 161）在眼睛失明时写了一首诗来描述失明的弥尔顿（Milton）举在面前的一朵美而无形的玫瑰，它虽无法被看见，却永远在诗中熠熠生辉。但同年，他（Borges, 1972: 271）也写道：文字虽能描摹玫瑰之光辉，却不能体现玫瑰之永恒；它们并不是在镜映，而是"为这个世界画蛇添足"。这与比昂后期的观点（参见专栏Ⅱ–1）十分接近，此时的他也认为图像和文字并非心理上处理体验、印象或感受的一个步骤，而是自成一些维度（矢量），也自有其演化过程，并不一定触及其所指的体验。

格特鲁德·斯坦（Gertrude Stein, 1922）那句著名的"玫瑰之为玫瑰，因为她就是玫瑰"，或者莎士比亚（Shakespeare, 1600，《罗密欧与朱丽叶》）的"玫瑰纵使不叫玫瑰，也依然芳香如故"，都暗含了词汇只是用来指代事物的意思。比昂（1991: 203）写道，"在阴影下，即便一位'美丽的女人'，也只是一片阴影状的阴影"。

"存在另一个不可知的世界，我们人类是其中一部分但不是中心"，这一认识与比昂的 O 概念接近，也经常被奥秘派提及。

> 玫瑰不讲究理由；它开花是因为它要开花；它不关心自己，也不介意别人是否看到它。
>
> [Angelus Silesius, 1986 (1737): 285]

比昂的方法的改变是巨大的。从 K 开始，他将所有的感受和思维都视作对可能实现的预想。但通过 K 无法了解或接近 O 本身或者现实。在此之前，比昂一直专注于观察思维和感受中的恒常关联（让 ♀ 在放松注意的状

> 态下找到♂)。换言之，在研究 T（K）时，他想促进不同思维和感受（也就是他所说的人格功能）之间实现关联。及至 T（O）时，他关注的是思维、感受与 O 的关系。

成长、真相与向 O 开放

O 的概念让比昂得以重新定义心理真相（psychic truth）。他现在认定真相与 O 相关，即对 O 所代表的事物开放而非封闭。所以真相并不是"对与错"的道德评判。比昂在《从体验中学习》里已经表明，涉及 K 或思考时，道德评判是阻碍 K 的一种方式。在《转化》中，他又从 O 出发强调了这一点：这种道德评判与对 O 保持开放是背道而驰的。

试图使用因果和叙事的理论也同样是在评判对与错。这种理论的基础是推论，同时封闭了 T（K）中自发产生的 PS-D 振荡和 T（O）中 O 的开放性。比昂很清楚，"借助因果理论的证据恰恰说明所实施的这个理论是不够充分的"（Bion, 1965: 63）。

> 因果关系理论只在道德领域有效，也只有道德会成为事情的原因。意义（meaning）在心理之外没有任何影响，也不是任何事情的原因。
>
> （Bion, 1965: 59，脚注）

没有真相或对 O 的开放，思考无异于心灵的毒药，还会导致人格的恶化。这样看来，现在可以将网格图第 2 列的 ψ 定义为是封闭了 O 的出现。

从在 O 中的转化角度反思既往概念

关于 O 的研究为既往的 K、网格图、精神分析客体和精神病理学等概念提供了新的思路。下面我将逐一讨论这些维度。

在 K 中的转化：虽然比昂此时将重点放在 O 上，也试图体验和成为 O，却并未抛弃以往的 T（K）方法。他现在是从 O 的角度去看待 K。K 是正在形成中的对 O 的意识。K 也是理解和表现 T（O）体验的唯一方式，但它从来不是体验本身。移动的方向永远是从 O 到 K：是 O 自然而然地找到了 K，而不是反过来。

网格图：网格图中，任一元素都可根据其在比昂所说的现实尺度上的位置（即到 O 的距离）来重新考虑。这样一看，β 元素最靠近 O；理论则与 O 相去甚远。若放在现实尺度上，"那就是形与提示，神性与化身，夸大[5]与排泄"（Bion, 1965: 152–153），O 由形、神性和夸大来表示，而提示、化身和排泄则是 K 能够理解 O 的点。

精神分析客体（参见专栏 8.7）：比昂从新视角出发，认为精神分析客体现在应该定义为人格的本质，即一个人的 O，它是分析师和被分析者凭体验、凭直觉可以接触到的一种不可简化的自体。此时精神分析的目标从了解 O 转向了成为 O："应该这样诠释，它进一步推动了我们从**了解现实**（knowing about reality）到**成为现实**（becoming real）的过渡"（Bion, 1965: 153）。

精神病理学：若用 O 来定义精神病理学，我们可以说精神病人无法忍受与 O 的接触；他们没有受其保护。他们是"O 的孤儿"（Grotstein, 2001）；他们无法忍受前文介绍在精神病中的转化时提到的无限，因为他们不具备思考如何掌控此种无限的能力。比如对于比昂来说，几何学的起源并不是要用几何形式去反映现实；它是为了提供一种可以获得抱持的方法，或是创造出一个空间，从而让无限变得可以忍受。边缘性个体是可以与 O 接触的，但多半不堪重负。边缘者具备一定的心智化能力，但比较脆弱；换句话说，他们的心理皮肤千疮百孔，难以在暴露于 O 面前时起到保护作用。最后，神经症病人与 O 过于隔绝。他们靠的主要是网格图中的第 1 列，即封闭列；防御和理性的套索保护他们远离 O，也因此使他们失去了生命力[6]。

O 与奥秘派或有成效的语言

比昂断言我们永远无法通过哲学来理解 O，因为它是我们（分类式）思维之外的东西。奥秘派采用的方法与哲学不同，他们认为一个人无法了解 O，但必须成为 O。对于奥秘派来说，与终极现实的直接接触是一种终生不断变化式的体验，是无法用语言表达的；这种体验只能以间接的方式处理。它在禅宗中被描述为开光或开悟。比昂并不迷信这种神乎其神的体验，但也专注于知晓和体验精神分析会谈中不可知的情感本质。也就是说，他发觉奥秘派无论是术语、隐喻还是方法，都比他从前所用的数学描述更适合理解会谈中不可知的情感现实。比昂并非奥秘主义者，只是用奥秘派的语言去寻找容器，以便交流在 O 中的转化。他和奥古斯汀一样，也建议抑制[7]记忆、欲望、理解和感官，以便于促进会谈时对情感体验中的 O 的体验。"有成效的语言（Language of Achievement）"就出自这种体验（参加专栏 8.8）。比昂转而从诗歌里寻找成长经历中自发产生的语言，此举并非偶然。诗歌里的语言不是在定义某事（参见网格图的第 1 列），而是在做某事。它创造出一种新的体验，把读者从以往的观察、定义和命名方式中解放了出来。

结 论

在研究元素的转化时，比昂识别出了几种类型的转化（刚性运动转化、投射性转化以及幻觉中的转化）。就在这时他意识到，以这种方式思考的话，就仍然停留在表征层面。这些都是在 K 中的转化，虽然比昂所说的知晓不同于推论、逻辑思维和叙事，但本应有更基础的转化产生才对。比昂认为真正的变化应位于表征背后的某个层面。由于这一层是无表征的，所以也是无限的、不可知的。在研究这一层时，他从哲学经验主义背景转向了哲学唯心主义（柏拉图、康德）（参见"导言"）。试图对 O 进行接触和体验引出了一种新的精神分析，它现在聚焦于 T（O）而非 T（K）。但两者并不冲突，比昂从"在 O 中的转化"的角度重新阐述了他在研究"在 K 中的转化"时所形成的概念。[8]

◆ **专栏 6.3　本体：两个案例**

格罗特斯坦（比昂百年诞辰都灵纪念会，1997）和梅尔泽（比昂百年诞辰伦敦纪念会，1997）都借用生动的案例和康德的术语或精神分析客体讲解了本体的临床应用，用比昂的则是：本体是无感官的荟萃，虽尚未分化，但可以在无限至有限之间呈现出多种形式或现象。

有次在分析性会谈中，我想起了在医院实习时的一个小插曲。当时一个前女友突然联系我，她说她要飞往旧金山，会在芝加哥机场做短暂停留（那时我正在芝加哥）。我俩匆匆见了一面。那时我没什么感觉。但后来我看到她的飞机向西起飞时，眼前却出现了一系列不可思议的画面。先是飞机的身影逐渐模糊，然后变成了一只巨型乌鸦，我甚至仿佛看到它在扑打翅膀。但紧接着它变得更加诡异，像是某种机器，但不像飞机。后来每当我读到康德或看到某本引用了康德的书，都会回想起那个离奇的插曲。最终我把这件事带到了与比昂的分析当中，在他的帮助下，我把它理解为生命最初几个月的重大丧失性记忆卷土重来，但他在分析我的体验时，也用到了诸如"物自体""β 元素"和"本体"等术语。所以即便我对康德的解读有误，能有这样一位优秀的同道做伴，也不会觉得孤独。

（Grotstein, 1999:143）

这就是孩子在涉及内在父母时的处境：根本没法真的看清他们，哪怕只是稍微清晰一点都不行。内在父母最清晰的图像也只能出现在我们的梦中。我的病人梦见了大教堂的半圆穹顶，这是她所能看到的最清晰的内在母亲的乳房——以及它的美丽和它对她的意义。而这条

> "锡耶纳—佛罗伦萨"之轴显然既能让父亲的阴茎远离母亲乳房至少几百公里,也与她此刻的状态有关——有了这条轴,她才得以容忍母亲的乳房这个念头和它对她的意义。
>
> (Meltzer, 1997:65)

注 释

[1] 比昂指出,理想状态下,分析师处于C3、C4、D3、D4的位置,并保持着精神分析理论性的前念(所以不是网格图中有关起源的纵轴D类的"预想",而是"前念",它与应用以及最后四列有关,因为理论上这些精神分析性的前念正是位于此处,E行和F行)。

[2] 后期在《注意与解析》中,比昂不再像此处这样强调无限中的转化和幻觉中的转化这两个层面的精神病内涵,这类转化将成为心理变化的核心。

[3] 网格图中代表攻击联结和意义剥蚀的位移,比如C或D元素被剥蚀后成为β元素。这不同于比昂所说的"负向成长",后者虽然也是网格图中的位移,却是从更抽象的元素变为更具体的元素,且伴随着活跃性的增加。

[4] 仅仅是物理世界的冰山一角,物理学就得用至少30个维度来表示,而颜色和时间之所以存在,也是我们的大脑造出来的。

[5] O的表现形式可被视作O的夸大形态。

[6] 第十三章在从K和O分别出发来看待精神病理学时曾阐述过这一观点,进而引出了另一种从O–顶点看待病理学的视角。

[7] 在《未来回忆录》(Bion, 1991: 232)中,比昂提出:记忆和欲望的"浑浊性(opacity)"胜过将其压抑。

[8] 这看似是抽象的、理论性的,实际上植根于临床实践,具有非凡的临床意义。言语思维所产生的洞察其实是很小的一个领域,互动主要发生在无表征的非言语层面,真正的变化也主要通过新的体验产生。

第二部分

转韵之后:在 O 中的转化

第二部分 转韵之后:在 O 中的转化

引 言

比昂在《转化》的结尾讲述了在 O 中的转化。这个影响深远的理念改变了他的一生。在 K 中的转化属于思考层面的转化,牵涉对体验的心理表征,而在 O 中的转化发生在尚未经过表征的体验层面。它们是新的生活经历。在我的印象里,揭示在 O 中的转化对于比昂来说是一个"颠覆性"变化[1]。他修订了自己的理论,尝试新的写作风格,还搬了家,开始了另一种方式的生活。他得有着极致的信仰,才能进入这个别样的领域,用归类法是进不去的:它属于另一种心理功能的世界,不时借助某种形式(比如在梦中)现身。若想接触这一领域,就需要某种云淡风轻(letting go)的态度——一种极致的精神分析态度,比如彻底放开自由悬浮式注意。一旦转向理性、支配性的思维,联结就中断了。它是可遇不可求的。比昂曾通过培养遐思和放松式注意获得了这种态度,进而实现在 K 中的转化。但今非昔比,可以说量变引起了质变。从 O 的角度来看,比昂所有的概念和他所倡导的态度都有了新的意义。他在生前最后一本理论著作,同时是他在伦敦写的最后一本书《注意与解析》中阐释并深化了这一见解。写完这本书后他豁然开朗,希望从 O 的角度(即从不可知或终极的无限现实的角度)重新考虑之前所有的研究。他认为这是精神分析师唯一关心的事情。可以看到,自那之后他的写作、教学、讲话和生活方式都发生了翻天覆地的变化。

◆ 专栏 II-1 转韵

这个世界是不可知且神秘莫测的,绝非感知和思考所能把握。比昂在研究初期就聚焦于一个不可知的、非感官的真相,它支配着感官世界中的现象。我们也是从颠覆性的体验和思考、感知的裂缝中才发现原来还能用其他方式观察和思考这个未知的世界。这些突破都根植于比昂(1989)的转韵概念之中，它是两个世界的交汇点。但我们在这些点上会感觉到某种东西仍然未变。这是恒常关联的另一种转化。比昂一生都在致力于"看见恒常关联"，而不是找寻因果关系和叙事联结，或是局限于心理功能中某个维度的推理。比昂还提到了许多共存的世界，比如意识与无意识，心理与躯体，觉醒与睡眠，过去与未来，出生前与出生后，做梦与清醒生活，分化与未分化。

比昂在《转韵》（*Caesura*, 1989）一文中超前设想了一步：这些世界沿着不同的方向移动，可能相遇，也可能不会。同理，β 和 α 元素、容器和被容纳者等元素也都可以视作彼此相向或相反的向量。这样一来，联结或许就是 β 元素与 α 元素各自向量的聚合。

此时，机遇和未知反倒更有用武之地。由于向量数不胜数，观察到向量之间联结的可能性微乎其微。特别是在《转韵》中，比昂将变化视为不可预知的，类似于蛇梯棋游戏（game of snakes and ladders）。无独有偶，人格也被比昂视作一种不可见的、不可知的东西，由不同层面来表现和组成，像洋葱皮一样。它们可能会相遇，各种恒常关联也会在转化过程中显现出来，这是指向不可知的本质的恒常关联。

将心理现实视作无数相遇或不相遇的向量是一种解构法，打破了我们对生活本来样子的常规思考和理解。它帮我们打开了未知世界的大门。要对这种向量之间的相遇保持开放（换言之，即体验尚未发生的事情）可不容易。所以比昂才说，人们宁肯选择地狱里的老朋友，也不爱天堂里的新朋友（Bion, 1989）。

比昂（1997）把转韵带给人的感觉与毕加索（Picasso）的一幅玻璃画作了类比（在《无题》和《未来回忆录》中）；你可以从不同角度、不同方向去看待同一个事物。

> 依我看，我们应该仿照毕加索对玻璃板的运用，也发展出运用屏膜、阻抗、转韵的能力。从这一边，你能看到有关心－身障碍的描述；从那一边，又能看到身－心疾病。
>
> （Bion, 1991:487）

第二部分 转韵之后：在 O 中的转化

> 欲研究转韵；要研究的，不是分析师，不是被分析者，不是无意识，不是意识，不是健全的心智，也不是精神错乱，而是转韵本身，即联结、突触、（反）移情和可及－不可及的情绪。
>
> （Bion, 1989: 56）

转韵就像一扇扇大门，可以同时接触两个面、两个方向，因此我们讲的是能渗透两个世界的有成效的语言。

还有一种方法可以理解比昂借助转韵概念回答问题的过程（参见第十一章），即长时间地反复去联想看似与问题无关的主题，让这些主题有相遇的机会。

◆ 专栏 II–2　比昂的研究在转韵前后的连续性

比昂的研究在转韵后有了一个根本性的转变，即开始关注在 O 中而非在 K 中的转化。但如同比昂在《转化》和《转韵》中所述，当病人出现颠覆性剧变（catastrophic change）时，其功能在转韵前后仍有着大量的连贯性。比昂的研究也是如此，即便他让重点戏剧性地从 K 变成了 O，却仍然存在许多不变量。比昂提倡用一种非理性的态度去促成在 K 中和在 O 中的转化，并强调这两种转化都需要具备一种心态，让自发的、创造性的 PS-D 振荡可以发挥作用［T（K）可以参考《从体验中学习》，T（O）可以参考《注意与解析》］。不止如此，他认为精神分析的实质（即精神分析客体）在 T（K）和 T（O）中都是非感官的。在 T（K）中它是一种非感官的实质，需要至少 3 个网格类别才能揭示（《精神分析的元素》），而在 T（O）中，它是一种之前就存在于 O 中的、基本的非感官的形式或恒常关联，在 K 中成型后才能够被表达出来（《注意与解析》）。

注 释

[1] "灾难"[1]是古希腊悲剧的第四幕,是紧张的高潮部分,也是结局的开始。比昂(1965, 1966, 1970)在其作品中多次采用颠覆性剧变这一概念。这是一种破坏性的变化,伴随着情绪的剧烈起伏,而灾难前后也存在一些不变量(同见专栏 II–2)。

---

[1] 此处的英文是 catastrophe,该词原意是灾难,但结合上下文及比昂借用此词的用意,catastrophic change 的术语应译作颠覆性剧变。——译者注

第七章
传记：1967—1979

20世纪60年代，比昂将自己的新思想写进了《注意与解析》，由于年事渐高，他需要一定的空间和时间来表达自己的见解。他常常提到《便西拉智训》(*Ecclesiasticus*, xxxviii, 24) 中的一句话，"智慧会挑博学者闲暇时降临"。

他越来越关注心理上非感官的不可知之处所发生的变化，梅尔泽在比昂纪念会上对此有一段精彩的表述，他复诵了比昂（1979: 257）援引的一首诗，它是比昂钟爱的弥尔顿所写的。

> 似这般你这天光却更能
> 照耀于内，而心以其全部力量
> 辐射光辉，此处植眼，一切迷雾
> 从此清除驱散，令我得以
> 看见、述说凡眼看不到之事。
>
> （Milton, 1674,《失乐园》: 101）

可以看到，比昂从使用数学形式、隐喻和经验哲学法来理解心理转化，转变为用宗教上的奥秘派隐喻和依靠超自然的哲学概念来理解心理现实。

比昂在伦敦期间的这些转变产生了诸多后果，他从伦敦搬至美国也是受此影响。格罗特斯坦、贝尔（Bail）和布兰德沙夫特（Brandschaft）将英国伦敦的几位分析师邀请至美国洛杉矶，包括罗森菲尔德、西格尔、索纳、约瑟夫（Joseph）、冈特里普（Guntrip）和温尼科特。1967年，比昂和梅森也被邀请至洛杉矶。这次访学之后，比昂夫妇于次年相当出乎意料地决定离开英格兰，前往加利福尼亚定居。梅森夫妇也搬至洛杉矶，比昂的同事兼好友菲利普斯（F. Philips）则定居圣保罗。后来，菲利普斯还多次邀请比昂到巴西授课。

对比昂来说，以 71 岁高龄从伦敦搬到洛杉矶绝非一条明路。不仅见孩子的机会变少，他还得挥别自己的朋友、病人、学生、旧舍与乡间别墅。当时他的孩子们都还未成年，他自己经历过童年时与父母分离的痛苦，自然明白让孩子们留在寄宿学校有多困难。更不要说他还得在没有医学学位和保险的情况下在这个城市执业，同时精神分析（尤其是克莱因学派的精神分析）在这儿绝对不如在伦敦受人欢迎，实际上当地人普遍对其抱有怀疑甚至敌意。

比昂很少解释他的动机。梅森（Mason, 1989）想到比昂曾说过，加利福尼亚让他忆起了再也没有回去过的暖和的印度。比昂对格罗特斯坦说，他不想"被荣誉压得喘不过气，进而悄无声息地沉沦"，但梅尔泽（Meltzer, 1985）写到过，比昂的学生和同事们很不能理解他这种半退休状态。梅森（私人通信）回忆说，就在他和比昂的告别派对上，梅尔泽还在劝他，"他们会把你嚼得粉碎，再把核儿吐出来"；汉娜·西格尔建议他俩去试个 5 年再说；莫尼－克尔则悄悄透露也想加入他们。梅尔泽表示，比昂的离开让伦敦的同事们感受到了指责，他们俨然是"将这位奥秘派人士的生命和思想都榨干的一个容器"（Meltzer 1985: 520）。派因斯（Pines, 1987）推测比昂是不想成为克莱因的继承者。但弗朗西斯卡·比昂并不同意伦敦同事们对比昂离开原因的猜测："他的离开既不是退出精神分析工作，也不是为了赚钱，更不是为了在加利福尼亚的阳光下过什么奢侈逸乐的生活"（Bion F., 2000: 14）。

到了洛杉矶，比昂一家搬进了布伦特伍德的一座房子，临近比弗利山庄和好莱坞，房子里有一个大大的泳池（比昂曾是水球运动员，每天早上都要在一个自然水温的泳池里游上 50～100 个泳程）。起初他把车库改造成了咨询室（洛杉矶有很多同事都这么做），在家里从事分析工作，但邻居抱怨他把这儿搞成了商业街。后来他与梅森在比弗利山庄短暂地共用过一间办公室，之后又开了间个人工作室。这间工作室只有中间摆放了一张躺椅、一把椅子：只有精神分析面谈所需的最基本的东西。比昂和比弗利山庄实在不搭，他仍然是个彻头彻尾的英国人。有位青少年病人甚至在会谈时带着朋友一起来看这位奇怪的"夏洛克·福尔摩斯"（Mason, 1989）。

在美国工作实属不易。很多邀请克莱因派学者过来的同事在他们开始受病人和候选者青睐时都觉得受到了威胁。

虽然好几个研究所表示有兴趣与比昂合作，却都没有真正行动起来。比昂没去申请成为洛杉矶精神分析学会的会员。当梅森成为该学会的科研秘书时，曾组织过一次关于比昂的研究的讲座。比昂选择了疗愈（cures）这个主题。在讲座中，他说有位歌唱家在做分析的时候高声尖叫了好几分钟，对此他诠释为：或许她是在将自己害怕被扔出大楼的焦虑转嫁到他的身上。接着他问："这算是一种疗愈吗？"无人应答。讲座就这样持续了10分钟。梅森作为会议的组织者开始有点心慌，便问了两个问题，但接着又是一片寂静，尴尬持续了20分钟，大厅里三分之二的座位已是人走椅空（Mason，私人通信）。比昂还获邀到"西部精神分析"（西海岸精神分析学会）参加一场主题为"新与旧"的会议，当时他建议与会者将旧事物改进后作为新事物提出来，但无人响应。之后就是在梅宁格的讲座，他的发言震惊四座（参见第十一章）。格罗特斯坦也在当地组织了一些研讨会（Bion, 2013）。

1970年，《注意与解析》出版。这部写于英国的比昂著作在美国引发了诸多争议。洛杉矶精神分析学会和研究院的人坚称：精神分析培训必须遵循传统，不能追随克莱因学派。在这些问题上，该研究院内部也存在分歧，其中拉尔夫·R. 格林森（Ralph R. Greenson）是坚定的反克莱因派人士。格林森是加州大学洛杉矶分校的教授，也是一位颇有影响力的分析师，名声响彻加州的精神分析界、学术界和影视圈。玛丽莲·梦露（Marilyn Monroe）等几位电影明星都在他那里接受治疗。有次有人问比昂印度和加州的相似之处，他答道："这么说吧，园林深处有猛虎"；据阿尔伯特·梅森所说，他这是在暗指格林森（私人通信，Mason, 2014）。有分析师匿名向警方举报梅森、艾萨克斯和比昂，他们和许多来自欧洲的从业者一样都在无证（医疗执照）行医。幸好有彼得·勒温伯格（Peter Loewenberg）的帮助，他们才拿到了一种新种类的证书——精神分析研究许可证。在这段非常困难的日子里，苏珊娜·伊莎珂丝也从伦敦来到洛杉矶，加入了比昂和梅森的阵营。她在递交洛杉矶精神分析研究院入会申请时被拒，这很奇怪，因为她不仅持有美国的医学博士学位，在伦敦也是一位受人尊敬的分析师，还接替了温尼科特在帕丁顿格林儿童医院的位置（梅森在私人交流时补充说，可能他们正是在录取了梅森后才改变了想法）。《深思》对这段紧张的时期做了如下论述。

> 我和洛杉矶同事们之间的关系几乎可以说是一塌糊涂。他们搞不懂我、不理解我——不过他们好歹对不懂之事保留了一些尊重。如果我没有猜错的话，人们对我的思考、人格或观点是恐惧多于理解或同情的。毫无疑问，以这种（情感）状况，在哪儿都比在这儿强。
>
> （Bion, 1992: 334）

弗朗西斯卡在引用这些话的时候补充说，虽然在洛杉矶的处境艰难，但她和丈夫在还是与一些朋友维持了长期的友谊，也尽情享受了当地的艺术和音乐（Bion, F. 1995）。

在加州生活期间，比昂同时做了三项工作。首先是三部曲《梦》(*The Dream*, 1975)、《过往的呈现》(*The Past Presented*, 1977, 出版于里约热内卢) 和《遗忘之序曲》(*The Dawn of Oblivion*, 1979, 首发于克鲁尼出版社）。1991年，弗朗西斯卡终于将它们汇编成一本著作出版，即《未来回忆录》。这些书里有大量的对话，其互动和交流的部分不同、层次多样，就仿佛从各个方向的视角不断拓展，也是人格或观念本身的一种反映。比昂可能是希望读者也体验一遍他所洞察到的。

与此同时，比昂开展了第二项工作，撰写自传《漫长的周末》。后来弗朗西斯卡把它与之前未出版的信件、文章——《我记忆中的全部罪过》和《天才的另一面》——以及比昂的理论日记和《深思》这本笔记一同汇集成册。

比昂的第三项工作是在此期间组织了数次研讨会和督导。他在短时间内接连走访了巴西、纽约、罗马和伦敦。弗朗西斯卡·比昂在他逝世后校订并出版了其中大部分讲稿。

这个时期比昂的文章坦诚而率真，一篇篇读下来，不仅发人深省，而且

第七章 传记：1967—1979

可以从三个要点触及他的思考。梅尔泽（Meltzer, 1985）认为，同时阅读这些作品是深入了解比昂的一个机会，因为现实生活中的他非常注重隐私。

人们常说晚年的"加州比昂"醉心于奥秘论、超自然主义，但事实并非如此。最早出现在《转化》中的奥秘派隐喻在《注意与解析》里就已经登峰造极，后者是他在英格兰写的最后一本书。他在美国期间虽然也一直关注未知（Unknown）领域，但似乎更常用的是苏格拉底式的哲学方法。比昂在《精神分析的元素》中将对情感现实的思考过程表示为 PS-D 和 ♀♂。但出人意料的是，他在《注意与解析》的结尾却总结，对于 T（O）而言，PS-D、♀♂ 和选定的事实三者持有相同的心理立场似乎是最理想的，后来它被翻译为忍耐力－安全感之振荡（oscillation patience-security）。这个公式也因此成为精神分析本身的一个容器。这是比昂理论作品中的最后一个领悟。从那之后他再未写过纯粹的理论文章。比昂的作品早已不再是极端奥秘派风格；我们现在看到的比昂更像是苏格拉底派，他坚持着不知和质疑的态度，也一直坚持去体验。

比昂最后时期的作品不仅内容上变化颇多，风格和基调也与从前截然不同。他的文笔更加感性、开放和自由。他专注于探知真相，不再字斟句酌，而是更加天马行空，当然也更发人深省。他想找到一种新的写作风格，既能互通和涵容他的思维方式，也能让他精神饱满、思维活跃。我们在《未来回忆录》的三本书中可以清楚地看到他写作上的这种变化。就像勃艮第和梅西埃（Borgogno & Merciai, 2000）所说，这一新时期的分界线还体现在他的理论日记《深思》之中。比昂 20 世纪 70 年代之后关于战争的作品，在风格上也和 60 年代时有所不同。

并非所有人都喜欢这个变化。很多人都怀念他 60 年代基于知晓（K）的那种枯燥、理性的方法。比如奥肖内西（O'Shaughnessy, 2005）就把比昂晚期的研究评价为"缺乏组织性，缺乏条理性"。如"导言"所述，比昂直到 80 岁高龄仍在成长，这种了不起的改变我们可以称之为在 O 中的转化。

最终，比昂做出了回英国并在他离开多年后首次回访印度的决定。梅尔泽帮他打点好了在牛津的一切事宜。弗朗西斯卡·比昂记录了这最后的时光。

到 1978 年的时候，家人们工作都很繁忙，我们见面的次数也越来越少；经过长时间的讨论，1979 年初我们决定回到英格兰，但也不愿完全切断与加州的联系。所以我们卖掉房子，买了一间公寓，希望能在西方和欧洲之间往返居住。9 月 1 日我们一抵达伦敦，比昂就开始工作了（和往常一样），而我又跑到牛津地区寻找住处。彼时牛津有好几位分析师，奥利弗·莱思（Oliver Lyth）、伊莎贝尔·门齐斯、唐纳德·梅尔泽和马蒂·哈里斯（Matti Harris）。比昂的到来为大家打了一剂强心针，当地原本没有精神分析核心小组，现在或许能组织起一个来。

找到合适的房子后，我们在 10 月初搬了进去，此时集装箱也已经运到码头，开始拆箱。我记得我们花了好几个小时才拆完包书的纸盒，其过程虽然枯燥，但重见"老朋友"还是令人高兴的。

人们猜测（也相信）比昂之所以想回英格兰，是因为感到死亡将近，按理说他知道自己已经 82 岁，日子过一天少一天了，可他却想方设法在加州保留了落脚点，1980 年 1 月还答应与孟买的一个团队合作，这些怎么看都不像是一位垂暮老人的所作所为——除非他是陷在极端的否认之中。但别的不说，比昂待己待人从来都是诚心诚意的。

到 10 月的第 3 周，比昂病倒了。11 月 1 日他被诊断出骨髓性白血病，病情发展得异常迅猛，好在他没受多少苦，11 月 8 日就匆匆离世。

（Bion, F. 1995）

面对自己的诊断，比昂只说了一句话："生活处处有意外，其中多半非好事"（Mason，私人交流，2014）。

第八章

《注意与解析》(1970)

引　言

在对情感体验展开思考以及研究在 K 中的转化时，比昂提出了一个理论，其中包含 α 功能、β 元素、恒常关联、PS-D、选定的事实和容器－被容纳者等概念。他先是运用数学函数理论（见《从体验中学习》），接着用元素理论（见《精神分析的元素》），最后用几何的转化理论（见《转化》），将这些概念联系起来、加以深化。后者颠覆了他对心理变化的看法。他意识到，关于思考的理论或在 K 中的转化都停留在表征的层面，但基本的心理变化（在 O 中的转化）其实发生于尚未得以表征或分化的心理层面。比昂在《注意与解析》一书中推进了在 O 中的转化这一主题。聚焦于 T（O）得用不同的精神分析方式，分析师也得有与关注 T（K）时截然不同的心理框架。由此比昂重新定义了他在研究关于 T（O）的思考理论时提出的各种概念，此举早在他写《转化》时就已经开始。

语言与 O

文字因以感官为背景而封闭了通往 T（O）的大门。所以精神分析靠文字传播本身就存在问题。诗歌倒是能避开这个问题，因为诗文可以超越具体的感官情境，从而成为一种"有成效的语言"（参见专栏 8.1），一种关联到心理现实之起源的语言，蕴含了非感官的、未分化的和难以名状的 O。诗歌语言既可以替代行动（就像在 K 中的转化那样），本身也是一种行动，即某种新变化（在 O 中的转化）。比昂甚至打算为分析师们写本诗集（Bion P., 1997; Bion F., 1985）。他认为诗歌语言是一门"在本没有更多时间和空间的领域中，却相对具有持久性和延展性"的语言（Bion, 1970: 2）。但在比昂看来，使用诗歌也存在风险。诗歌的美感可能会成为真相的替代品（柏拉图对此早有先见之明），而非对真相的理解。虽然我们希望精神分析师能讲所谓的"有成效的语言"（参见专栏 8.1），即能接触到 O 并引发心理变化的语言，但我们并不指望精神分析师都成为艺术家。

不依靠诗歌和艺术的话，我们如何跨越语言的感官层面？我们在《转化》中提到过，比昂尝试了一种数学抽象法，但没能到达预测数学理论的水平，达到这个水平才能解除精神分析对基于感官的描述性语言的依赖。谈及 T（K）的时候他指出，若想跨越感官层面，应当关注整个转化过程中的不变量的模式，而不是试图去理解和寻找因果关系、叙事关系和意义。到研究 T（O）时，他的态度不仅没变，而且更加激进，尽可能地回避理解、不求条理，一心只与产生思维的未分化区域保持联系。

◆ **专栏 8.1　有成效的语言**

有成效的语言即从 O（从言语思维的源头）出发的谈话。它是有成就之人（Man of Achievement）的语言（Keats；参见专栏 8.8）。它不是行动的替代，而是行动的前奏（Bion, 1970）。比昂希望能"试着研究透这'东西'（真正的诗人的语言是深刻而隽永的，我也想这样）"（Bion, 1980: 60）。尼古拉·阿贝尔·赫希（Nicola Abel Hirsch）在 2009 年的波士顿比昂研讨会上，提交了一篇未发表的论文《论占有原则与悬浮享乐原则》，其中引用了狄兰·托马斯（Dylan Thomas, 2002: 22）的诗作《最初》（*In the beginning*），讲述了"爱最初的源头"。包括这首在内，托马斯文集里的 90 首诗有三四十首都是他 20 岁之前创作的。阿贝尔·赫希引用了莫兰（Moran, 2005）的一篇文章，其中提到，斯蒂芬·斯潘德（Stephen Spender）曾感叹狄兰·托

> 马斯的作品支离破碎、毫无意义,"事实上,托马斯的诗歌就像打开的水龙头;它只是看起来像诗,但没头没尾,溃不成形,既浅薄,又晦涩"。当然,托马斯自己并不承认这一点。她还说到,托马斯的传记作者菲利斯(Ferris, 1985)曾怀疑托马斯早年的诗作之所以那么怪异,说不定与他在半梦半醒的幻觉状态下脑海中出现的文字和图像有关。这很像比昂所描述的幻想中的无限区域,如此一来,从该处产生的语言或可被称为比昂所说的"有成效的语言",它是分析师在会谈期间可以说的一种理想化语言,有促进 O 中的转化之效。就连托马斯(1985, 1934)自己都在 1934 年给格林·琼斯(Glyn Jones)的一封信中写道:"诗歌中的意义不过是为了满足读者的习惯,转移他的注意力,让他平静下来,这时诗歌才好发挥作用。"

心理的真相

探寻真相(有别于道德说教)是比昂精神分析的核心理念。他援引了约翰逊(Johnson)博士的话来说明这一点。

> 医生们认为,疗愈痛苦重于认识痛苦;精神分析师的观点则像约翰逊博士给班纳特·兰顿(Bennet Langton)的信中所写的那样:"如实看待生活,它能带来多少安慰我不清楚;可但凡能从真相中得到一点安慰,必定是坚固而持久的;因为谬误衍生出的只能是错上加错、经不起推敲之物"。
>
> (Bion, 1970:7)

精神分析有别于医学。它不能像医学那样依靠感官,其问题也不能只靠医生去分辨,病人也要参与其中。而且情感心理的现实是通过直觉观察到的,不受时空和因果的约束。用这种方法探寻心理真相对于 T(K)和 T(O)都是有价值的。在《转化》中,比昂是用与 O 的接触情况而非道德关系来定义真相的，所以真相取决于和 O 之间的距离。真正的真相存在于 O 中，无须言语和分类思维，人们仅凭直觉或许就能看到它。这种真相不费吹灰之力便可揭示。

幻 觉 层

O 可以说是属于无限空间的。无限空间是一切事物发生转变的温床。言语思维或在 K 中的转化就是这样一种转变。T（K）之所以比上不足，皆因其经验匮乏，不够辨识出恒常关联，就像微分学没发明之前我们无法想象某些行星的运动一样。

精神病人缺乏 T（K）的能力；他们谈论特定体验的方式看似与常人无异，其实只是表面相似罢了。

在旁人看来或许是思维、视觉意象和言语，他却只能看到七拼八凑的胡言乱语和华而不实的虚情假意，且都浮于虚无缥缈之处，时间也好，空间也罢，全无概念。

（Bion, 1970: 12–13）

比昂再次提到精神病人谈论冰激凌（ice cream）的案例（参见《转化》）。这句"我尖叫（I scream）"萦绕耳边多年，把短短一瞬拉伸成一张薄膜。重点是，比昂对"我尖叫"的理解并不是通过推理得到的，而是他触碰了病人发生转化的那一层，即基础幻觉层[1]。他能看到转化演变的过程。分析师与依赖思考、记忆和感官现实的理论家或哲学家之间最大的区别在于前者能接触到心理现象的发源地，即未分化、无思考、非感官的现实。

O 与前语言期矩阵：幻觉层

O 是思维起源之处，无法被定义。因为下定义得依靠另一种更有限的心理功能。前语言期矩阵（preverbal matrix）的概念在《团体中的经验》（参见专栏 2.7）中讲过，它与非感官无限心理场域的概念非常接近。比昂自此也将这个场域或矩阵称为幻觉层，与他之前工作中的精神疾病的"幻觉"一词做出了区分。处于精神分析中的 O 顶点说明触碰到了一个尚未出现思维的层面。O 属于未发生之事；它是非感官的、未成形的思维。β 元素借着 T（O）的光，获得了新的含义。对于 T（K）来说，它们是未经处理和思考的各种体验和感知——但从 T（O）的角度来看，它们是最接近 O 的元素。它们在表达 O，但尚未从心理上被归入相应的时空类别。

◆ **专栏 8.2　关于 O 的一些引用**

早期有弗洛伊德、比昂、克莱因、温尼科特、爱因斯坦、莎士比亚和巴赫用语言、数学或音乐精准地表述现实中的对应物，现在或将来也不乏此类人才。但我们只能凭借直觉，在电光石火之间瞥见"它"的真容。伟大的科学家和艺术家们提出了一些构想，以便捕捉现实的光芒，哪怕只有一瞬。这其中或许就隐藏着"真正的分析"——一个由比昂创造的术语。

（Sandler, 2005b: 15）

关于超越一切体验的"超验（transcendent）"概念，我同意比昂、康德的观点，即认为 O 本身是不可体验的——它并非体验的客体。O 就像《出埃及记》（*Exodus*）中的摩西之神那样，属于主体（"我就是我"），我们只能主观上与之共鸣，即"成为"。换言之，一个人无法真正体验到 O；只有去体验成为 O。

（Grotstein, 2007: 133）

怎会有人觉得，在绕银河系中心旋转的、似尘埃般的一个点（我

> 们称之为地球）上面，一个小到极致的生物粒子会在绕太阳不过一千转的短暂生命中，异想天开地觉得星系宇宙会如它一般局限。
>
> （Bion, 1991: 229）
>
> 我会用符号 O 来代表终极现实（ultimate reality），它由诸如终极现实、绝对真相、神性、无限和物自体等术语表示。
>
> （Bion, 1970: 26）
>
> O 指的是格罗特斯坦所说的不可名状且无法呈现的外在现实，即"世界本来的样子，不带表征的宇宙"（2011，私人交流），以及个体对自然界最原始的内在预想。
>
> （Reiner, 2012: 6）

有限空间对 T（K）的起源性与必要性

有了 O 这个无限的心理空间，比昂清楚地认识到，思考也好，在 K 中转化也罢，都需要一个有限的空间。表征或 T（K）起源于一个有限的感官空间，但心理空间本身并不受限。比昂据此提出了他的初步主张，认为我们创造了一个三维空间的表征，这样在心理空间保持未知的情况下仍能思考情感体验。故而在比昂看来，三维心理空间的表征并非源自对物质世界中的几何空间的实现；涵容情感体验的需求其实蕴含在欧几里得几何学的本源之中。

精神病人缺乏这种有限的涵容空间。碎片之间分散的距离可能与精神障碍的严重度有关。比如说，精神病人的这些碎片可能会散布于不同会谈甚至不同年份之中。

三维心理世界的表征让幻想之物可以获得投射与涵容。如果没有空间上的表征，投射所在之处就会因过于"空旷"而诱发精神病性的恐惧反应。比昂将其比作外科上所说的休克，所有血管同时扩张的时候，血液就会涌入一个过大的空间，导致血压突然下降。他借帕斯卡的话来形容精神病人的经历："这空间无边无际的，我害怕极了"。他抒发了某种情绪，而涵容空间却不复存在。这种无存在（non-existence）迅速变成一张血盆大口，像黑洞那样吞噬了一切。比昂这样描述缺乏三维表征的病人："这些人对痛苦或挫折毫无招架之力（或者说，痛苦和挫折对他们来说是不可容忍的），因此他们可以感到痛苦，却无法耐受痛苦，更不要说探索它了"（Bion, 1970: 8）。它们可以被感知，却无法被思考或区分。任何事物只要与情绪相连，无论多小，哪怕只是一声尖叫，都能降低迷失在使精神病病人恐惧的无限空间里的风险。

顶　点

在 O 中的转化发生在无限的心理空间（未分化的心理功能层面）之中，而它在有限的、感官性的三维空间中是可以得到涵容的。对此，比昂用顶点一词展开了进一步的概念化。分析师和被分析者的转化发生在不同的顶点处。

比如前面那位精神病病人的解释就和性关系是脱离的，所以他才会以一种精神病性的方式把自己的见解变成一种"令人恐惧的噪音"（Bion, 1970: 20），而分析师的转化则位于另一个顶点。这种理解精神病症状的方式更加新颖和开放，与比昂早期关于 T（K）的研究有所不同，彼时他定会把病人对干预的反应解释为"对联结的攻击"。但现在他将其视作病人站在与分析师不同的顶点上做出的转化。

比昂以他的网格图作为工具区分不同的转化和顶点，并据此从 T（O）的视角赋予它们新的意义。转化在某个顶点上可以是封闭的，比如停在第 1 列上进行逻辑推断。但它在另一个顶点上又可以是开放的：使用各种元素作为预想（"挖掘事实的工具"或"寻找被容纳者的容器"），并在第 1 列到第 3 列或第 4 列之间来回切换（Bion, 1965）。精神病人的转化多半停留在第 1 列的 β 元素水平，像前文所述的精神病病人就是如此。

理解精神分析客体

若想"看见"精神分析客体,得先意识到在转化的过程中各种元素之间存在不变的恒常关联。双目视角也好,对不同顶点或观点的运用也好,都能有所助益。比如口吃和精神病可能是同一个精神分析客体在不同顶点上的转化。如果我们只盯着一个顶点看,就很难看到这个心理上的、非感官的心理客体。比昂在《精神分析的元素》一书中提及在 K 中的转化时指出,要揭示精神分析客体至少得用到 3 个网格图类别。换言之,至少要从 3 个顶点出发才能看见它。

当考虑在 O 中的转化时,比昂也是聚焦于元素之间在转化中的不变关系,而不是能感知到什么或意义如何。病人说了什么并不重要。当分析师从 O 顶点进行观察,不依赖言语思维而是凭借直觉时,就能看清转化,而病人没从 O 顶点去观察,所以意识不到转化。

从 O 顶点进行分析

诠释若能带来在 O 中的转化,其疗效将大大提升,因为这是一种原始的改变,一种关乎存在体验的改变。因此分析师必须与 O 保持接触,不能让自己被逻辑推断和病人的感官表现所蒙蔽。分析是否成功取决于分析师能否待在 O 顶点上。他得分辨哪些事件属于 O 的演化,并评估是什么在体验或成为 O 的过程中起了阻碍或助推的作用。

若要做到这一点,分析师就必须体验过 T(O)。这就体现了训练式分析的重要性。但在比昂看来,训练式分析也可能产生一些副作用,反而弊大于利,比如越来越认同分析教员所秉持的方法,或受其精神分析习惯和理论学派的影响。这些阻碍容易让受训分析师们忽略掉真正需要注意之处——与 O 接触的体验。

从 O 顶点发出的诠释应该集中于 O 的演化上,它前进至某点便会化身为

K，变得可知。O 的介入唤起了某种新的体验。

> 我将用符号 O 来代表终极现实，它由诸如终极现实、绝对真相、神性、无限、物自体等术语表示。顺便说一句，O 不属于知晓或学习的领域；你可以"成为"它，但无法"知晓"它。它本是黑暗、无形的，可一旦进化成一个借由体验获得知识而被认识的点，且可以被感官体验所描述时，它就进入了 K 的领域；它的存在属于现象学上的揣摩。
>
> （Bion, 1970: 25）

对于 T（O）的发生，分析师只能等待，不可强求。T（K）中也是如此，挫折耐受力出现的时机、等待一致性或选定的事实出现，对于 T（O）来说都很重要。这相当于比昂以前所说的 T（K）的 PS-D 振荡，但从 T（O）出发，他将其描述为耐受力与安全感之间的振荡。

观察与接触 O

我们在会谈中怎样才能感知或接触到 O？弗洛伊德将知觉归属于意识，而且他觉得知觉是由注意、注释和记忆组成的。比昂对 T（K）的阐述大体上符合弗洛伊德的观点[2]，他还指出从心理上秉持松弛的注意和遐思有助于产生感知并意识到某些事情的发生。但从 T（O）出发就完全不同，因为 O 层面的心理现实无法用感官觉察到。

无忆无欲可以让分析师摆脱某些特性的桎梏，使其不再是环境的产物，但保留了一些不变的功能，这些功能使其成为原原本本的终极的人（irreducible ultimate man）。虽然这一切实际不可能发生，但他的能力越是靠近于此，就越接近"失明"状态，反而更能"看见"演化之后的各种 O 元素。反之亦然，分析师如果不再被感官领域的各种特性（或他对特性的感知）所"蒙蔽"，就可以"看到"演化之后的 O，它们在被分析者那里是不变的。

（Bion, 1970: 59）

比昂对此一再强调：从感官的顶点出发，会阻碍我们感知或接触非感官的、未分化的 O[3]。若要举例来说明这个 O，就是在感受到焦虑并将其理解为焦虑之前就已经感知到了焦虑。认识到感官层面的趋乐避苦世界（记忆和欲望）会破坏分析师从 O 的角度进行观察的能力。弗洛伊德假设人们是在借助意识感知现实，这并不适用于 T（O）。弗洛伊德所说的记忆更像是一个容器，一张吞咽之口。他的前意识（preconscious）和无意识概念同样有着局限：它们也被概念化为放东西的容器。将其"压抑到无意识中"的想法就是在避开痛苦的回忆。总之这些概念全都建立在感官的基础上，受趋乐避苦的原则所支配，对理解 T（O）毫无用处。

记忆和欲望仿佛是"光"，会让分析师的观察能力失去价值，因为光线一旦泄露进来，相机的胶片就会因曝光而失效。

（Bion, 1970: 69）

因此，比昂提倡分析师应主动地设法克制记忆、欲望和推论。

之后，比昂还提出了一种不是记忆的梦样记忆（dream-like memory），它可以向心理体验和人类个性的 O 敞开大门。

（这种）回忆梦的体验……需要区别于那些不请自来、悬于脑海又不告而别的梦。但该体验的情感基调与梦并无二致：各种不请自来的想法犀利而分明，其内容看似清晰难忘，却一转眼便消失得无影无踪。

（Bion, 1970: 70）

根据他的经验，个体一旦将记忆和欲望推至一旁，有意对自己的感官体验视而不见，其梦样记忆的能力就会提升。这种记忆是自然而然地出现的，

第八章 《注意与解析》（1970）

仿佛非感官层面各条联结的余晖。它映照出 O 与 K 相逢的那一点。

我想保留"记忆"一词用于指代有意识地回忆过往经历。之所以有意识地回忆，是因为我们害怕那些"似是而非、神秘莫测、令人疑惑"的元素会夺门而出。而梦样记忆则是关于心理现实的记忆，是分析的素材。若是感官体验成了记忆的背景，就无法反映那些无形的、看不见摸不着的、无色无味的心理生活现象。

……这看似与精神分析中有关梦的理论相互矛盾，其实不然，要知道梦就是 O **演变**而来的，O 进化到足以被感官体验所表征，才成了梦。在精神病性的梦境之中，感官元素不会表征任何事物。它们**就是**感官体验。

（Bion, 1970: 70）

分析师从 O 出发的分析性态度

比昂训练自己秉持一种态度，即无论治疗内外都要避开记忆和欲望，一出现便应立即抵制。他提醒道，我们只有学会放下记忆和欲望，才更容易觉察到作为群居动物所承袭的各种情感状态：配对、依赖、搏杀、生育[4]。践行比昂的原则意味着爱与恨的感觉都变得难以忍受。这对分析师提出了更高的要求。

在会谈期间一直保持在 O 中的状态，比弗洛伊德提倡的善意的节制态度更难。比昂认为，相比于中立状态，分析师摒弃欲望去做分析其实身处于一个可怕的位置。因为 O 出现时可能会伴随一种令人不适的受迫害感。所以比昂后来把克莱因学派的 PS 位与对 O 保持开放的态度联系到一起，就像他曾经将 PS-D 振荡与 T（K）做关联一样。与 O 共存绝非易事，因为分析师完全失去了基于感官认知的理解和分类，以及通情达理的态度。[5]

首要之处是，分析师得主动自觉地避开记忆和欲望。我的意思是，仅仅"遗忘"是不够的：我们需要主动去克制记忆和欲望。可能有人会问：既然不能有记忆和欲望，那该秉持何种态度？有一个词大致可以代表我的想法，"信仰（faith）"——即相信有一个终极现实和真相——未知的、不可知的、"无形的无限"。

（Bion, 1970: 30）

◆ 专栏 8.3　O 的体验

O 无法被定义或表征，因此比昂将 O 这个概念的寓意与其他学派的概念关联，比如康德的物自体或本体，柏拉图式的形，数学中的无限和奥秘派将其拟人化的神性。O 唤起了某种超验的、"超越"感官的东西，它可以在感官现实中成型。它并非"更高级"之物；格罗特斯坦（Grotstein, 2007）援引康德的话说，它是渊源（Bathos），是万物之始，是体验之本。O 是悄无声息的他者，存在于我们"之前、之中、四周各处"。人们无法真正体验到 O；只能感受到自己正在体验 O。比昂想借助 O 的概念描绘临床现实。但找到一个能够涵盖个人体验的概念本身就是临床和精神分析现实中的一道难题，这也正是比昂希望传达的意思。

O 是心理现象的基石，可心理现象本身就是非感官和不可知的。如果我们试图通过感知和理解来抓住 O，就会与它失联，就像胶卷曝光后便会失效。我们只能去体验它或成为它。它从后方突袭，趁你不备，将你一举拿下。比昂将其比作激情之爱。精神分析客体作为比昂观察和诠释的核心就根植于这一无知觉的基础。比昂（1970）借用埃克哈特的隐喻指出精神分析客体与 O 有关，正如三位一体（Holy Trinity）之于上帝。精神分析客体是我们头脑中离 O 最近者。它们构成了人格不可化约的本质。它们还与 O 中现存（但尚未成型）的潜在情感集团相关，如同雕像隐于巨石之中，历经雕琢方能显现。

为能触碰到这种无知觉的基层（O）并见证精神分析客体从中萌发的过

程，比昂建议我们不要试图去理解、回忆，也不要用感官知觉去捕捉什么。最好让注意力松弛，等待某个有限之物从无限之层浮现出来。比昂提到几种可帮助分析师摆脱分类思维的技术。他（Bion, 1980, 2005a, 2005b）认为思辨式想象（speculative imagination）和狂想（wild thoughts）或许有用。巧的是，另一位新柏拉图学派思想家，库萨的尼古拉（Nicolas De Cusa），也提到了类似的方法，这是位 15 世纪的哲学家，深受埃克哈特的影响。他在《论有学识的无知》（*De Docta Ignorantia*）一书中所说的"有学识的无知（learned ignorance）"，即不加理解地去想象。德库萨认为，人类需要思辨，用科学加想象的方式去参透不可知的所谓"上帝"和无限，此举与比昂试图通过思辨式想象理解 O 有异曲同工之妙。

比昂的另一项技术关注的不是内容，而是现象之间的关系（恒常关联），它也能让我们窥见一部分的精神分析客体。所以我们应当从心理上秉持此种信仰，待精神分析客体从幻觉层浮现之际就进行相关的诠释。这样的接触有助于分析师赶在精神分析客体彻底转化为感官现实之前对它们做出诠释。这就要求分析师后退一步，头脑清醒地尽可能靠近未分化的、无限的心理功能，让指向精神分析客体的无知觉的恒常关联在黑暗中熠熠生辉（比昂将其比喻为"暗夜里醍醐灌顶的光束"）。

从这一点可以看到，精神分析的操作中也包含了冥想。没错，它要求分析师能忍耐黑暗和不知，还要长时间立于偏执-分裂位，直至无限层浮现出有限之物。心理上的放空是触碰到这一基础层的必要条件。与幻觉层的接触可能会产生强烈的视觉意象和感受，它们是本质成型的结果。接触 O 之后会发生 T（O）转化，它与基于理解的转化差异极大。在 T（O）过程中，原本未分化的东西逐渐分明，有了限定，且有各种不同的形和顶点。

它并不会产生某种神秘的体验，而是发生了在 O 中的转化，该体验的变化发生在未分化的层面。比昂发现神话的语言和隐喻远远不足以描述这种体验，甚至连这一方法本身都无法描述。奥古斯汀曾提过超验记忆、超验心理、超验时间，以及由无头无尾的句子续出绵延不绝的语言（Saint

Augustine, 1998: 195, 221; Lyotard, 2000: 45），很像比昂所说的"有成效的语言"（参见专栏8.1）。比昂的立足点并非什么神秘体验；他也无意追寻极乐状态。他想要的不是醍醐灌顶式的开悟，而是在明确的精神分析框架内所产生的心理变化，这与宗教体验不是一回事。

O这类概念的缺点在于它不能用想象或言语思维去思考。它就是"它本身"，言语思维和感官只会起到阻碍作用。它是非感官的、无法呈现的。用空白、空虚形容它或许比较贴切，但并不准确。它的本质和精髓在于既是万物，又是虚无。精神分析便是为这个"空洞"量身打造的一门艺术，它既能分析人类存在的本质，也能触及捉摸不定的心理或白日空想的自我。

◆ **专栏 8.4　会谈中的心理状态：将睡未睡之时**

比昂坚持认为应摆脱记忆和欲望，在会谈中主动抵制对理论和理解的依赖。他在1967年洛杉矶研讨会（Bion, 2013: 56）上还提到了另一个方面，即处于"将睡未睡"的状态。在他1959年开始撰写的关于 α 功能的《深思》（*Cogitations*）一文中就已经出现了这个概念。

睡意袭来，我得休息一会儿才能搞懂我的那些念头。我恐怕要走一会儿神，但那样很容易就会睡过去。眼睛刺痛得很，所以我早把它们合上了。就在我几乎要睡着时："亲爱的，男士们路过的时候，请面朝墙壁。"（鲁德亚德·吉卜林，《走私者之歌》）。对于走私过程我肯定一无所知，只得把想挪走的东西捆扎、打包。这是不是 α 正在把某些东西藏在意识之外？如果是，就和弗洛伊德所说的梦的工作如出一辙。意识是为无意识服务的。意识的任务是隐瞒和欺骗，从而保护无意识。

（Bion, 1992: 82）

第八章 《注意与解析》(1970)

> 他强调分析师在分析过程中必须介于意识清醒且言语表达清晰与睡着之间；且两种状态几乎紧贴彼此。他发现"恰好处于那种波长是很难得的，得经验丰富才能识别出来"。他告诉我，他在独自沉思的时候也有相同的感受；他"醒来"之后发现，原先的"黑点"已被光芒所覆盖。[引自弗洛伊德写给卢·安德烈亚·莎乐美（Lou Andreas Salomé）的信中的一段话。]
>
> （Bion, F. 1995）

> 我们若想把思维和感受转变为有形的物质现实，就得让精神结构处于聚焦状态，随时准备行动。在我看来，它一行动——把我的思维变成"可视化语言"——就会导致其他元素失去关注。将无关因素去焦点或边缘化，但又不能矫枉过正、使其彻底无用（致盲、致聋、潜抑），这操作起来并非易事。所以我才说，记忆、欲望和理解具有"浑浊性（opacity）"。
>
> （Bion, 1991:232）

从 O 出发的分析需要信仰的态度，且信仰行为是一种结果（而不是一种思维）[6]

分析师必须是 O：这是一种生活方式。他得保持对 O 开放的心态。这种态度对应的是比昂所说的信仰（Faith, F），即心悦诚服于尚未发生、尚未可知之事。

在 K-顶点处，分析师在 PS 中静待各种不饱和的前概念找寻元素并形成一种思维，但在 F 状态下，分析师在 O-顶点上等待"信仰行为（Act of Faith）"的发生，即 O 成型的过程。

信仰行为特指一种科学的过程，一定要区别于平常所说的宗教含义；它出现在思维中并被表示出来，进而获得理解。它得先"进化"成一个思维，才能被理解，就像艺术家的 O 在被转化为艺术作品之后我们才能懂……只有当它进化到可以用网格图中的元素表征时，才能获得理解。

（Bion, 1970: 34–35）

敬畏、信仰与神秘感

比昂提及"信仰行为"时，将无知与不可知摆在最先。我们唯有容忍无知，才能在观察目标时占据有利位置。O 正是无知与不可知的象征或表征。想靠近它，就必须抱有敬畏与信仰[7]。一旦分析中失去了敬畏、信仰与神秘感，我们就很容易陷入危险、封闭的境地。对分析师来说，对未知事物保持敬畏是一种基本的态度，表达了对 O 的臣服与信仰。

诗人赫尔曼·梅尔维尔（Herman Melville）也提醒过，读书的方式众多，但极少有人会带着敬畏心去读。读人更是如此。

在我看来，无意识——找不到更好的，只能用这个词了——展示的是"深挖"的过程，该领域自然具备令人敬畏的本质。

（F. Bion，引自 Bion, 1981: 4）

无论分析得多么透彻，接受分析者也只会部分暴露；在分析的任何一点上，已知与未知相比都是微乎其微的。所以会谈最大的特色在于未知的人格，而非分析双方自以为了解的那些东西。

（Bion, 1970: 87）

K- 顶点和 O- 顶点的思维起源

思维实现之后是无物（no-thing）。"信仰行为"的背景是无意识与未知之物，因为它们尚未发生。

（Bion, 1970:34）

更确切地说，比昂从 O– 顶点出发对思维起源的考虑与他在《精神分析的元素》和《从体验中学习》中从 K– 顶点出发对思维起源的考虑有所不同。后者是指，随着个体对某样事物的缺失越来越能容忍，一个思维也在慢慢地形成，这个成型的思维（K）便是针对那个无有（nothing）的思维。从 O– 顶点看，思维是非感官的、未经思考的世界与有限世界的相遇之处，它不是已经发生的体验的表征，而是正在发生的新事物。

O– 顶点上的"信仰行为"是在接触产生思维的幻觉层。比昂认为，这个基础层始终存在并持续影响着我们，但我们却总想关掉它、防着它。

（幻觉状态）始终存在但被其他现象所遮蔽。一旦那些元素暂缓或停止，幻觉就会变得显而易见；只有信仰行为才能触及它最深、最丰富之处。

（Bion, 1970:36）

伟大的艺术家似乎都与这个领域有联系，比如狄兰·托马斯（Dylan Thomas，参见专栏 8.1）。

O 与无意识

O 由于尚未发生且尚未被捕获，所以难以形容。它像是隐藏在幻象幕布后的至高无上的现实。更确切地说，它是我们通过幻影（如同屏幕上的投影）接触到的内在和外在现实。这种现实既在人格内，又在人格外，既是意识，也是无意识。所以不能将无意识等同于 O。对比昂来说，无意识这个概念恰似一个容器，它与享乐原则有关，享乐原则可以保护我们，比昂认为其原理是在躲避痛苦。从 O– 顶点出发的分析则聚焦于未知，没有妥协机制，无意识和意识都蕴含在内。这是以无意识为中心的古典精神分析的一次转变。解决无意识冲突并不能保证病人会与 O 有更好的接触。

◆ **专栏 8.5 比昂对 O 的不同看法**

比昂在《无题》(*Untitled*) 中首次提到 O，1963 年版本的网格图也收录于此。这本书是他在完成《从体验中学习》后撰写的。《无题》指出，这个起源性的 O（即原初的、未知的现实）经转化后出现在我们面前，在精神分析工作时，他将其称为情感现实。后来 O 在《转化》中也是相同的含义：不可知的原点，转化就从这儿开始，但它已不再局限于情感领域。

比昂在《注意与解析》中使用了不同的模型来探索 O：哲学（未知，康德的"物自体"，我们对此无法思考）；数学（无限）；宗教［尚未表征为上帝或三位一体的神性（埃克哈特）］。这些探索赋予了 O 更加超然的含义。

比昂明确指出 O 不是无意识，而是同时涉及无意识和意识功能的一个概念。即便无意识的冲突全部解决，也不一定会触及 O（Bion, 1970）。这种接触需要无忆、无欲、无理解、无连贯的特殊态度。

后来，我综合转韵的概念和《未来回忆录》发现，O 应该是一种更深层的无意识，是弗洛伊德版无意识的一个拓展。它不同于潜抑性和动力性的无意识，而是一个我们鲜少接触的领域（参见专栏 11.3）。比昂为这个特殊的心理功能区起了好几个名字（待成熟状态；待产状态；幻觉层；有点像是神智健全的精神病功能）。

据我了解，比昂在后期的督导和临床研讨会上站在绝对不知（radical not-knowing）的立场进行苏格拉底式提问的时候，又把 O 用出了新意，即它是一种绝对未知（radical unknown）的非感官心理现实的象征，我们可以通过直觉"成为"它。

O 与享乐原则

比昂从 O– 顶点出发,用另一种视角解析了痛苦和趋乐避苦的原则。痛苦其实在表达对成长和成熟的阻抗,换言之是在抗拒接触 O,所以无法成长。欲望、记忆和理解全都建立在回避痛苦和守住信仰的基础上,因此也就阻碍了在 O 中的转化。将记忆和理解视作阻抗 T(O)的一种形式有别于弗洛伊德(1911)在"心理功能的两个原则",也不同于比昂(1962)自己所说的"思考理论",后两者都植根于趋乐避苦原则,因为思维的浮现与挫折耐受力有关。

信仰 T(O)和涵容 T(K)

埃根(Eigen, 1981)指出比昂将"对 O 的信仰"视作首要方法论原则。帕耳忒诺珀·比昂(P. Bion, 2000: 138)也强调,秉持无忆无欲的态度时,应带着敬畏心与神秘感,因为它让分析师对被分析者的投射以及自身因共鸣而产生的精神分析客体都更加开放。但涵容的问题是它旨在帮助病人,理解和缓解病人的痛苦——这些都属于感官领域,所以会阻碍 O 的进化和形成。

比昂因"渴求理解"是封闭的而将它放在第 2 列。这个观点虽重要,但很激进,许多精神分析师都不敢苟同。但对比昂来说,打个比方,知道病人是否真的已婚或未婚并不重要;若执着于此,分析师眼里便只有这些信息,与病人的未知现实、事情的本质就失去了联系。照此推断,前念属于 K– 顶点,是一种可被填充的容器。记忆和欲望也属于同一性质;它们都是容器,一个容纳过往,一个容纳未来。两者都是可填充空间的感官客体。

一旦 O 进化到可以通过感官印象辨别的程度,这一心理现实便会浮出水面。我们从言语中可以捕捉到无限与有限的这一交汇点,但因它们富含感性的联想,所以语言不足以充分表达。虽然言语有助于触及 K–O 交汇点,但信仰行为才是重中之重:更进一步接触 O 本身,催生在 O 中的转化,从而让 O

引出 K。

> 精神分析师关注的是 O，通过 K 的活动虽不能言传，但可窥见其一斑。K 看似能够透过现象触及 O，实际却并非如此。K 的作用取决于 O→K 的演变。
>
> （Bion, 1970: 29）

比昂是在建议分析师立足于无限（即多维的、无分化的幻觉矩阵）之中时，萌生出与 O 接触这个想法的；他认为只存在 O 到 K 的运动，不能颠倒。此信仰并非内涵丰富的宗教信仰。它超越了理解的范畴，直接触及无分化的领域，人们可以（像预言师一样）从这儿"预见"内心客体在该领域成型并被转化的过程。

> 对我而言，"信仰"是一种科学的心态，却也实至名归。但它不能受到一点点记忆或欲望的玷污。
>
> （Bion, 1970: 32; Eigen, 1981; Grotstein, 2007）

精 神 病

从 K- 顶点出发（见《从体验中学习》《精神分析的元素》《转化》），比昂认为分析师和精神病人双方都需要注意对内心体验及其在思维中的转化保持开放；换言之，即将情感体验心智化的过程。

从 O 顶点出发，比昂发现了分析师与精神病人身上最明显的区别。虽然两者都试图回避感官感受，但分析师不想受到趋乐避苦原则的妨碍，以便站稳 O- 顶点。精神病人恰恰相反，虽然也远离感官感受，却受趋乐避苦原则所驱使，还企图把一切都赋予意义，并阻挡住 K 和 O 中的一切转化，以此逃避痛苦。从 O- 顶点来看，比昂将精神病视作避免体验 O 的一种方式。

我从多年的临床经验中发现，在治疗属于神经症结构且认知调控力较高的病人时，从幻觉层进行精神分析很有效果。对我来说，依靠T（O）治疗精神病人和重度边缘性病人风险过大，最好是用比昂前一个T（K）模型，然后聚焦于涵容，并增强这类病人的α功能。比昂的观点正相反，他提议尤其是治疗人格中的精神病性部分时，分析师必须融入病人出现幻觉的那个层面，并推动O→K的转化。

在精神病人的前语言区（矩阵），即幻觉的领域，发生了在感官-印象（β元素）中的转化。该转化本身不包含意义，却可以提供快乐或痛苦，于是造成了：个体越是缺乏满足，就越贪婪，幻觉也就越丰富。分析师在T（O）中的行为恰好相反：幻觉矩阵中的信仰行为，它们可以在O-顶点上进化，并被思维捕捉到。比昂曾举过一个案例，那一次的信仰行为让他看到了在病人身上，一瞬间可以被拉伸为薄如蝉翼的岁岁年年（参见上文的"我尖叫"案例）。对于分析师来说，站在O的顶点可以获得启发，对病人则不然，后者正站在他的顶点上诉诸向幻觉的进一步转化。

T（O）受阻

精神病人没有T（O），因为一切都发生在感官层面。精神分析的性欲化（sexualization）是一种隐蔽的表达仇恨的方式。它阻碍了事物以O的形式表达以及在O中得到转化。它用感知把O堵得严严实实。同样，分析师的L、H和K联结也会切断他与O的联系。对疗愈、成为好妈妈（L）和理解（K）的渴求妨碍了与O的接触和T（O）。"成长本身是渴求不来的。此两难困境必定令人痛苦"（Bion, 1970: 79）。换言之，如果分析师意在疗愈、爱和理解他的病人，便会对O视而不见。这个观点对移情和反移情的处理有着深远的影响。它不同于传统的方法，在传统看来，从心理上处理L、H、K领域的移情-反移情是重中之重。

◆ **专栏 8.6　未知与分析师的态度**

比昂强调精神分析应当始终聚焦于未知。虽然我们无法获知未知之事，但至少对无限性和自身知识的匮乏有所感悟。按照比昂的说法，这体现为一种"神秘感"和"敬畏心"。奥古斯汀是已知首位记录心灵中所发生之事的哲学家，他在《忏悔录》（Confessions, Saint Augustine, 1998）中也提到了心灵的无限性。现代神经科学显示，潜在的神经元连接的数量与用于定义未知、无限的宇宙天体的数量属于同一个量级。借用柏拉图的话说，我们仿佛是"无限中的一块海绵"。但我们拥有意识清醒的头脑，可以适应不断变化的环境并努力使其可被预测。发展规划和模式，培养善于思考和适应百变环境的能力，目的都是为了生存（Edelman, 1992）。这与弗洛伊德（1911）在《阐述心理功能的两个原则》中所说的如出一辙。我们的心灵会避免自己被不知（not-knowing）和不可知（not-being-able to know）变得僵化。很难想象我们起源于虚无，并被虚无所包围。

虽然这种实用的思维方式在应对物理现实时有救命之效，但它限制了我们在精神分析中处理情感现实的能力。正如康德所说："一旦尝到掌控物质世界的甜头，头脑就会忘记它是一座牢笼。"我们喜欢关闭自己的直觉，不去看为保安全而造出的"幻觉面纱（veil of illusions）"背后的东西。当某件事超出我们的理解时，就会发生在 O 中的转化。于是有那么一瞬间，幻觉面纱被撕破，人们或可摆脱思维的禁锢。起初会有恐惧，但随之而来的是会心的喜悦，因为原本意想不到的事物在心灵的作用下开始有了形状。康德称之为崇高体验（the experience of the Sublime）。他举例说：当我们面对令人叹为观止的自然现象时，比如浩瀚星海，就会产生这种体验。

这就是为什么比昂建议我们对病人要每次都如初见一般。对不确定性持开放态度，松一松试图掌控和理解一切的天性，都有助于一睹 O 的真容，以及实现创造性的、转化性的改变。

> 在此我想引用梅森（Mason, 2000: 987）的一段话：
>
> 比昂曾对我说，游泳对他来说不费吹灰之力，所以根本不算运动。我想这正是他工作方式的一个真实写照。费力的是记忆和欲望，因为做起来必须克服阻力；而比昂的遐思相当于他的游泳——任凭无意识带着他奔流到"O"。我必须强调，只有经过常年的游泳训练，才能到达比昂那种"毫不费力"的境界。

从 O 的角度重新考虑 ♀ 和 ♂ 的关系

站在 O-顶点的话，比昂质疑精神分析能否涵盖所有的精神领域。用"容器寻找被容纳者（♀♂ 运动）"似乎不足以说明 O-顶点上发生之事。这样看来，称其为"探索未知"比从容器的角度思考更为贴切。容器这个概念毕竟有限。对此比昂连发数问，发人深省：人格能否被容纳于某人之中？见诸行动（acting out）是不是精神分析无法涵容某事物的一种表现？精神分析的临床现实能被纳入其理论之中吗？这些理论是否过于局限？

身为英国精神分析学会主席，比昂很想从 O 顶点剖析一下体制的动力。但如何剖析？为研究这一点，他提出了天才（接触过 O 的神秘主义者）与体制（机构）的关系问题。参照尼采的《查拉图斯特拉如是说》（*Thus Spoke Zarathustra*），比昂指出团体的功能之一便是在不破坏团体的前提下造神。通过建立规则，每个人都可以从天才（genius）或神秘主义者（mystic）那里获益，团体便可维持平衡。神秘主义者与团体不可互无关联。天才 ♂ 与团体 ♀ 之间可以采取以下三种关系模式：一体（commensal）、寄生（parasitic）或共生（symbiotic）。[8] 在一体关系中，两者共同成长；在寄生关系中，一方摧毁另一方；在共生关系中，两者缺一不可。

谎　言

从 O 的角度来看，谎言的特别之处是它与思考者的想法有关。"笛卡尔私以为思维要等待思考者提出，但这仅适用于谎言"（Bion, 1970: 103）。在 O 或真相之中，思维自然便可产生，无须由思考者构建。比昂根据与思考者的关系对谎言做了区分。他再次借用 ♀♂ 来比喻谎言和思考者。在一体谎言中，双方都有所获；在寄生谎言中，谎言会摧毁思考者；在共生谎言中，谎言与思考者相依为命。

根据新版分类，谎言不再局限于网格图第 2 列，而是分布于网格图多个类别之中。若想识别谎言，最好去观察自然出现的不变量和模式，而不是只看其陈述是否符合逻辑，因为只有因果关系出现漏洞才会暴露说谎者。

只有谎言才需要思考者，此言意义重大。干预如果过分依靠分析师的思考，就根本不是 O 的表达。所以从 O– 顶点来看，比昂摒弃叙事是因为它依赖于趋乐避苦的思考者所提出的虚幻的因果关系，而且在他看来这永远是思考者在表达。

从 O– 顶点转化出的 ♀♂

《精神分析的元素》提到过，从 K– 顶点来看，最重要的是搭配好 ♀ 和 ♂，以便实现转变。在 K– 顶点，♀ 找到 ♂（一个恒常关联）之后，便可用自身某个元素命名这个恒常关联。但从 O– 顶点出发，♀♂ 的关系就截然不同：关键是要把 O 释放出来。由此，明确意义、找准词汇都像是雕刻师在将原石雕琢成型，释放出里面的 O。也就是说，是 O 在奔向 K、♀ 或 ♂。比昂后来认为，♀ 和 ♂ 走的是不同的路线。它们会相遇吗？如果相遇，♂ 会清空或摧毁 ♀，♀ 也会吸干 ♂。所以并不是神秘主义者发现了 O，而是 O 发现了他，而且他可能会被它摧毁。同样，社群既可以涵容神秘主义者，也可以摧毁他或被他毁掉。

第八章　《注意与解析》（1970）

新的隐喻

比昂想找模型展示他的 O– 顶点视角，但发现没有合适的代数模型做类比，只得借鉴奥秘派的埃克哈特大师和十字架的圣约翰（St John of the Cross）的表达。虽然比昂引用了他们的话，但并不代表他将精神分析视作奥秘派的一种形式。

"物自体"这种东西永远无法为人所知；这位宗教奥秘派人士却声称可以直接触及他渴望与之合为一体的神灵。既然这种描述体验之法很好用，只需根据我的需求加以整改便可，所以不妨借来一用。

（Bion, 1970: 87）

比昂同样借鉴了柏拉图和基督教的模式。

柏拉图式的形和基督教的教义（dogma）都是指纯粹的本质，我希望将其假定为一种普遍现象，比如"惊恐""焦虑""恐惧"和"爱"。简言之，我用 O 代表每位精神分析师都必须面对的所有情况之本质特征。他必须与它合为一体；他还必须识别出它演化（evolution）的过程，以便于在诠释时对它进行阐述。

（Bion, 1970: 87）

任何人、任何事，其现象都与终极现实有所关联。为了指出 O 与 K 的交汇点，比昂借用埃克哈特大师的一个类比来描述 O– 顶点上 O 移动到 K 的过程：这些特质之于终极现实就像三位一体之于神性一样。三位一体是神性可被理解的一个点，而神性原本是无形、无限的（Bion, 1970: 88）。我们无法命名或构思神性。终极现实所依赖的基础也不是感官体验。所以说精神分析这门科学也不应建立于感官体验之上，它与科学探讨、音乐、美学、政治等相反，后者都以感官为基础。恐惧、惊恐、爱与焦虑没有感官背景。它们在被表达出来之前就已经存在于非感官层面；换言之，它们具有一种纯粹的本质。若能借助直觉接触到这一本质，或许能赶在它在感官现实层面被表达出来前看到某种转化［T（O）］。

技　术

比昂的技术一直以"在明显不同的环境中挖掘万变不离其宗的模式"为本（Bion, 1970: 92）。在这些变化多端的背景或顶点中，我们可以看到O在逐渐演化，直至能被理解。做梦者与清醒者的顶点不同；未分化层与思考型、理解型分析师的顶点不同。无意识与意识的顶点也不相同。即便存在上述差异，各个顶点仍需尽可能靠近，便于分析师眼观六路（参见专栏8.6）。

模式不变，用的时候便会有留白，有利于发现新事物，换言之，就能扩大照明区域。就像比昂将俄狄浦斯、巴别塔、伊甸园与弥赛亚的期盼关联起来，是因为它们在展现与知晓的关系时呈现出某种共性。这几个故事各有侧重点，但都把知晓视作不祥之物。

从 O- 顶点出发的思考和行为

一旦从顶点出发去思考，β 元素都可被当作一个单独的顶点，它从不同方面关系到 α 的发展。行为和思考也是如此。比昂后来认为，从O的视角看，思考和行为可被视作两个不同的顶点；它们不一定是一对（另见专栏Ⅱ-1）。此处比昂背离了弗洛伊德在"两个原则"中以及他本人在"思考理论"中关于行为和思考间动力的解释。行为和思考是两个不同的顶点，彼此可形成各种关系，比如相互支配或彼此共生。从O出发时一定要记住，万物皆可包含O。分析师首先要看到——凭直觉了解病人身上O的演化——这可以在不同顶点上完成。

第八章 《注意与解析》（1970）

再探精神分析客体

  弗洛伊德说，他必须"人为地让自己失明，把所有光对准一个黑点"。这句话很好地概括了我想用 F 来代表的那个领域。通过摒弃记忆和欲望"人为地让自己失明"，就能抵达 F；这束黑光可以直接刺穿分析情境中的阴暗面。人们透过 F 便可"看见""听见"和"感受到"心理现象，这一事实没有任何精神分析师会怀疑，虽然他们无法用已知的构想准确地解释它。

（Bion, 1970: 57–58）

  分析师在"失明"中守着一束黑光，等待"看见"O 演化出的各种元素（Bion, 1970: 58）。如此，人最简约、最终极的本质才能显露出来。分析师得以免于被感官领域的特性（或他对这些特性的感知）所"致盲"，才能"看见"O 所演化出的方方面面。它们都是被分析者在转化过程中的非感官不变量。分析越是深入，精神分析师和被分析者就越容易进入一种状态，双方都在思考，抽丝剥茧到最后病人是什么样子。分析的目的也正是将这一本质反馈给病人。简化到极致的这个点是无可疗愈的，因为我们所见到的是病人赖以生存的根本。

◆ 专栏 8.7 精神分析客体概念在比昂研究中的演变

  欧几里得有个开放性的定义，即认为数学在于数学客体。同理，比昂认为精神分析在于精神分析客体。精神分析客体是未知的，它可以改头换面千百次，出现在不断变化的梦境、移情、态度和姿势之中。

  在《从体验中学习》中，精神分析客体被定义为一种函数（功能）——根据填入变量不同——可以得出海量形态。换言之，我们在会谈中发现的精神分析客体是由元素之间的恒常关联组成的函数（功能）。由于既有的恒常关联所串联起的元素各有不同，所以精神分析客体的各种临床表现会千差万别，但联结，那种丛集性的联结始终不变。引起外表变化的这种稳定的联结本身是无法形容的。它为我们的感知带来了统一。联结和精神分析客体无法通过逻辑推理产生。我们只有顺其自然，抱着放松注意的态度，允许脑海中自然而然地出现连贯性，他们才会浮出水面。比昂后来把这种心理结果形容为 PS-D 振荡和选定的事实的出现。元素之间的联结是无法被感知的，因为联结本就是非感官的。每个个体分析都有其独特的精神分析客体。

下面举例说明这种精神分析客体，一位病人讲了两个与航行有关的故事，第一个故事是架着他那艘小船横穿一艘大船，听起来十分危险。另一个故事是讲他对第二次世界大战感兴趣的事。两个故事都表达了对危险和灾难的迷恋。它们是同一个潜在的恒常关联的不同外在表现。故事的意义和对其前因的推断固然重要，但这一潜在恒常关联的现身以及它一次又一次地作为选定事实出现，才更为紧要。精神分析客体属于心灵层面的东西（psychic order），虽然它常表现为某个感官现象，但并不是某种给定的物质。

在《精神分析的元素》中，比昂提出了精神分析客体的几个特征。它总是关乎某些情绪强烈的、生机勃勃的东西（所以他才谈及激情，但赤裸裸的仇恨和攻击除外）。它的外在表现可被感知，但本质上属于心灵层面。它不是物质事实，属于神话（或杜撰）类。上述特征单独拎出来都不足以概括精神分析客体；必须同时满足才行。网格图的各行各列可以反映精神分析客体的各种现象，但反映不出其本身。精神分析客体已经超出了网格图的元素或类别的范畴。这就是为什么比昂认为至少要 3 个网格图类别才能锚定精神分析客体。

在《转化》中，比昂通过观察转化前后元素之间不变的关系，才接近了构成精神分析客体的恒常关联。

在《注意与解析》中，比昂强调了精神分析客体的心灵性和难以形容性这两个特征，并将其视作一种即将被实现的形（Form，此形非柏拉图式的形）。这种无法形容的心理客体被描述成一种特性观（Character-Idea），即人格中简约到极致的部分，它在不断转化的过程中实现自我，我们却只能捕捉到它的余晖。比昂意识到，我们的学识远不足以理解精神分析客体，但允许自身在这种难以形容的客体出现时被它击中又是一种特别重要的体验，所以他只好转向奥秘派的语言。他想把重点放在T（O）的体验方面。比昂后期方法的核心正是倡导人们去体验精神分析客体并允许自己受之影响，而不是去认识它或与它抗衡。这就是他曾在《从体验中学习》为讲解T（K）而提出的PS-D振荡，现在则是为说明T（O）而服务。在比昂看来，它们说明了精神分析疗法的来龙去脉。

为了体验一下从未分化或无限的区域浮现出的精神分析客体，比昂试着进入"无忆、无欲、无理解、无连贯"的状态。要体验精神分析客体，就得实现恒常关联和选定的事实，它们是从忍耐（patience）状态转为安全（security）状态之后才能被直觉到的。J. 古奇（J. Gooch）曾接受过比昂的分析，他感到比昂的技术很容易让人接受，病人和分析师各自的精神分析客体通过投射性认同可以产生共鸣。之后便可就此做出诠释（Gooch, 2002）。

T（K）和T（O）的"PS-D，♀♂"公式

最终比昂延续了他在《精神分析的元素》中的做法，将PS-D和♀♂归为T（O）的本质。如此一来，这个公式贯穿了比昂工作的始终。

所以，此刻我用寥寥数语来描述专业精神分析师所采用的、可以说是最重要的机制，或许有些让人吃惊……如果精神分析师每次会谈都遵循了本书中所说的，尤其是关于记忆和欲望方面的方法，他就能意识到，无论分析双方多么熟悉面前的材料，其实都有一些方面尚未知晓。若想到达类似偏执－分裂位的状态，就必须杜绝任何依赖已知之事的企图。我用"忍耐"一词区分这种心理状态和"偏执－分裂位"，因为后者专用于形容梅兰妮·克莱因所说的病理性状态。我选择该词，是考虑它与痛苦和忍受挫折有关。我们应当坚持"忍耐"到某个模式被"演化"出来，

而不是"急于追寻事实和缘由"。之后的状态类似于梅兰妮·克莱因所说的抑郁位。我称之为"安全"状态，意思是它与安全感和焦虑的减少有关。我认为没有分析师在两个阶段——"忍耐"和"安全"——都经历过之前，就敢说自己已经做好了诠释的万全准备。从忍耐到安全或许只有咫尺之遥（比如在分析的结束阶段），但也可能相距甚远。很少有精神分析师认为自己能摆脱被迫害感和抑郁感，它们常常与偏执-分裂位和抑郁位这两种心理状态有关。简言之，每当我们给出一个精彩的诠释并为之自豪时，往往紧跟着就是一种抑郁感。我认为，一旦感到自己在"忍耐"和"安全"之间来回振荡，就说明我们的工作正在体现出它的价值。

（Bion, 1970:123–124）

"引出成就或替代成就"

在比昂的研究不断发展的过程中，碎裂（fragmentation）[1]这一概念变得越来越重要。在他看来，我们都是支离破碎的，而容忍这种心态非常重要。我们得摆脱想要去知晓、分类和把控的心态，容忍所谓的精神病模式，O 在这个模式中的幻觉层才能找到 K。比昂后期的研究是以 PS 为基础的。他（1970:125）就这一点引用了约翰·济慈对"有成就之人（Man of Achievement）"的"负性能力"的描述。

我与迪尔克（Dilke）没有起争执，只是就各个主题探讨了一番；有几件事一直在我脑海中碰撞，突然我想到，究竟何种品质造就了一个有成就之人，特别是在文学上，莎士比亚拥有何种能力才能如此卓尔不凡——我指的是负性能力，即一个人可以身处于不确定、神秘、怀疑之中，却并不急于追寻事实和缘由。

（Keats, 1817）

---

[1] fragmentation 也译作碎片化。——译者注

第八章 《注意与解析》(1970)

◆ **专栏 8.8 负性能力：济慈与比昂**

比昂后期对精神分析师的看法与济慈在信中对诗人的看法之间有着惊人的重叠。

济慈并不赞同与他同属于浪漫主义诗人的华兹华斯（Wordsworth）和柯勒律治（Coleridge）。他觉得他们在用理性思考寻求一元真相，这种态度充斥着闭塞视听的先入之见和矫揉造作，内在全无诗意与灵感（Bate, 1963）。而这种充满诗意与灵感的天赋与比昂所说的精神分析的天赋非常接近（Bion, 1970）。

济慈给兄弟们写信之前刚听过哈兹里特（Hazlitt）的一场讲座，其中"gusto（勃勃生机）"这个概念给了他不少启发。"gusto"是一种激情、生机。济慈把它比作提香（Titian）的画作，画中人"不仅头脑在思考——身体似乎也在感受"（Bate, 1963: 244）。"gusto"一词与哈兹里特对心灵的看法密不可分，他认为心灵不仅下意识地以自我为中心，而且自然地指向身边一切事物。济慈对这个观点产生了共情式认同（Bate, 1963: 378），所以在另一封信中写道："假如一只麻雀飞到我窗前，我便与它合为一体，同在砂砾中觅食"（1817年11月21日）。哈兹里特和济慈都认为保持谦卑和无私是达成这种状态的必要条件。所以济慈借鉴了哈兹里特所说的人类大公无私的心态（Bate, 1963: 258），且发现它在苏格拉底身上展现得淋漓尽致。比昂也有类似的观点，认为精神分析师最好秉持顺其自然（self-abandonment）的态度。济慈的名言"若想具备负性能力，就必须摒弃'任何急于追寻事实和缘由'的冲动"也应该放在这个背景下去理解。济慈认为容忍未知的能力是最为重要的。有成就之人往往具备这种心态，不受自身特质束缚是诗人的最高境界——济慈认为莎士比亚堪称此中翘楚。这是一种极致的包容心，济慈如是说："我认为我们应该成为花朵，而不是蜜蜂"。正如济慈的另一句名言："诗歌创作如果不能像树上长叶子那般自然，不如不写"［Keats, 1817，写给约翰·泰勒（John Taylor）的信，2月27日］。

比昂的新观点着重于碎裂和对碎裂的容忍，并强调不同顶点上的演化，所以他认为嫉羡与人格彼此独立。它位于人格之外，被分裂成碎片。嫉羡（而不是人格）被碎裂开之后，每个碎片都在增生，最终导致嫉恨的恶性增长。"一个个癌细胞埋伏着等待成癌"。比昂想到，各个系统之间如果是独立运作的，那么烦扰到人类的或许是自己的大脑和伴随而来的思维。所以人们才倾向于用呆若木鸡、木僵、性欲化或见诸行动等方式保护自己。

综上，比昂尊崇的是从 O– 顶点开展观察时能容忍碎裂和未知。这种观察极为重要："'冗长的分析'错就错在无效的观察，要是连观察的重要性都不理解，只会更糟糕"（Bion, 1970: 125）。但这种观察必须来自 O– 顶点，那相当于接触了 O。一旦偏离 O– 顶点，由感官、激情、快乐和痛苦接手，那么对精神分析的仇恨以及与之相反的精神分析性欲化都可能发生。

比昂对替代行动的语言和作为行动之前奏的语言进行了区分，并用有成效的语言概括了两者。它们最终汇聚成《注意与解析》的最后一段。

> 我们所探寻的既是对神（母亲）的修复，也是神（无形、无限、无法形容、不存在之物）的进化，只有在无忆、无欲、无理解的状态下才能找到。
>
> （Bion, 1970: 129）

对母亲的修复可以解释为对内在想象的乳房的修复或 T（K），而神的进化可以说是 T（O）。

结　论

《注意与解析》是比昂精神分析奇幻之旅的集大成者。对 T（O）的关注为理解心理变化以及观察和诠释带来了一种全新的视角。他把原先用于理解 T（K）的表述全部更新换代，以便于理解 T（O）：包括 α、β、♀♂、PS-D、真相、精神分析客体、精神病性部分、幻觉层等。他成功地将 T（K）

和T(O)整合为心理功能和变化的双重轨道(Vermote, 2011)。这本书反映了他在理论和临床理解上的剧变。后来比昂再未开发任何新的概念,转而致力于阐述自己在《注意与解析》中的各种洞察,并尝试不同的风格、形式和临床实践。

◆ **专栏8.9　詹姆斯·格罗特斯坦：超验位**

詹姆斯·格罗特斯坦(James Grotstein, 1925—2015)是邀请比昂迁居加利福尼亚的洛杉矶分析师之一。他在比昂那里接受了一段长程的分析,然后在美国心理学会(APA)要开除加利福尼亚的克莱因学派分析师之际,他与比昂成了同事兼好友。前期他作为克莱因学派分析师曾架起了与精神病学之间的桥梁,后期又因诠释比昂的研究而闻名。格罗特斯坦有第一手的资料可以理解比昂直白的、寓言式的情感体验表达。他以学者身份对比昂提出的概念进行了研究和学术性的诠释。

不仅如此,他还举一反三,以自己的方式利用O、思考O、成为O。他的文章简直将O奉上神坛,借他形容比昂的一个词来形容他自己,可以说是"登峰造极"(Grotstein, 2007: 114)。在格罗特斯坦眼中,比昂是"自由的普罗米修斯"[1];他认为精神分析培训师的任务是帮助"在受训中被分析的学员"成为一名彻头彻尾的奥秘派人士(Grotstein, 2007: 3)。受康德启发,格罗特斯坦发现。

> 人类的生存两头受O所困……意思是,O埋伏在(内在和外在)情感体验的感官刺激之中,也隐藏在未经表达的无意识固有的前念之中。
>
> (Grotstein, 2007: 87)

---

[1] 希腊神话中的提坦神之一,与智慧女神雅典娜共同创造了人类。——译者注

格罗特斯坦认为 O 是终极真相，是神性。β 元素是 O 在原初情感方面的衍生物，是 O 的幽灵（Grotstein, 2007: 59），O 的阴影或印记（Grotstein, 2007: 60）；α 元素"象征着主体已经将个人性归结为是 β 元素那些非个人的体验所形成的，相当于认领了它们"（Grotstein, 2007: 61）。没了思考者，思维便是"天生的前念"，而且。

> O 的衍生物都是"未出世的胎儿"，是"长生不老的"，它们看似位于我们的内心世界，实则飘忽不定，变幻无常；之所以不能定位，是因为它们从来都不是客体——在不断涌现出来时就已经成了主体。
>
> （Grotstein, 2007:125）

内在客体和自体是"O 辐射到各处的印记"，可在他人的帮助下显露出来。这正是精神分析的目标："体验 O 的能力是精神分析这门学科的一种妙不可言的特权……谓之'有成就之人'"（Grotstein, 2007: 127）。体验成为 O 成了一种驱力，即求真驱力（truth drive）。这是我们能够超越抑郁位的一个阶段，被称为"超验位（transcendent position）"。这个概念被格罗特斯坦收录在比昂的公案（Bionic koan）中："我们往往浪费一生的时间，在终生无人认领的自体的阴影之中度过。"

比昂去世后不久，格罗特斯坦（Grotstein, 1983）就主编了一本很有影响力的著作来纪念他，这本著作代表了当时比昂派研究的最高水平：《我敢扰乱宇宙吗？》（*Do I Dare Disturb the Universe?*, Grotstein, 1983）。后来他在《谁是做梦的梦者》（*Who is the Dreamer Who Dreams the Dream?*, Grotstein, 2001）中进一步阐述了自己的思想与比昂观点的关联，并通过在《黑暗光束》（*A Beam of Intense Darkness*, Grotstein, 2007）中描述"奥秘派人士比昂"，从根本上理解了比昂和精神分析实践。

比昂派与奥秘派相似的方法可见于爱泼斯坦（Epstein, 1995）和埃根（Eigen, 1998, 2001, 2012）等人的诸多论文。

注　释

［1］ 幻觉层这一概念在比昂后期的作品（Bion, 1971）中越来越脱离精神病理学的内涵，最终与产生思维的无限基础层无异。

［2］ 在他的网格图中，横轴上甚至有几步与弗洛伊德（1911）在《阐述心理功能的两个原则》所说的如出一辙：注释、注意、探寻、行动。

［3］ 这与他1963年在《网格图》（Bion, 1997）这篇论文中的观点不同，彼时他将精神分析中的O视作一种情感体验。

［4］ 这类似于他在《团体中的经验》中所说的基本假设。

［5］ 比昂试图从奥秘派寻找文字和意象来传递体验，但对于比昂来说，O的体验在精神分析中另有其特性，与我们在奥秘派的埃克哈特和佛教等处的发现有所不同，后者将非感官的感知与其伴随的短暂的自体解离描述为一种愉悦的解脱和开悟。

［6］ 克尔凯郭尔虽然主要是从宗教视角看待信仰这种态度，但他对信仰的详细注释多数都超前于并（可能在思考的传播方面）启发了比昂，所以后者才提议将信仰列为科学立场的一部分。

［7］ 这与康德用"敬重（Achtung）"一词描述思考遇到崇高体验中的"物自体"的情形异曲同工（Lyotard, 1991: 76）。康德认为在崇高体验中，当心理遇到无法把握之事时（仿佛遇到坎坷的地形），思考便相形见绌，恐惧也油然而生。

［8］ 可以想象，这个模型对个体心理同样适用，即心理上的天才部分和体制部分之间的关系。

第九章
第二种思维——评论《精神分析论文集》(1967)

比昂将10年来发表的多篇精神病相关论文添加了引言和评论结集成册，是为《第二种思维》。添加的材料展现了比昂与自己的对话，引用了他在四本理论著作中的观点，且用网格图概念解读了他的早期论文，因此值得一书。它让我们看到了比昂与早年研究逐渐背离的过程。如果不了解比昂后期的工作，就很难理解这份独特的文件。因此，我决定在第二部分的转韵之后，按时间顺序讨论他的第二种思维和评论。

精神分析论文中对临床材料的注释和表述

比昂撰写精神病相关的论文时，曾采取精神分析论文常用的方式呈现临床材料。到撰写《评论》(*Commentary*)时，他已经明确认识到这种方式往往是在做封闭的表述：多半只是确认了一条已有的思路。换言之，它属于网格图的第1列甚至是更糟糕的第2列。此外，他认为所谓的对临床材料进行事实表述，实则必有所扭曲。一旦以叙述的形式表达体验，或依靠记忆（哪怕是新鲜出炉的记忆）和感官体验进行表述，扭曲都是不可避免的。相比之下，精神分析关注的是感官之外的现实，即一种无色无味的情感体验。这种情感体验永远无法被呈现。即便有少许变化，病人也不至于面目全非。比昂发现，在此使用事实表述反倒成了最糟糕的一种杜撰。使用杜撰原本意在更近于心理现实，但他认为自己20世纪50年代撰写的那些文章并未做到这一点。比如他不满于自己在《形象孪生子》中对病人的封闭的表述，仿佛是刻意在让读者领略精神分析的奇效。

《形象孪生子》充其量可作为彼时彼刻产生的认识（一种适用于非感官

资料的形式）来读。多年后热度退去，说不定又出现另一个同样精彩的认识。比如比昂最初对病人的表述是单调乏味、无精打采的，如今看来，他是在试图捕捉自己与病人关系中某种难以形容的体验，是在描述病人"无法从感官上把握到的"的抑郁情绪。

在比昂看来，由于分析师与病人关系中的体验难以形容，所以越少用感性术语描述的诠释，可能就越准确。比昂认为，难以形容反倒比语言含义更为重要，面对精神病人时尤为明显。我们能在会谈中接触到这种体验，却很难向读者形容，哪怕写给自己看也是如此，正如比昂回顾自己早期论文时的感受。

对一次会谈最准确的注解是通过表述会谈中的主观体验，不是只谈过去式（C3），而是去构想一幅未来的图景（C4），它是不饱和的，对可能发生之事抱有开放性态度，而不是停留于对过去的精准记录。[1]它可以是一种直觉，病人在顺应自身本性的同时，沿着该方向不断进化，不会仅凭此刻表现就被下定论。产自感官时空的表述无论如何也无法捕捉到关键时刻那种难以形容的体验。用于表述事物的模型很快就会饱和，从而蒙蔽我们的双眼。比昂在1967年发觉这可能是他50年代论文的主要问题。分析师必须对所有的进展保持开放——所有不同水平和性质的思想和感受，无论愉快或不愉快，都要尽可能敞开胸怀。比昂的观点是，人们应当以无记忆或无欲望的状态去分析可能性的发生。

诠释可以是"正确的"，但若只为显摆理论，而不考虑它试图抓住的那个认识的独特性，就无法演化出任何东西。同样，写文章的目的也是希望读者能借此有所发展。如果一篇文章仅仅是对理论进行合理运用，就达不到这个目的。更有甚者，不少论文先描述一部分会谈经过，再进行诠释。比昂认为此举毫无价值，因为诠释和联想千千万万，一个人无法通过感官（听、看、闻、触）接触到非感官的心理现实，只有通过直觉才行。用文字很难向读者传达这种非感官的现实；最多能试着传达对它的认识及相应的诠释。更何况，用于表达的文字也会因过于狭隘或宽泛而无法涵盖难以形容的体验。"模型（model）"的概念恰好说明了这一点。模型是指将非感官的某些东西转化成另一种媒介。病人和分析师虽然使用的模型不同，但因两人都在接触同一个非感官现实，效果也算差强人意。可撰写论文时，读者与作者的体验不同，用

第九章 第二种思维——评论《精神分析论文集》（1967）

起模型来就更加困难。不止如此，那些数不清的诠释究竟如何选择？若想看到模式（patterns），又必须有所选择。比昂认为这一选择必须通过一连串的沉淀而自然而然地产生；换言之，得通过选定的事实而自发产生。如果选择某个诠释仅仅为了炫技，其实大可不必。

不只语言和感官，空间和时间也会阻碍一切试图理解心理现实的行为。这些困境在《第二种思维》诸篇文章里所说的精神病人那里尤为明显，因为他们的时空感受到干扰，又因为他们受挫太多、不堪重负而否认时间和距离。不止如此，或许迫使分析师借助记忆和欲望也是为了回避接触心理现实所产生的挫败感。分析师和病人一同成长的同时得避免否认心理现实，否则很难说是在做精神分析。

◆ **专栏 9.1 精神分析师的诗集**

弗朗西斯卡·比昂下面这段话说的是比昂为精神分析师撰写的诗集，摘自存于比昂纪念馆中她的文章。

他曾希望编纂一本诗集，这我一点也不意外；精神分析是他思考的基石，所以这本诗集是为精神分析师而收集的。他说，这不是用于那些顶着精神分析师"头衔"的人，也不是某种认证标签，而是"来真的"。每一首诗都经过他精挑细选，并非是让读者练习精神分析的技巧，给出所谓的"精神分析式"诠释，而是希望读者无论从前对这些诗文多么熟悉，都能从精神分析的角度拓展视野，获得某种新的体验。

不幸的是，这本诗集和他诸多作品一样，都只被列为计划而未真正面世，但我想给你们读一段他写的引言。

在这个瘟疫横行的年代——并非贫困潦倒、饿殍遍野，而是富得流油、撑肠挂腹的年代——很容易失去敬畏之心。诗人赫尔曼·梅尔维尔（Herman Melville）提醒得好，读书的方式众多，但极少有人会带着敬畏心去读。读人更是如此。

有人问："为何要攀登山峰？"回答是："因为它就在那里"。我补充一点，有些人非要拖到粗糙度、高度、深度、倾斜度都被磨平，才肯锻炼。科罗拉多大峡谷将被驯服；珠穆朗玛峰、干城章嘉峰竟有霓虹灯闪烁；格伦科山口被魂魄所弃；楠达德维山已非七圣人的家乡；楼梯大师沦为无骨之魂。一如威廉姆·布莱克在《格言诗》中所道："欲成就大事，需人与山之相遇；而冲撞于街头，注定难成气候。"

我借诗表意，是为其寓意远超我之所能，倘若我自己也会写诗，恐怕早有行动。与我而言，无意识——此处姑且用这个词——展现了"沉淀（down to descend）"之道，其领域之宽广令人肃然起敬。

（Bion F., 1981: 4）

安妮·莱纳说的一则逸事生动体现了比昂对诗歌的兴趣。

比昂旧居以东两个街区外是当今有名的时尚的罗迪欧大道，从前那条路上有一家五金店、一家书店和几家小卖部，如今满街熠熠生辉的都是普拉达（Prada）和蒂芙尼（Tiffany）这样的商铺。当年比弗利山庄这弹丸之地上至少有三家书店，如今竟荡然无存。其中一家专卖精神分析的书，玲珑古朴，门口的旧木桌边常有一位沧桑的老者坐那里看书。他寡言少语，一开口便混合着匈牙利口音，声音低沉而微弱，仿佛自远处传来……

就在我开支票买单时，这位脾气不好的老兄看出了我对比昂作品的兴趣。他显然对比昂印象深刻，提了一句，"他总来这儿，主要是买诗"。

（Reiner, 2012: XVII–XVIII）

第九章 第二种思维——评论《精神分析论文集》（1967）

精神病以及与无限的关联

若想与无限有所关联，成长是头等重要之事。举例来说，假如病人将父亲理想化，最紧要的不是去解释父亲形象的被扭曲，而是看到这种理想化阻碍了病人与无限之间的关联，因此最好提醒病人是他封闭了自身对未知的体验，对父亲产生了刻板印象。只有与 O "合而为一"时，即当病人敢于体验浩瀚的未知、从无限（同时是虚无）中衍生出思维的时候，才有可能谐调地成长（Bion, 1984: 145）。如此才能生发出真正的尊崇和敬畏，而非不成熟的理想化所生出的那些虚幻感受。相对于 20 世纪 50 年代的关于精神病的论文，比昂后来发展出一套连贯的思考理论，这时的他认为思维"从暗黑无边的无限之中脱颖而出"，该无限是不可知、不可描述的。比昂将其与埃克哈特的观点相提并论，后者曾提及三位一体这个概念最接近不可知的、无限的"上帝"。也就是说，"三者与暗黑无边的无限中脱颖而出的一个恒常关联绑到了一起"（Bion, 1984：148）。

全新的比昂思考理论由此成型：无限先于有限而存在；思维先于思考过程而存在。当我们思考某事时，应当想到它出自无限，同时有成千上万的思维尚未找到思考者。分析师必须尽可能地开放，以便于思维的进化，然后观察其进展，并根据选定的事实做出性价比最高的选择。分析师的任务就是让病人回归自我。

此时精神病性的部分可以表述为不是从无形的无限之中获得的东西。精神病人可以试着以理智的方式应对他那负担过重的无意识世界，即对无限产生虔诚的敬畏心。这样，错乱的精神病人就会变为精神病性的清醒状态。但如果他是用逻辑、现实或科学的看法去理解自己不堪重负的无意识世界，就会继续精神错乱。错乱的精神病人的状态好比一切都是一刀切、一锅炖。虽然无限也在，但没有任何有限之物可以依托，很容易让人彻底迷失。这里没有差异化，没有与有限的联结。倘若对无限抱有敬畏之心，敞开胸怀让思维在这里进化，情况就会截然不同。分析师应当看清这一点。比昂举例说，病人的攻击会让分析师感到两人之间漂浮着一张像皮肤一般、无边的、单分子的平面。分析师要直觉地感受到和"看到"攻击是如何演变成此种体验的。只有聚焦于无限的未知，才能做到这一点。依靠思考和条理性来处理精神病人的方式，似乎是反直觉的，就像比昂在其思考的理论中所建议的那样，也如 20 世纪 50 年代处理精神病人那样。但他在《第二种思维》里的文章中提出了反对意见：分析师应当尽可能地接近无限，试着从无限的角度看待事物。精神分析中此类现象很难说与人听，要病人在场才能分享体验。与数学这样的学科有所不同，我们目前还没法用抽象的方式处理不在场的客体。

对非感官现实的极致关注

在会谈中与非感官维度或 O 接触非常重要，此观点令人们对精神分析基于感官体验和享乐原则的疗愈理念产生了怀疑。比昂认为，疗愈这个词有防御之效，它抹除了人们对精神分析体验和精神分析客体的陌生感。虽然安全感会由此提升，但工作也就此停滞。多年后比昂才发现，当年撰写精神病论文时那些令他印象深刻的病人的改善并不是分析性工作的成果。那些预想本应搭配的是某个观念，却搭配成了某段回忆。比昂旗帜鲜明地表示：精神分析决不应为欲望留一丝余地。未知的非感官现实才是最重要的。分析师必须时刻抱有哲学式的怀疑态度，精神病人则会竭力攻击这种态度，企图让分析师恢复记忆和欲望。正如前文所说，运用这种态度其实是有违直觉的，因为人们总是自然而然地将它用于更偏神经症的病人，而对于精神病人则倾向于尊重其防御，以免打断他们与现实之间岌岌可危的联系。比昂和克莱因一样，相信每个人都有精神病性的部分，精神分析只有在这个部分浮出水面时才有意义。

比昂在《论傲慢》的讨论中提出，好奇、傲慢和愚蠢并存的进化模式（相比于他当年写文章推导出这一模式时）更容易在无限中演化而来的无忆无欲的精神状态下出现。到《评论》时，比昂更愿意解释他在非感官层面看到的进化。直觉是非感官的感觉器官，是感官的心理对应物。任何源自感性的

第九章 第二种思维——评论《精神分析论文集》（1967）

诠释都将是错误的。

比昂（1984: 158）承认自己在撰写精神病相关论文时过于重视诊断，由于自己的观点势单力薄，总想找个靠山。可一旦进入无忆无欲状态，靠山便自然消失。分析师往往只能孤军奋战，因为病人也想找个确定的依靠。比昂认为阅读时宜采取同种态度。阅读这种临床体验——边读边忘——可以刺激进化，但若文章过于丰富，也会让人产生防御的态度。比昂还明示我们，他的文章最好读过就忘，然后再读。他认为此法对于处理临床材料同样适用。

结　论

"评论"虽篇幅不长，却极其重要，因为它展现了比昂意识到应当对 O 领域保持开放之后，重新解释其先前概念和临床体验的过程。

◆ **专栏 9.2　促进 T（O）的心态的一些哲学背景**

我们发现，比昂赋予 O 的许多特征以及他提出的心态，正是中世纪的新柏拉图奥秘派兼主教梅斯特·埃克哈特所说的，我们内心不可知的、未分化的天赐本性。由于已分化的言语思维会妨碍这一本性，所以我们往往要试着摒弃各种自我功能，摆脱日常所需的评判和思维的桎梏，如此才有奥秘派的否定神学（即上帝不存在）和佛教徒的悖论（即烧毁佛像）。同理，O 也没有实体——它只是一个有所指的概念。比昂的 O 关乎存在和纯粹的体验；他的 K 则是指通过无意识的思考去接触不可知的现实。

援引埃克哈特的《布道》（Sermons）来说：天赐本性自身不会动摇，却能推动我们。它无关时空；不可形容，无法谈论。它就好比火中之火。它永远只是潜在而非存在于某物之中，所以你只能接触它形成之处，却无法触及它成型之时；它是一个正在脱胎成型的过程。只有头脑混沌、精神空虚（Ledic Gemut）、自我放逐之时，才能体验到它；它随性而来，不可强求。自我放逐和超凡脱俗有助于自然地体验到这一本性，埃克哈特称其为"任其自然（Gelassenheit）"，即接纳、遗忘和不知到极致。

埃克哈特对海德格尔等哲学家产生了巨大的影响，也是后者撰写《存在与时间》（Being and Time）时的灵感来源。海德格尔也将上述"任其自然"视作一种基本的心态（Visser, 2008）。他将数学上的逻辑思维（不是比昂的推论）与"深思熟虑（das andenkende Denken）"进行了对比，这是他所说的真正的思维。它是一种接纳，允许讶异，保持尊重，不求掌控；简言之，就是"任其自然"（Ijsseling, 2015）。海德格尔后来有个"转折（Kehre）"概念，与比昂的转韵异曲同工，他抛弃了形而上学的立场，将上述心态作为通往存在或生存的捷径。该心态最贴切的形容是"源诗（Urdichtung）"[1]，与比昂从济慈那里借鉴来的"有成就的语言"并无二致。

中国的"无为"属于同种心态。怀特（White, 2011）将埃克哈特的"任其自然"和中国的"无为"与比昂联系起来。这类似济慈说的"负性能力"（参见专栏8.8），我们从禅宗或卡巴拉教这样的希伯来奥秘派中也能找到不少相似之处。在比昂看来，分析师的这种基本心态体现在其"耐心-安全感"和"无忆、无欲、无理解、无连贯"的态度上。纳吉布（Najeeb, 2014）将其联系到印度的吠陀佛教。

比昂的分析性态度的核心似乎是一种静心等待的状态。艾略特（T.S. Eliot）在《四个四重奏》（Four Quartets）中《东河村》（East Coker, 1940）这首诗中形象地描述了带着信念而不是爱、希望与思维去等待的样子。

安格鲁斯·西勒辛斯（Angelus Silesius）将埃克哈特的"任其自然"所表达的自我放逐感形容和运用得十分到位。

> 自我必须无条件地放逐自身。它必须放下所有的自我认同、个性或差异性。最重要的是要放下所有欲望，包括对奖赏、幸福、未来生活甚至对神的欲望；因为任何欲望的残存都说明欲望本身仍在持续生长。它必须灰飞烟灭。它必须销声匿迹。因此安格鲁斯·西勒辛斯的

---

[1] 海德格尔在《林中路》中提出"存在之思是源诗，一切诗歌由它生发而出"。——译者注

第九章 第二种思维——评论《精神分析论文集》（1967）

> 定言命令就是"Sei nicht"——什么都不是。[1]
>
> （Angelus Silesius, 1737, 1986: 88）
>
> 比昂的方法中也对本质有着相同的看法，即让一个人回归自我，通过避开记忆、欲望、理解和连贯性来接触其未分化的、无限的心灵核心。

注　释

[1]"我认为现在最该谈论的永远是你们明天的个案——不是今天的，不是昨天的，而是明天的"（Bion, 1967，第1场洛杉矶研讨会；Aguayo & Malin, 2014: 2）。

1　定言命令，categorical imperative，根据杨云飞译本的《道德形而上学奠基》，康德提出："定言命令只有一个，这就是你要仅仅按照你同时愿意它成为一条普遍法则的那条准则去行动。"——译者注

第十章

《未来回忆录》(1977)

比昂用四本重要的理论著作(《七仆人》)完成了他对心理功能和心理变化的思考演变之后，便带着更具艺术性的表达重回精神分析之旅。他保留了在 O 中的转化的措辞，以便于读者明白他想传达的意思。他希望在《未来回忆录》与众不同的风格下，形式与内容可以相辅相成；换言之，它可以避免内容受制于风格；他期待这种风格能推动未知的、自发的过程。如此说来，《未来回忆录》与比昂的自传《漫长的周末》颇为相似，后者的写作宗旨也是如此，75 岁高龄的比昂并没有对读者做出任何让步。

弗朗西斯卡·比昂（1995）称"她看出了他的变化和他卸下束缚后浑身的轻松"。她援引《未来回忆录》的后记如下。

> 我一生都在受常识、理性、记忆、欲望以及（最为棘手的）理解与被理解的禁锢、困扰和纠缠。我要试着反抗，要跟这一切说"拜拜"。虽说愿望如此，但我现在发现写一本不沾染任何常识、理性等（见上文）的书注定是不可能的。别看我声称"汝等别指望在本书中找到任何与现实、科学、艺术或宗教有关之事，"其实未必实现。恐怕它们还是会在字里行间留下印记，阴魂不散；就连"快乐（cheerfulness）"这样浓眉大眼的家伙也会乘虚而入。

(Bion F., 1995)

三部曲的反响

虽然比昂将三部曲视作自己的代表作，但读者们对《未来回忆录》的态度却极为复杂。像威兹德姆（Wisdom, 1987: 545）就说："他的《未来回忆录》我一个字都读不懂。"其实在巴西出版的头两本书起初也是反响平平。即便比昂对这三本书赞不绝口，它们仍然是明珠蒙尘多年，最后经过多方努力（Sandler, 2005a）才由比昂本人自费（Bléandonu, 1994）在英国出版。曾以克莱因派的身份在牛津实习过的美国分析师唐纳德·梅尔泽（Donald Meltzer）在获邀到洛杉矶演讲时还因担心比昂而去探望他。

> 随后几年，传闻洛杉矶精神分析界内部不和，薄薄几卷《回忆录》（即《未来回忆录》）终于现身，却是粗制滥造、漏洞百出的巴西版（1975, 1977），同时集合出版的在巴西的几场所谓的"讲座"（1973—1974）也是平淡无奇、有失水准，似乎比昂博士并未离开，而是在任人摆布、受尽折磨、颜面尽失，当然也可能他只是垂垂老矣。
>
> （Meltzer & Williams, 1985 in Hahn, 1994：521）

> 人们对这几本书大抵是震惊和排斥的。"他是个伟大的人，但缺乏写小说的经验"，某位拒绝点评比昂著作的文学评论家曾这样说道。他年纪大了，状态不佳；他不满于自己在加利福尼亚的经历；他一意孤行，不肯听从前同事们的劝告——这些评价充其量不过是人们拒绝阅读或囫囵吞枣般阅读《回忆录》的借口，再三阅读自然更不可能了。
>
> （Meltzer, 1994: 546）

因此，梅尔泽和妻子［精神分析师玛莎·哈里斯（Martha Harris）］决定用自家的克鲁尼出版社（Clunie Press）单独出版第三本书。在拜访比昂的时候，他们被比昂的活力及对工作的认真态度所折服。1982年，梅尔泽夫妇在牛津就这三本书开展了一系列的讲座（Meltzer, 1985）。玛莎·哈里斯的女儿梅格·哈里斯·威廉姆斯（Meg Harris Williams）为三部曲撰写了三篇优美的外传（Harris Williams, 1983, 1985, 2010），现已被收录于一本书中。它们质朴醇厚、富有诗意，是三部曲迄今为止最好的注解。她看出三部曲暗含了比昂

第十章 《未来回忆录》（1977）

各部分自体之间的互动。这种互动在第一本书中以混沌之梦的形式出现。各个部分在三本书中融会贯通，整合了比昂现在的生活，也为即将到来的死亡之灾做好了准备。

多年后，这三本书在弗朗西斯卡·比昂的指导下相继被收录和编辑，并于1991年由卡纳克以《未来回忆录》之名配以一篇说明文出版，至此这部作品才真正取得成功。我同意詹姆斯·格罗特斯坦（Grotstein, 2005b）的观点，这本书的标题很可能是指柏拉图式的"各种形或预想生而有之；它们或相互扶持，或独自前行"，与我们在书中看到的不同角色之间如出一辙。

风　格

比昂用来反映他的精神分析思考的艺术形式，可以与乔伊斯 [《尤利西斯》(*Ulysses*) 和《芬尼根守灵夜》(*Finnegans Wake*) 中的乔伊斯，而不是《艺术家的肖像》(*Portrait of the Artist*) 中的乔伊斯] 和贝克特的风格相媲美。曾在比昂那里接受过治疗的贝克特也写了三部曲，同样是多重角色彼此交织，且字里行间词义多变，充斥着对联结的攻击。比昂在讨论有成就的语言时就已说明口语化的缺点。他和贝克特都认为语言不可信，因为它制约了内容的表达。贝克特有句名言：他写作是因为无话可说。《未来回忆录》中也能看到弥尔顿风格的影子。如哈里斯·威廉姆斯（1983）所说，弥尔顿写了两本风格迥异的回忆录。比昂的《未来回忆录》和《漫长的周末》也是如此。

虚构的角色

由于比昂希望读者有所改变，却又拒绝在叙事方法和逻辑表达上做出任何让步，所以大多数读者强烈抵制阅读他的三部曲也就不足为奇了（Sandler, 2005a）。比昂建议用遐思的状态阅读，接近于无限，类似于半睡半醒的状态 [Bion, 1967, 出自阿瓜约和马林（第三场研讨会）]。《未来回忆录》读起来确实更像一场梦。书中的角色分别代表比昂人格的不同部分，以及从不同顶点出发的思维。它们自成一派。对于比昂而言，虚构的梦中角色比现实中的人还要真实。"只有现实中的人被虐到体无完肤，想象中的人才能被世界温柔以待"（1991: 92），所以"他不得不狠下心来，只为善待别人"［《哈姆雷特》（*Hamlet*），第三幕，第四场，179］。

比昂提供了一篇说明文来详述《未来回忆录》中虚构的角色。"爱丽丝（Alice）"女士受过良好的教育，却也最受学历所累，女仆"罗斯玛丽（Rosemary）"则是一位妓女的女儿，代表着性与真。最后她俩角色互换：爱丽丝从女主人变成了女仆罗斯玛丽的情人与仆人。另一边，"罗兰德（Roland）"和他的邻居"罗宾（Robin）"都是捉摸不定的矛盾体，有时深思熟虑，有时冲动行事。"汤姆（Tom）"是个强势的侍从，"曼（Man）"代表占领了英格兰的权贵——所以他也代表了特定的军人气概，"Arf-arfer"——指祷告词"天父（Our Father）"——是原始的超我，而"牧师（Priest）"则代表宗教中的反面角色，阻碍改革和演变。尚未出世的自体也扮演了一个角色，贝克特的作品中也提到了这一点（这是比昂和贝克特一同出席的那场荣格讲座的主题之一）。梅格·哈里斯·威廉姆斯（2011）指出，其中有些角色源自弥尔顿的《失乐园》（*Paradise Lost*），且"罗兰德"这个人物原型可能是她的父亲——诗人罗兰德·哈里斯（Roland Harris），他也在比昂那里接受过分析。

桑德勒（Sandler, 2005a）认为此书是一部关于认识论的作品，他从中摘取了大量的概念，收录在他专门为比昂的观点编写的一本词典之中。他探讨了比昂为《未来回忆录》所写的说明文，提出"比昂–自身–PA（Bion-Myself-PA）"代表了同一个角色的三个面。夏洛克·福尔摩斯（Sherlock Holmes）、迈克罗夫特·福尔摩斯（Mycroft Holmes）和华生（Watson）这三个角色也形成逐渐上升的态势：华生象征行动，迈克罗夫特代表纯粹的头脑，夏洛克则是两个角色的结合体。梅尔泽（1994）指出，这些角色所处的背景中充斥着对外部力量入侵之灾的畏惧感。比昂常常感到自己活在对突发灾难的恐惧之中。在比昂的思考方式里，特定的畏惧感似乎对头脑的运转和心理的变化都很重要。

鉴于《未来回忆录》由三本书组成，《梦》（*The Dream*）、《过往的呈现》

(*The Past Presented*)、《遗忘之序曲》(*The Dawn of Oblivion*)，所以我将分别讨论。这部层次鲜明的著作对不同读者的影响各有不同，还能唤起形形色色的想法和联想。我以谦逊的态度阅读三部曲的方法对于未读过此书的人来说可能毫无意义。我会尽量减少主观提示，以免误导读者。

第一本书：《梦》

第一本书最难阅读，因为比昂想借此在写作上摆脱逻辑思维的桎梏。这本书试图让思维能自动生成。就像比昂反复梦见斯坦贝克（Steinbeck）、梦见在泥泞的战壕中挣扎那样，思维也在努力挣扎着寻找一个形式和一个思考者。为形象地表达这一点，比昂为三部曲的第一本书选择了梦的形式。梦可以让形式和思维自然而然地产生，然后找到彼此，共同获益。这种动力性的交互作用反映的是 PS-D 的振荡，它是针对情绪进行思考的基础。思考的幻觉基础（即无限的幻觉层）拒绝被转化为次级的、连贯的、可被叙述的形式。所以读者必须放下想要把握写作关键点的执念，不要试图将它整理为记叙文，而应尝试在不去理解的前提下进行阅读，这样才能亲自体验自发产生的 PS-D 振荡。就像德比安奇迪（de Bianchedi, 2005: 1533）所说："人应该不带记忆地阅读（最好是当着一群人的面大声朗读）……建议参考比昂对济慈的'有成就的语言'和'负性能力'等定义的运用。"我们必须让有限之物从思考的幻觉层的无限之中浮出水面。比昂如此写作的目的是拓展读者的思考。在这篇文章中，比昂使用了反向透视（reversed perspective）技术，它原来是 T（K）中的一种精神病性机制（Bion, 1967），如今成了有利于培养 T（O）的技术。与反向透视法类似的还有他的双目视角法，后者有助于培养从不同顶点进行思考。比如分析师可能会听来访者的呼吸，专注于气体这一顶点，从而注意到从胃肠气到毒气之间的连续谱。这个方法比昂很喜欢，他似乎着迷于类似鲁宾的花瓶那样前景和背景视角反转的问题。所以才会问：纳尔逊（Nelson）和他失明的眼睛，哪个更出名；牛顿（Newton）和他的苹果呢？同样，我们若是用双目视角来看，也可以将 PS 和 D 比作波动论（wave theory）

中的波和粒子。通过从不同的顶点出发并采用双目视角和反向透视进行观察的方法，比昂在书中展现了被他称作思辨想象（speculative imagination）的天赋（Bion, 1997）。他渴望触及我们无法触碰的感官以下或超越感官的地方，以期释放其中的力量。比昂认为当前的精神分析形式仍处于肤浅的描述性水平。它充其量不过是"虎皮上的一道条纹"（p. 112）。若真见到老虎本尊，会发生什么？

比昂试图打破次级思维的壁垒，重新与真实事物接触。所以他描述的画面往往让人目瞪口呆，比如"在一只恐龙屁股上相遇"。而且他觉得罗斯玛丽（妓女的精明女儿）比爱丽丝（代表知识分子）更为真实。在《未来回忆录》的解释性说明文中，比昂这样描写朝气蓬勃的罗斯玛丽，"她不喜欢精神分析"，借此批判了老气横秋、墨守成规的精神分析。比昂和贝克特一样坚信只有艺术才能摆脱语言的桎梏。为了维持自身话语的活力，比昂有时会用暗含冒犯和亵渎的"污言秽语"，比如他会说"精神分析师都是吹牛大王"。亵渎之语则是一味解毒剂，用以对抗死气沉沉、废话连篇的精神分析术语。

第二本书：《过往的呈现》

我看第二本书（《过往的呈现》）俨然是一个活体网格图，就像活子国际象棋那样。不同的玩家就像各个阶段的思维，分属于不同的网格图类别。比如，杜（Du）就是一个靠近中枢神经系统的非常原始的思维（α元素）；罗兰德会用语言表达类似抽象概念的思维（G）；汤姆代表原始形态和见诸行动（A6）；爱德蒙（Edmund）非常抽象，代表天马行空的观点（G）；爱丽丝被困在自己的世界，所以处于第2列；莫里亚蒂（Moriarty）代表故步自封的犬儒主义（第2列）；华生更像是第1列（他很得力，但缺乏进一步思考）；福尔摩斯则属于质询或第3列。这些类别也可以被视为不同的顶点（精神分析师、牧师、仆人等）。一位叫作P.A.[1]的角色把这些顶点聚在了一起。

---

[1] P.A. 可能是精神分析师"psychoanalyst"的缩写。——译者注

第十章 《未来回忆录》（1977）

比昂这本书延续了《梦》的风格，同样语焉不详，没有狭义上的连贯性。一心寻找意义的读者恐怕只能无功而返。其结果是整本书晦涩难懂，又缺乏吸引读者注意力的叙事张力，所以令人昏昏欲睡。但比昂认为这是在挑战挫折的耐受力，是激发思维的重要一步。

比昂没有去讲故事，而是给出一个满纸荒唐言的基本幻觉层。读者若处于 PS 的心理状态，就能接触到被比昂唤起的、从未分化的基础层浮现出的思维。

我们阅读时最好让自己处于一片透彻的黑暗之中，保持无知，注意捕捉如微光般闪现的联结。比昂援引诗人 G.M. 霍普金斯（G.M. Hopkins）的话说："在这幽暗处睁大眼睛，找寻尚未出现的光"（p. 271）。除了感官之外，我们还需要有双内在的眼睛。

比昂驾轻就熟地描述了思维从基础层或矩阵中诞生的过程，杜这个角色是个胚胎期的思维（"只要我乐意，就能从这个红彤彤的矩阵里杀将出来"）。但强烈的情绪和言语思维都以转韵的形式挡在思维诞生的必经之路上。第 279 页还有个让人印象深刻的表述："我在尽可能靠近你中枢神经系统的地方静静地待着，让你产生躺平的感觉——让你沉溺于肾上腺的刺激之中"。一旦它越过了这一转韵过程，语言和逻辑思维就会迅速出手，捉住这个胚胎期思维（第 276 页："我决不允许语言化身为铜墙铁壁，挡住我的生路"）。这篇文章字里行间都是对定性和封闭式语言的深恶痛绝。与之相反，比昂认为像莱昂纳多·达·芬奇（Leonardo da Vinci）、罗伯特·布朗宁（Robert Browning）、荷马（Homer）、维吉尔（Virgil, p. 245）和莎士比亚（Shakespeare, p. 524）等伟大的艺术家接触的都是基础的、未分化的层面，他们还能看出各种形的来龙去脉，并利用此类标准区分艺术与媚俗。

语言的精髓也展现在这一层。一旦和基础层断开联系，与基础层的恒常关联不再关联，语言就成了一座暗无天日的牢笼。若能冲破语言之牢，就能展开想象的翅膀，这比许多现实事物更有力量（p. 345）。它们更接近本体（p. 315）："伯克利（Berkeley）怎么说的来着？它们是逝去量的幽灵，是牛顿的最初增量"。[1]

比昂希望病人、读者们与自身基础层重建联结："唯愿人们有机会观察到自己对那些至纯至上的品质产生了何种神乎其神的假想"。（p. 241）这与一个人的本质或比昂所说的"真我（real self）"遥相呼应：P.A. 声称，"我们想引导人们看见他们的'真实'的自我"（p. 266），以及"不止银河系的中心难找，个体人格的核心也极难显露。受自我之外的事物扰乱和牵制，外围反而喧宾夺主，占据了核心的位置"（p. 254）。

不过，太靠近这个中心［尤其是以认识它或占有它（–K）为目的时］可能会比较危险：P.A. 说过，"智者——阿朱那（Arjuna）、梅斯特·埃克哈特、柏拉图、苏格拉底、亚里士多德、圣奥古斯汀等——都想**认识**（know）上帝。他们都曾像伊卡路斯（Icarus）那样受到警告，蜡做的双翼将被融化，然后……**坠落**（fall）"（p. 359）。

梅尔泽（1994）认为，第二本书里人们在梦中相遇的情节受到了基本假设的影响：有灾难和怀疑，还有对谋杀的恐惧。罗斯玛丽成了绝对核心的人物：她的活力和灵气破除了怀疑、迂腐与傲慢，首当其冲的便是每个角色的"信仰体系"。相比于第一本书，这些人物更能容忍不知、等待和负性能力。但也有惊悚之处：罗斯玛丽虽与曼结了婚，却"被颠覆性剧变压得抬不起头，很难说'刚刚萌芽的观点'是会日益茁壮，还是会最终杀死自己，或是被人谋杀"（Meltzer, 1994: 541）。

桑德勒（2005a）另辟蹊径，将第二本书《过往的呈现》视作精神分析会谈的呈现，内含对分析师有用的数条箴言。他甚至提议将此书作为一本手册使用。

---

[1] 伯克利所说的"逝去量的幽灵"是指数学中"无穷小"这个概念；牛顿的最初增量是指微积分中"无穷小增量"的源头。——译者注

第三本书：《遗忘之序曲》

第三本书《遗忘之序曲》（灵感出自弥尔顿的诗作）读起来要通畅得多。这本书中的人物不再像前书那样表示不同阶段的思想，而是代表现阶段的比昂本人。他们在比昂自传《漫长的周末》中被再次提及。他将这些阶段比作一层层的洋葱。前书提到的基础层（即思考诞生之处）在本书中仍作保留，虽然比昂表示只有天赋异禀才能与它重建联结。

通过比昂对自身演化过程中所并存的各个层面的描述可以看出，他认为人格在不同的顶点发挥作用，且各顶点彼此不一定相交。他与他的思考都是待成熟状态；即从无形的无限之中诞生的幼体。它们从子宫的虚空被抛至无限的虚无（le Néant）。心灵就此诞生，开始与躯体对话。心灵和躯体逐渐成为彼此分开的生命体，各自发展。

未成熟（PRE-MATURE）	继续努力——你什么时候出生的？
待成熟（EM-MATURE）	别着急；我正要解决这个问题。
8岁（EIGHT YEARS）	你总这样说，却一直解决不了。
待成熟（EM）	在我只有三体节的时候——
24岁（TWENTY-FOUR YEARS）	这根本不是年龄。
待成熟（EM）	不理解的事情就不要讲。如果你尊重前辈的话——
8岁（EIGHT YEARS）	是你拼错了。
待成熟（EM）	我拼的时候是对的；是你拼错了。
8岁（EIGHT YEARS）	从我这边看，可不是这样。
莱昂纳多（LEONARDO）	你俩别吵了，看看这幅画。
8岁（EIGHT YEARS）	还不错——它是什么？
待成熟（EM）	我看它是一道强光。
24岁（TWENTY-FOUR YEARS）	睁大双眼，你就能看到它是子宫的

	黑暗。
弥尔顿（MILTON）	是无形的无限——是虚无。
待成熟（EM）	这光太强烈了。
12岁（TWELVE YEARS）	它是眼睛。别怕。而且呃曾经"它"是眼睛。然后EM害怕了。哈哈哈！[1]
待成熟（EM）	这晃来晃去的压迫感太可怕了！
30岁（THIRTY YEARS）	现在是谁在说让人听不懂了话啦？
莱昂纳多（LEONARDO）	头发！水！但凡你去看，就能"明白我的意思"，但
40岁（FORTY YEARS）	不——只有头发，水，单词——
42岁（FORTY-TWO YEARS）	不；你要是去听，只能听到"强迫性重复"的心理状态。
P.A.	精神分析？
待成熟（EM）	停！停！我受不了了。我瞎了，聋了！

（Bion, 1971: 430）

这是个体作为一个组织，同时是一种障碍（转韵），在未出世的身心层、幻觉层、待成熟层和出生之后（尤其在理性占主导的言语层面）的一次精彩亮相。如您所见，从一开始心灵就已经诞生了（见三体节处），但言语和理性两者并不理解这一点。只有像莱昂纳多·达·芬奇（涡流与头发的画作）和弥尔顿（无限的虚无）这样的天才才能接触到这些未分化的体验层和子宫中的心理功能。这些体验和这一部分的人格都是极度敏感的；据比昂描述，婴儿在尚且无法用语言或思维去考虑生命之初双眼的所见所感时，会产生非常强烈的体会。这正是引文中"12岁"对"待成熟"的所作所为。比昂借此强调，这些心理功能将会贯穿人的一生，只要它不退缩至闭塞视听的、荒凉贫

---

[1] 本句原文凸显了前言不搭后语的特点：it is eye. Be not afraid. And e did "it" is eye. And EM was afraid. Ha, ha, ha! 。——译者注

痹的概念化状态，精神分析就能接触到它们。

比昂在这本书中提到了自己刚出生的情形，当时姐姐和妈妈都在场。后来青春期来临，道德感开始萌芽〔"性和雪莉酒一样，总能激发无比真切的爱与情感"（p. 445）〕。比昂笔下的这位21岁的士兵因戴着学生帽而被羞辱，他还描绘了阵地凸角处的弹坑和血肉，以及亚眠战役等。由于他的坦克战友们可能说的是方言，所以这些段落也用方言写就，等同于另一个顶点。这字里行间最触动人心的部分是这位战士内心的痛苦。他依稀能够回忆起那些受伤的战友们，其中一位甚至死在他身边，腹部被炮弹撕裂，弥留之际误以为树林是行军的队伍。他盯着一个小泥点，拼凑出了这些支离破碎的心事。比昂唤起了这些非同寻常的精神体验（在他的《战争回忆录——1917—1919》中，这正是他将战时记录化作心灵感受的时刻——参见第十二章），并讲述了战争给他造成的创伤是如何出现在他那未分化的幻觉层的。当他展开在前线等车来接的回忆时，混杂了许多童年旧事（阿天—阿父：天父；柱—顾：王国），还混杂了他战友的口音以及将树林错看成行军队伍等经历。这一切展现了思维从未分化的情感体验和声音、感觉之中萌芽的过程。他以同样的方式讲述了部队8月8日在亚眠进攻时越过德国防线的经历，据比昂说，他也死在了当天。那天，有30000德军和8800同盟军阵亡。

比昂上尉[1]

我盯着麦秆儿上颤动的泥点。我透过汽车前盖，看着四周溅起的土块。我看到司机艾伦脏兮兮的脸上写满了紧张——我就坐在我的身边，能看到我自己也神态紧张；我还看到艾伦从澳大利亚寄给我的那个回旋镖。我飘下车，在我们上方大约1.8米处盘旋着。我知道"他们"会……把树林看成是树木在行走。它们是这么走的——走！走！它们走起来像阿父们在阿吠。阿父阿父在一起，阿吠是我的东西，它要不是劳斯莱斯，

---

[1] 此段原文是呓语般极不流畅的，以下翻译属于尽可能还原。——译者注

我就选它。接着来了辆漂亮的小福特,明亮又闪耀,他们来到福特边,我说停下吧,为他的真相而奋战已成过去,所有的号角都在那头为他吹响。嚯!然后咧?他又说了好多关于耶稣、狗和人的事,然后他说,就很突然的那种,扔掉那头拐杖!嚯!然后咧?他摔了个屁股蹲儿。然后他的屁股很生气地说,别碰我的屁股!你啥也不会,就会成天朝我扔屎,现在你指望英格兰当我的屁股吗?多么……好看的血汤啊;在弗兰德斯田野上的一个弹坑里。断肢和内脏……怕是有二十个人在这里面——德国佬,青蛙腿,都开始了!我敢说,我们没有阿父阿父。勇敢地爱下去吧。没人叫他爱得这么深!也没人叫他清醒点——过来老四,我们叫道,他排到了老五,而且没有1/2 臭。全体立定!他说。来的那个人,他跑了。他讲,王国来了。柱—顾来了。

(Bion, 1991: 53)

P.A.：好——我们开始吧。我记得自己21岁时的感受。当时我们刚刚被派上前线;我怕极了。这样的前途我一点都不喜欢。我们接到的命令是让敌人绝无喘息的机会,所以要趁着对方战败、其战线被我们8月8号的胜利撕开一个大口子的时候继续追击。不巧我被打扮得英勇无比。只有21岁知道我既害怕又没胆量去找个医生帮忙办退役。我知道自己没勇气去做"英勇的"事情。而且我还得了流感;为我跑腿的人那里有一瓶胃舒宁,便给我服下。没人知道我感染的是什么,所以就叫它 p.u.o. 吧——不明原因的发热。我要是死了,最好是没有痛苦的、突然发生的那种。我身边那个步兵的肚子上破了个窟窿。我们冷冷地看着他。"他活不了了——还浪费那时间管他干啥?来吧——该发动了。"我从战壕里爬出来,目不斜视地往前走。我克制(这是我后来学会的词)自己,丝毫不去想这不明原因发热意味着什么。一个双腿像围巾一样绕在脖子上的白发男人希望我能"帮帮"他。可解开他脖子上的这团东西实在是麻烦。更何况我还忙着呢。"不了——担架员快来了!"我知道他们没来;只有团部的担架员们才能帮得上忙。我为什么要对他说这个?

第十章 《未来回忆录》（1977）

我受过的教育——和纪律——让我在遇到这样的危机时，不要在条件欠缺的情况下去解决自己不熟悉且未经深思熟虑的问题。我现在明白自己作为一个医生该怎么做了；作为一名感染了流感的坦克军官，我谎称："担架员快来了！""伙计不行了！"一个小德国兵边喊边朝我跑来，他拼命地扭着屁股，让自己不至于摔倒。我本可以叫讨厌的、脱白的老汤米去送死——"担架员来了"——但我却任由自己被那个可怕的小德国兵拖进他的储物洞里。毫无悬念——我知道他定会杀了我。我走了进去；黑暗中另一个德国兵的双腿也跟围巾似的环在脖子上。"不行了？"他拖着我去碰一碰——"不行了？"我说。"是的，不行了"。他瞬间泪流满面。我对自己说，"趁现在——大傻瓜——快出去"。直到那时我才猛然醒悟——跑出洞口，逃出生天，清醒过来，带着史密斯和韦森赶赴该去的地方。

牧师：你要是当过牧师，就知道那有多爽。还记得我们那位脸颊泛红、快活地打着牌的随军牧师，当时你们（你和那位红脸的、不信教的二等兵）特别瞧不起他——因为他不肯过来埋葬死者。可怜的史密斯！他的尸体太僵硬了，我们没法把他的胳膊塞进坟墓；我们也很赶时间。

（Bion, 1991: 474–475）

比昂的逸事演示了心理运作的过程。他将心理的不同层次并排摆放，以便于各自发展。正因为如此，分裂和冲突的各个顶点在意识–无意识，躯体–心灵方面被保存了下来。不同的人物代表了不同的顶点。

哺乳动物拥有心灵意味着什么？就是为了去感受成长于别处的陌生客体吗？比昂问道。我们可以把这篇文章当作躯体和心灵之间的战争来读（Harris Williams, 1983），就当它只有纯粹体验的诞生前期（幻觉层）和在更高层面运作的诞生后期（思考）之间的一种转韵。如果它们相遇了呢？比昂允许它们共存，以此超越转韵。

就像德比安奇迪（De Bianchedi, 2005）所说，"诞生前期和诞生后期存在两种心理功能水平"这一观点部分取代了比昂先前关于人格中有精神病性和非精神病性两种功能的观点。转韵之处的两侧和不同的顶点都在发生各种转化:"若是让体节们来写这本书,可能就成了'对现实的解释',其理论也就是我们所说的梦"(1991: 470)(参见专栏 8.6)。另一个领域是梦见我们遇到的现实。这个想法虽然听起来有点怪,其实很贴近当代某些神经科学的发现与假设,比如福利斯顿(Friston, 2013)就认为梦是在提供诠释和假设,让我们做好准备去应对日常的、未知的现实[1]。

比昂现在认为心灵和躯体之间在语言上的转韵像是一张不透明的屏幕(1991: 467),有别于他在 20 世纪 60 年代提到言语思维时将其视为一个联结。如今比昂把语言比作一种外骨骼,一种甲壳。但有些东西仍然可以突破这种转韵,比如诠释,因为它必须得明察秋毫(1991: 459)。我们在第十一章也将讨论到,比昂发现偏见(bigotry)也能在突破转韵的过程中发挥作用。偏激的言语可能会引发某种情绪反应,它往往让人感到:"偏见和无知是精神分析的两个基本特征,我们必须对此保持警惕"(1991: 524)。

> 有时候,"可接受的惯例"得延展一下,变一变,以适应"突围"之物;有时候,"惯常的接纳"也能镇压住"爆发的冲动"。通常两者是相互协调的。刚才爱丽丝任由自己的耳与口沾染上"该死的婊子"和"他娘的混蛋";我们这些人却要用以礼待人和满嘴"谦辞"禁锢自己。
>
> (Bion, 1991: 485)

比昂把对语言的不信任延伸到了理性的思考。他认为教条和理论是没有用、不可靠的("我们用于修饰观点的语言在它被借词达意的那一刻就已经失真了"; p. 478)。观点会被充当保护壳的语言所禁锢,其力量也会被削弱。但对精神分析来说,虽然它被陈词滥调所包围,其意义却历久弥新,而疾病也不遑多让;两者的力量都未被削弱,分析依然是一个危险的举动(p. 533)。比昂本人并不觉得放下理论是件难事(他所面对的并不比昆虫"破茧而出"要难; p. 447)。他一再坚称精神分析必须冲破桎梏,"罗宾:我花了好几年才冲破训练的桎梏,在那之后我才学会尊重前辈、尊崇其智慧。我终于实现了

第十章 《未来回忆录》（1977）

自由"（p. 547）。

掀开文字和理论的外壳，我们便触碰到躯体发出的一种纯粹的直觉。就像动物能感知地震一样，人类也能意识到即将到来的情绪动荡。即便我们一无所知，直觉仍可充当"第三只眼（oeil en trop）[1]"。正如他借格林之口说（p.538）："我们能嗅出危险的味道。"比昂一直生活在这种大难临头的紧迫感之中，他觉得这于他很有裨益（p. 538）。从这个角度看，思考和真相（Truth）都是狂妄自大的："'真相是啥？'皮拉托（Pilate）打趣道"（p. 449），说完便走，逃命要紧。其实真相是相对的，它本身不过是一个概念或理想；只有与无限相关联时才能被定义。

比昂很少描写性。他在《未来回忆录》中谈及性的潜在破坏力。他笔下的人物展现了性的不同方面和不同顶点。他发现性欲如果过于容易被满足，会使人精神衰弱（p. 531），进而指出无节制的性爱令人联想到婴儿对食物的渴求。比昂不像巴塔伊（Bataille），后者探索了性欲受限制、不理智的一面，并利用这些体验去打破防御。比昂不是要用体验去打破旧常规或解放旧心态，而是试图撼动言语、撼动偏见，以促进真正的接触。比如，他在梅宁格诊所演讲时的第一句话就是"该死的婊子！（bloody cunt）"，之后陷入沉默。目前尚不清楚比昂究竟想与哪个精神分析客体进行情感接触。他也许打算用简简单单两个词指出"该死的婊子"的影响，可能在于其该死或不该死的状态，或是其功能、能力，及其对人类或对男女老少的意义。

性欲的力量和它足以引发灾难后果的潜力在两个角色身上体现得淋漓尽致，一个是高学历的爱丽丝，另一个是虽由妓女所生但拥有真实性欲的罗斯玛丽。比昂描述了性欲给爱丽丝带来颠覆性剧变，并造成其角色反转的过程。

书中的一系列人物反映了整合这些方面有多么困难，它们没有好坏之分，都在作为人格的一部分而并存。比昂似乎从所谓的激情之爱（passionate love；与激情有所不同，和真实的伴侣也没有关系）中看到了某种整合。它更像是一种心态，与躯体不同。比昂好像并不信任这些身体上的欲望，他说

---

[1] 法语原意是"额外的眼睛"。——译者注

人类总是满怀着愤怒、恐惧和爱。还有性，如同雪莉酒一般，它需要的是柔情，而不是激情之爱所需要的那些能力（p. 445）。激情之爱的心态完全是另一回事，性成熟（p. 470）甚至都能掩盖住激情之爱的缺失（p.472）。

就像桑德勒（2005a）所说，第三本书仍散落着许多痛苦的部分（偏执-分裂），但抑郁位更加突出了。内在客体不再那样破碎。"牧师"的形象更加丰满，加入了"女性"元素。比昂在书中只是一个"无关紧要"的角色。这个角色不再是有别于其他人物的个体，而是与精神分析师合而为一。这本书更像是比昂晚年的一篇访谈。其风格趋于沉稳、通俗易懂。在书中，比昂这位睿智的分析师提出了许多精彩的问题。他笔下的比昂表示自己在 25 岁时更希望变得智慧而非聪明。到了 70 岁，他承认并没觉得自己有多睿智，"在现实生活中，智慧稍纵即逝"，但他坚称"知识须得有智慧做伴，人要是不靠智慧，生存的概率就会降低"。智慧是慢慢累积的，不是一蹴而就的。直到书的末尾，比昂才再度与 P.A. 分开，成为两个人物、两个彼此分化的顶点。比昂是一个颇具争议性的形象，他总是戳人痛点。他表示很难忍受自己是一个"思维正常、观点平庸，却有着迷人的幽默感"的人（p. 522）。他强调精神分析关乎一个人成为他自己，这一点不仅适用于他，也适用于他的病人。

总的来说，其实我与很多读者一样，都为《未来回忆录》苦苦纠结过。因为比昂将它视为自己的重要作品，所以不容错过。书中提供了许多独到的见解，也展现了比昂雄厚的文化底蕴。它还展现了比昂如何将"负性能力"用于观察不同的顶点或人格的不同方面在进化到各个年龄和各个点时的相互交流，由此可见这也是分析性工作的一种反映。我们可以看到比昂的英式嘲讽和怪诞幽默。书中还不乏精彩的隐喻和典故。所以这本书绝对值得一读，最好是带着自由悬浮式注意来读。它无异于精神分析师的一场演练。

比昂希望用无拘无束的形式和自由自在的思考方式让读者接触未知，接触自身存在之中待成熟的、赋予万物生命的一面。他的理想实际上并未达成；他的作品读起来仍然十分费力，晦涩难懂，不像某些诗歌那样直击人心。可以看到，比昂一直在与他所处的时代思潮之中典型的婚姻、宗教和性等观念做斗争。但最关键的是，他似乎并未真正从思考中解放出来，而在试图从哲

第十章 《未来回忆录》（1977）

学层面传达一些信息。尽管他付出了种种努力，你仍能看到其作品背后的翻云覆雨手。

注　释

[1]　参见第九章的注释[8][1]。

---

[1] 但原文第九章中没有注释[8]。——译者注

第十一章
讲座、研讨会及讲座备用短文（1973—1979）

引　言

　　自《七仆人》之后，比昂便没有再写新的理论著作。他过去只将见解付诸实践，现在开始寻找更恰当的方式将自己的发现形成文字。《未来回忆录》意在以一种生动的形式传达他的观点，以此触发改变。他在国外也有督导和讲座。即便在生命的最后几年（76—82岁期间），比昂仍然走在成就自我的路上，甚至比以往有过之而无不及。

　　比昂的"讲座"其实是对公众提问的统一回应。他从来不做准备，但有时会事先进行自由联想，并录下其中一些思绪，之后发表在《深思》（Bion, 1992）上。他为意大利的讲座而产生的思绪则被收录在《驯服狂想》（*Taming Wild Thoughts*, Bion, 1997）一书中。

　　比昂事先并不知道自己会说什么。他把讲座视为一种体验，且常常在开讲之前紧张不已，担心在观众面前无话可说（Culbert-Koehn, 2011）。他的声音干巴巴的，说几句要停很久。人们经常嘲笑他那天马行空的联想。他讲话兜兜转转，却自比为螺旋结构。答疑时他总是绕来绕去，让提问者摸不着头脑；有人被他惹得火冒三丈，也有人觉得他通体大师气派。

　　从《未来回忆录》便能看到，比昂当时正在寻找一种新的风格来抵制他所认为的语言造成的刻板效应。但他在探索好用的形式时总是很激进。比如在梅宁格诊所（参见第七章）的那场讲座中，他将偏见（bigotry）视作可以"在精神分析中焕发新生"的"人类的一种发展良好的古老特征"（Bion, 1991: 524）。据梅森（Mason, 2000）所说，观众们很是不安，觉得他已经"失去了理智"。比昂这一时期仅有寥寥数张照片。可以看到，这位高大健壮的老人总是内穿白衬衫，打着领结，外穿外套夹克，留着整齐的小胡子，厚厚的镜片挡不住略带讶异和不满的神情。互联网上有一份影视资料记录了塔维斯托克的一次讲座（Bion, 1977），可借此看到在研讨会上工作的比昂。

与《未来回忆录》相似，这些讲座和研讨会也展示了他这一时期所特有的态度，体现了视角的反转、双目视角、对无意识和未知之物的敬畏，以及极致的不知的态度。比昂致力于创造足够开放的作品，以便读者阅读时能产生新的东西。

西格尔（1981: 8）记得她在去加利福尼亚时，曾当面向比昂提起他之前的一个观点，"精神分析旨在改造心理装置，使其能从体验中学习"。比昂笑着说："你看，这句话就好比抓着一只老虎说'好一只小猫'。"意思是，精神分析中的紧迫性与危险性远远超出他从前的描述。

比昂后期作品的这些颠覆性剧变虽然在《未来回忆录》以及他的交流、讲座和研讨会中都有表示，却很少体现在他的精神分析（Grotstein, 2002）和督导之中。这些时候他反倒像一个正统的克莱因派人士。比昂的临床工作和督导并未展现出他在作品中所说的那些内心状态。

◆ **专栏 11.1　与比昂一同朝圣**

塔斯汀（Tustin, 1981）、格罗特斯坦（Grotstein, 2002）和古奇（Gooch, 2002, 2011）都描写过自己接受比昂分析的经历，听起来基本上属于克莱因学派。塔斯汀和格罗特斯坦不约而同地称比昂的分析为朝圣。

以下摘录他们的部分描述。

常有人问我，比昂医生说话是否像他写作时那样神神叨叨、语焉不详。我可以很肯定地说，不是的。他说话总是简明扼要、一针见

第十一章 讲座、研讨会及讲座备用短文(1973—1979)

血……回想起来,其实我多数时候确实像比昂医生有次说的那样"难以理喻"。可当时我却以为自己是他能有的最配合他的病人之一。难怪我那之前在专业领域只会一门心思钻研"自闭症"的各种正常或病态的表现。多亏比昂医生敏锐的洞察力,以及他一如既往地耐心待我,我才走出了那种迷蒙的状态。记得他有次说我有种"被纠缠总好过半死不活"的感觉。此前我绝大多数时间都在"随波逐流",且非常渴望保持这种状态。这样生活会更轻松些……他却总让我反思自己——要独立思考。为此,他会提一些富有挑战性的问题,或是发表出乎我意料的言论,而不是以僵化的解释强加于我的言行……他的慷慨与正直(以及忍受无聊的能力)体现在我(断断续续地)接受他治疗的14年里,他从未改变过收费标准……我总称他为"直布罗陀海边的岩石"。我那激情的波涛在他身旁汹涌澎湃,他却岿然不动。接受他的分析时,我回避改变;与他结束分析后,我才看到自身已彻彻底底、由内而外地发生了变化。我明白那块巨石就立在那里,我也知道自己终将找到关键点与主心骨。既已迈出"绝境",我将继续踏上朝圣之路……比昂因为尊重渐进性的分析过程所以选择顺其自然,从不试图去操纵它,这让我感到无比安全。

(Tustin, 1981: 175–176)

我与比昂的克莱因式分析展现了技术和哲学上迥然不同的另一面。我很容易就能看到,我只是通过自由联想就能充分履行自己被分析者的角色。我不必操心分析;也就是说,我从未因阻抗而受到"指控"。比昂理解我唯一能做且应当做的就是制造无意识的衍生物,它们属于前意识而非意识的范畴。剩下的交给分析师去领会和解释就行。他(指比昂)将经典派分析师解释为阻抗的内容,统统视为极度焦虑的聚合体,再尝试解开它。

此外,分析工作更多的是对话,而不是旁听独白。这本质上类似于母婴之间的"交流"。我们是合作伙伴关系,但他这位克莱因派分析师比那些经典派的同事们工作更努力,要求更少。我甚至不必"牵扯"到梦的元素。他就当我已经在联想中无意识地涉及了。两者差异十分明显。经典派分析师会从表面切入,再诠释阻抗,克莱因派分析师则直接从造成阻抗的无意识的焦虑入手。这无异于浮潜和深潜之别。克莱因派分析的另一个现象学特点是,我对它的体验发生在觉察或意识不到的层面,我仿佛被蒙在鼓里。

(Grotstein, 2002: 99)

我记得似乎是在分析第一年的某次会谈,他开始诠释我之前所说的话,当时其中关联非常清晰。那次诠释一看就是用的克莱因派的部分客体语言(part-object language)。我被这一连串毫无意义的行话彻底激怒,但还没等我表达出愤怒和失望,比昂就说道,"我不知道我刚才说的有没有任何道理,也不知道它们更实用、更具体的意义是什么。但或许你知道;所以我跟你提一下,也许你有什么想法"。我大吃一惊。整个房间似乎都明亮起来。我开始涌起一阵强烈的联想,它们的确富有情感,还伴随着惊奇、兴奋、探索、希望等感受。我知道以这种方式,一个人迟早能够开展持续的自我分析。

(Gooch, 2002: 4)

他给出诠释时总能清晰地说明证据——他对此丝毫不敢怠慢。所以那不是简单的声明,而是背后有理论支撑的猜测,而且只有我知道它里面有没有道理。我越来越能感受到音乐、舞蹈、韵律……以及他发自肺腑的声音的音色;他一定是自身拥有了那种情感体验,才能以这种方式对我说话。因此,尽管他不会告诉我他有什么联想,但显然他触碰到了内在被我唤起的某些东西。实际上他经常说:"虽然我几乎不会向你透露我自己的事情,但基于我对你的了解以及我所不了解的

第十一章　讲座、研讨会及讲座备用短文（1973—1979）

> 那部分你，你很可能非常了解我。"
>
> （Culbert-Koehn 对 Gooch 的引用，2011: 79）

据格罗特斯坦描述，比昂的风格较为守旧，他一副军人做派、英伦气质、循规蹈矩又和蔼可亲（Grotstein, 2007: 34–35）。比昂是位纯粹且睿智的奇人，像个慈祥的爷爷，但他偶尔也是极端自我否定的，这从他尖锐的自嘲以及在自传中写给弗朗西斯卡和孩子们的措辞激烈的信中可见一斑。不过从表面上看，他似乎在内心为那些疯狂的杂念保留了极大的空间。

比昂的讲座开始于1968年8月，彼时他获邀在布宜诺斯艾利斯待了两周。里昂·格林贝格（Leon Grinberg）、达里奥·索尔（Darío Sor）和伊丽莎白·塔巴克·德比安奇迪（Elizabeth Tabak de Bianchedi）著有一本短小精悍的书《比昂作品入门》（*Introduction to the Work of Bion*, 1971），汇集了这些会议的成果。1993年，原作者们出版了这本书的修订版。1969年，比昂到访马萨诸塞州的阿默斯特学院参加团体关系会议，他在那里被捧为大师，这种待遇"到底令我有些气恼和厌倦"（Bion, 1985: 159）。1973年，他接到弗兰克·菲利普斯（Frank Philips）的邀请参会，后者于1968年离开了伦敦。此次会议座无虚席，取得了圆满成功。媒体将比昂形容为"世界上最著名的精神分析学家"（Bion F., 1995）。比昂有封写给弗兰西斯卡的信发表在《我记忆中的全部罪过》（Bion, 1985: 161）中，信中他开玩笑地问弗朗西斯卡是否嫉妒他的成功，但这些褒奖似乎也给他带来了一丝不安："天哪，让他们别再这么爱我了！……你有没有发现葛丽泰·嘉宝（Greta Garbo）说'想独处'的时候，很可能是真心话？"还说："有时候我觉得出名太快才是真的麻烦，我根本不配，哪怕是在最大胆的梦里也不配。美国总统、英国首相，他们会有这种感觉吗？"（Bion, 1985：164）。

但好景不长，他在美国遇到了批评甚至否定。1974年他在洛杉矶的退伍军人医院（Veteran Hospital）做了一次演讲，听众大概是五名精神科住院医师和寥寥几位心理学工作者、社会工作者，远不及在巴西演讲时那般人头攒动。听众里有些精神分析师对他的研究是熟悉的。但他用一种近乎无礼的苏格拉底式话术将他们善意的理论性问题抛了回去。后来他又到纽约精神分析培训与研究学院讲课，一下子捅了马蜂窝，因为美国精神分析协会（APA）反对克莱因学说，也不允许克莱因学派人士从事精神分析培训教学工作。像比昂学说这样非正统的观点更是备受非议。与比昂同在洛杉矶工作的拉尔夫·格林森是对立方的主力。此人身为玛丽莲·梦露等众多名流的分析师，自然是声名显赫，而且他是美国加利福尼亚州立大学洛杉矶分校（University of California, Los Angeles）的教授，颇有权势，能为精神分析引来大笔资金。所以当时听众的提问都是剑拔弩张，紧张的局势一触即发（Bion, 1978: 41, 53–62）。但比昂没有做出任何让步，始终掌控全局，把握着群众动态，但他减少了苏格拉底式反问，也做出了更多的解释。即便如此，人们仍然批评他只知辩解，不知答疑。

1975 年，他受邀前往新建成的首都巴西利亚讲学，待了整整一个月。那 5 年之中他去了圣保罗 3 次。最后一次是在 1978 年，据弗朗西斯卡·比昂（2005）所说，即便已达 80 岁高龄，他在到访期间仍然"举办了 50 场临床研讨，每日咨询，以及 10 场晚间会议"。托皮卡、里昂、巴黎、纽约和华盛顿的各种会议也都有他的身影。

比昂曾 4 次重返英国伦敦。前同事们却没有认出这位分析师前辈，这位受人尊敬的英国精神分析协会前主席（Green, 1980）。英国精神分析学界更偏重比昂早期的观点（即后来被收入《第二种思维》的那些），而将他后期的思考视为离经叛道。他在罗马（1977）和伦敦塔维斯托克诊所（1977, 1978, 1978）的最后几场讲座多是娓娓道来，不像早些年（比如 1976 年在伦敦的几场讲座）那样注重讨论，当时是以提问为主，然后他简单作答。据格罗特斯坦（Grotstein, 2005）说，这几场讲座可谓字字珠玑。欣谢尔伍德（Hinshelwood）评论道。

每位读者都可以按自己的方式列一份讲座目录，比如巴西讲座是关乎时间、未来与现在的议题；精神分析的特定维度（螺旋结构）；分析师的孤独与天生的神秘感；直觉与开放式态度的重要性；他对记忆和欲

第十一章 讲座、研讨会及讲座备用短文（1973—1979）

望的评论；从"就像是（being just like）"或"成为（becoming）"的角度提出的成长议题；无知与全能解释的议题；以知晓和理论替代探索与未知。

（Hinshelwood 1992: 124）

比昂工作起来会像爵士乐手一般即兴创造基本的主题。我曾按时间（而非按地点）顺序研究过这些讲座，以便更好地观察其雷同之处以及特定时期的主题。这样就可以采用比昂建议我们倾听临床材料的方法来阅读他的文章：观察那些恒常关联和出现的模式。

已出版的讲座年表

讲　　座

圣保罗，1973	《巴西讲座》（Bion, 1990: 3–70）
里约热内卢，1974	《巴西讲座》（Bion, 1990: 72–177）
圣保罗，1974	《巴西讲座》（Bion, 1990: 180–213）
洛杉矶，1976.4	《与比昂的四场讨论》（Bion, 1978）
伦敦，1976.6	《塔维斯托克研讨会》（Bion, 2005：1–12）
纽约，1977.4	《比昂在纽约和圣保罗》（Bion, 1980: 1–74）
无题，1977.5	为意大利研讨会准备的录音抄本
伦敦，1977.7	《塔维斯托克研讨会》（Bion, 2005a: 13–29）
罗马，1977.7	《意大利研讨会》（Bion, 2005b）
圣保罗，1978.4	《比昂在纽约和圣保罗》（Bion, 1980: 75127）
伦敦，1978.7	《塔维斯托克研讨会》（Bion, 2005a: 39–72）
伦敦，1979.3	《塔维斯托克研讨会》（Bion, 2005: 79–94）

小短文

为意大利讲座准备的《转韵无题Ⅰ》和《转韵无题Ⅱ》。

临床研讨会

1967 年的洛杉矶研讨会和督导——阿瓜约和马林（2013），1975 年在巴西利亚和 1978 年在圣保罗的临床研讨与四篇论文（Bion, F. 1994）。

没有关于在马萨诸塞州、托皮卡、里昂、巴黎和华盛顿等地演讲的出版记录。

讲　　座

下面我试着提炼出贯穿各个讲座的主题和模式。括号中的参考文献代表该讲座也是同一主题。这些雷同说明某些主题在他看来格外重要。但参考文献过多也就破坏了文章的流畅性；所以通览全文时请您忽略它们。

无知、神秘和真相

比昂把无知（ignorance）奉为基本特征（《巴西讲座》，1990: 3），并常常称它深不可测（《巴西讲座》，1990: 32；无题，1997: 31）。他多次援引莫里斯·布朗肖（Maurice Blanchot）从安德烈·格林那里学来的一句话："答案是问题的不幸"（《与比昂的四场讨论》，1978: 21, 40；《比昂在纽约和圣保罗》，1978: 116；《塔维斯托克研讨会》，2005: 8；《塔维斯托克研讨会》，2005: 30）。

比昂同样将神秘感视作精神分析的一个重要特质，并将其定义如下。

我认为这个词特指一种敬畏未知的能力，即能够尊重我们尚未知晓

第十一章　讲座、研讨会及讲座备用短文（1973—1979）

的东西，不那么害怕我们不理解自己想说的话。

（《巴西讲座，1974: 100》）

因此重点在于，精神分析无论现在还是未来都应当尊重人类的思考，尊重人性，即便不认识它、不了解它，也要尊重。这有点像我说的，要允许自己被迷惑。我们必须能够容忍谜团的存在和自身的无知。

（《巴西讲座》，1990: 101）

比昂把宗教也视作天生对未知的感受性。他的演讲不再提及终极真相。相反，他在《真相》（*Truth*）一文中引用了培根（Bacon）的话："真相是什么？皮拉托只是玩笑似的提出了这个问题，却没有停下来给出答案"（《塔维斯托克研讨会》，2005: 69）。

他对 O 的定义变得更加务实。当我使用字母 O 时，我指的是本体，即任何人都无从知晓的事物本身。

（《巴西讲座》，1990: 69）

这就是我想用一个字母 O 来表示的——表示它不是为了说明它是"某物"，而是代表我不知道的某物。康德或许会称之为"物自体"。虽然肯定有哲学家反对，但我仍觉得他将本体和实体之物与物自体关联起来是一件值得称道的事情。到了被我们称为"宗教"的这门学科中，物自体可能会被叫作"神性"。

（《巴西讲座》，1990: 84）

◆ **专栏 11.2　无知**

对比昂来说，"答案"简直是个空间杀手，尤其是当你相信此答案就是正确答案的时候,好奇心也被掐断了。另一回他解释道,"每当我感受到压力时——我得准备好,以防你们问我问题——我就会说,'见鬼去吧。我才不去查弗洛伊德有没有说过这些东西呢,我自己讲过的我都不查——我能忍得了',当然,我要求你们也得忍着"。又再次强调,"刻意去找答案是行不通的,只有通过你的直觉和理解才能解开疑惑"。所以他即便回答也是在旁敲侧击以便于澄清问题;人们会发现,不知不觉间原本毫不相干的回答其实已经阐明了问题所在,甚至走得更远,就像旅人绕了一圈又回到原点,却早已在途中积累了见识和阅历。

(Bion, F. 1995)

整个精神分析(可能被证明)是在对记忆的错构做大规模阐释,这种扭曲本是为了查缺补漏——缺漏之处是我们可怕的无知。

(Bion, 1987b: 244)

20年前,我自以为对精神分析颇有研究,现在反倒不敢确定,但至少我比那些好为人师者懂得多些。

(Bion, 1975: 17)

观　察

要采取无知的态度,就要重视观察"事实",比昂对此给出了确切的定义(《巴西讲座》,1990: 111;《塔维斯托克研讨会》,2005: 39),"我相信,即便我不知道它是什么,但一定存在这么一个基本现实,这就是我说的'事实'"(《与比昂的四场讨论》,1978: 21)。

思维可以像心理开罐器似的,让我们看清这些事实(《意大利研讨会》,1977: 18)。比昂将其类比于医学,并举例说自己行医时能够对同时有膝盖肿胀和咳嗽的症状的病人做出肺结核的诊断。比昂遗憾于心理现实没有这般清晰、可感知的迹象（《与比昂的四场讨论》，1978: 26）。或许感受要算是最接近不可知的心理现实的迹象了。据比昂所说，感受的起源是非感官的，但我们在试图了解感受（比如焦虑）之本质时，却都受到了感官的误导，"我们是感官的囚徒"（《与比昂的四场讨论》，1978: 21）。正如弗洛伊德所说，我们得无视自己的感官："我经常试着蒙住眼睛，以便于看清那些模糊之处"（《巴西讲座》，1990: 20）。同样，他声称"要让我分析病人，起码得允许我沉默"（《意大利研讨会》，2005: 20）。他渴望挣脱感官的束缚，想寻找事物的一致性，力求穿透其背后的"东西"（《比昂在纽约和圣保罗》，1980: 60；《与比昂的四场讨论》，1978: 18）。他借《失乐园》（*Paradise Lost*）里盲人弥尔顿的话将这种态度展现得淋漓尽致："令我得以看见、述说凡眼看不到之事"（《意大利研讨会》，2005: 62；《塔维斯托克研讨会》：2005: 13–31）。

不知与对理论的抗拒

比昂从不按观众所想去回答（Bion F.,《意大利研讨会》，2005，序言）。他认为真相无法直接表达，所以只作间接的回答——围着主题绕来绕去，逐渐绵延至离题万里，然后峰回路转，带着新的观点回归。

他所有讲座的共同点是拒绝采用抽象的理论观点。他会以苏格拉底式风格绕过理论问题，以充满联想、捉摸不定又令人惊讶的方式作答——突破防御，让思维灵动起来。比如，当听众席上的一位分析师问他心理体验和感官体验之间的区别时，他答道。

> 问："爸爸，那是什么？"答："那是一头牛。"问："为什么是一头牛呢，爸爸？"
>
> 是啊，它为什么是一头牛呢？有哪位搞哲学、生物学、精神分析或医学的人知道答案吗？只需两个问题——那是什么？它为什么是一头牛？——就能让你立刻陷入无知。未知的世界就在你面前：你正置身于终极空间。我们的知晓就是这样不堪一击。只有两个问题的深度——仅

此而已——你就跃入了最高层的精神境界。无论你活多久，都无法回答"那是什么？""那是个精神分析师。""为什么那是个精神分析师？"你可以说心理体验和感官体验一直在交媾——由此产生了精神分析师。这些回答是合理化的，即理性的回答；但那个问题可能无法以理性的方式作答；它或许已经超出了理性回答或理性知识的范畴。

（《巴西讲座》，2005: 82）

有人请他举例说明时空概念在精神分析实操中如何运用，以及在他的心智概念中发挥重要作用的康德先验论，他如下答道。

我不碰我的病人。确实，我与他们交谈，我看到了他们，但我认为这并不足以描述病人与我思考上的碰撞。

（《巴西讲座》，1990: 92）

这个回答有些出人意料，但一针见血地道出了他关于非感官现实的想法。当有人——也是本着**转化**之意——询问"精神分析是否必须经过数学化才能被视作一门科学"时，他又一次给出了意外的答复，如下。

我记得和一位原子物理学家聊过，他似乎觉得这些希腊的、拉丁的东西以及文学都是胡说八道，认为牛津大学为此浪费了许多时间。我无意与他争论，但并不是说我就认为人们应该鼓励我们耍猴戏，而不是鼓励我们增长智慧。

（《巴西讲座》，1990: 99）

这个回答反映出他在转韵前后对科学抽象的态度差异。他再一次强调应当避免征服欲，要更好地去理解，并强调接纳的重要性。

在被问及精神分析中对时间的体验是否会受到相继产生的全能感和无能感的影响时，他如下答道。

你们肯定听过有人这么说,"我只要夜里想着早上几点起,就能几点起;如果我想早晨5点起,早晨5点就能醒"。

(《巴西讲座》,1990: 102)

听众们数次问他关于投射性认同的问题,这是他的作品中非常重要的一个概念,他曾以独特而有趣的方式阐述过它(参见专栏4.2)。不出所料,有时候他会表示自己并不认为投射性认同是病人的幻想,它是真实发生并移情于会谈之中的东西(《巴西讲座》,1990: 68;《比昂在纽约和圣保罗》,1977: 21–31)。但另一些时候,他却声称克莱因的定义已经尽善尽美,甚至绝口不谈自己的贡献(《与比昂的四场讨论》,1976: 1)。有时他又说这只是个理论,还说生物学家觉得理论上老虎与小猫都属于猫科动物,但在普通人看来两者有天壤之别(《巴西讲座》,1990: 54)。"还有个更复杂的版本,它与投射性认同这样的概念和理论相关,但这些理论术语几乎毫无意义";同理,"移情并不意味着什么,人们想知道移情在特定情形下是什么样的。"(《巴西讲座》,1990: 56)

比昂始终坚信,与其把时间浪费在阅读精神分析著作上(《意大利研讨会》,1977: 93),不如去"读懂病人"(《巴西讲座》,1990: 64)。"理论最多适用于前几次会谈,就像国际象棋的开局一样"(《比昂在纽约和圣保罗》,1980: 38;《与比昂的四场讨论》,1978: 14)。相比于理论,比昂更提倡使用模型"它们可能有用,也可能没用,你可以丢弃它,还不用像搞理论时那样要处理种种剧变。模型是消耗品,理论不是"(《比昂在纽约和圣保罗》,1980: 38;《与比昂的四场讨论》,1980: 16)。他诸多回答的其中一个意思是:对于比昂来说,概念的"真实感"非常重要,这个概念得让人有所感受,就像人们在纽约就能感受到什么叫首都(《比昂在纽约和圣保罗》,1980: 58)。

弗洛伊德和克莱因

比昂根据自己对O及在O中的转化等体验,淡化了克莱因的理论(《比昂在纽约和圣保罗》，1980: 36–37）。弗洛伊德的理论从某种意义上说也是被用于填补空缺的，以防有人不肯接受新思想（《与比昂的四场讨论》，1976: 39；《比昂在纽约和圣保罗》，1977: 30；《与比昂的四场讨论》，1978: 2）。他认为弗洛伊德的意识－无意识分类法已经过时（《比昂在纽约和圣保罗》），还觉得此概念在使用一段时间后"变得有点讨厌"（《塔维斯托克研讨会》，2005: 31）。移情被视作过渡性的，而且要具体案例具体分析；比昂认为没有必要对其进行理论概括（《巴西讲座》，1990: 57–86；《比昂在纽约和圣保罗》，1980: 16；《塔维斯托克研讨会》，2005: 5；《意大利研讨会》，2005b: 27）。他一再说已经"厌倦了精神分析的理论——如果它们不能让我想到真实的人，就毫无用处"（《与比昂的四场讨论》，1978: 44；《塔维斯托克研讨会》，2005a: 2）。

语　　言

比昂觉得语言不靠谱（《与比昂的四场讨论》，1978: 14）；所以分析师"得打磨自己的措辞……就像外科医生必须在术前和术中让手术刀保持锋利"（《塔维斯托克研讨会》，2005a: 14；《意大利研讨会》，2005b: 5）。至于如何措辞，比昂的建议听起来与贝克特如出一辙："要一再精简，说话时惜字如金，点到即止"（《意大利研讨会》，2005: 5）。用有成效的语言就是个很好的办法（参见专栏 8.1）。

精神分析的目的

但比昂所提倡的绝对开放——等待某个模式的出现（《与比昂的四场讨论》，1978: 8；《比昂在纽约和圣保罗》，1980: 11, 79, 121；《塔维斯托克研讨会》，2005: 19）和寻找恒常关联——能在分析中带来何种结果仍有存疑。有人发出了尖锐的评论："然后又能怎样呢——黑魔法吗？"（《与比昂的四场讨论》，1978: 15）。对此比昂回应说，我们总得试试看才知道，不受定义和理论束缚的病人会变成什么样。

> 我绝不仰仗已知的病人信息……所见之处皆是零零碎碎……仿佛是要吹起火的余烬，让火星交融，火焰复燃，尽管表面看来只有死灰而已。我们可否看着这星星之火，从中找出一丝生命之光？
>
> （《塔维斯托克研讨会》，2005a: 44）

他一再强调应该让病人回归自我（《与比昂的四场讨论》，1978: 5），认识自我（《比昂在纽约和圣保罗》，1980: 12）。他不用学别人，而是要做自己（《比昂在纽约和圣保罗》，1980: 12）。这是"像个有爱、有情的人"与"做个这样的人"之间的区别（《塔维斯托克研讨会》，2005a: 9），也是像外科医生那般行事与成为外科医生之别。这里他提及《我记忆中的全部罪过》（pp. 37-38）里的一则逸事。他的主刀医生特罗特所有的植皮手术都取得成功，而得力副手［朱利安·泰勒（Julian Taylor）］却总是失败（《与比昂的四场讨论》，1978: 20）。个中区别在于聪明还是智慧（《与比昂的四场讨论》，1978: 28；《比昂在纽约和圣保罗》，1980: 121；《意大利研讨会》，2005b: 53）。聪明即他所说的"猴子的把戏，一枝独秀"（《巴西讲座》，1990: 32）。精神分析却是关乎真实的东西（《与比昂的四场讨论》，1978: 31；《意大利研讨会》，2005b: 9），或成为什么（《巴西讲座》，1990: 90；《与比昂的四场讨论》，1978: 5, 32；《塔维斯托克研讨会》，2005b: 9）。

心　灵

比昂关注心灵、人格和个性的存在，这是他首场讲座的核心思想之一（《巴西讲座》，1990: 37；《塔维斯托克研讨会》，2005a: 3, 40；《意大利研讨会》，2005b: 3）。这一点在之后的讲座中越来越突出。心灵（mind）是"病人内部的东西"（《意大利研讨会》，2005b: 30），所以不得而知。但奇怪的是，比昂此处并未用大写的"T"来指代"物自体"，只用了"事物（thing）"一词。这事物是初生之物（《与比昂的四场讨论》，1978: 40），某种意义上也是原始之物。比昂将其描述为一种我们尚未适应的功能："疾病是心灵"，"不幸的哺乳动物生发出了心灵"(《比昂在纽约和圣保罗》,1980: 81),它是"不受欢迎的进步"(《比昂在纽约和圣保罗》,1980: 91),"心灵是个麻烦事儿"(《塔维斯托克研讨会》: 53)。他设想出一种转韵状态[1](参见专栏 8.6),建议我们最好保持这种状态,以使"事物"与心理功能分开。不久之后,他又借用河神阿尔斐俄斯(Milton)潜入地下作为比喻(《塔维斯托克研讨会》,2005a: 35, 72)(参见专栏 11.3)。心理功能本质上正是在这儿发生的。所以他才会问:"你昨晚去哪儿了,看到了什么?"(《塔维斯托克研讨会》,2005a: 21, 46)。作为分析师,我们是否做好深入地底、在事物的层面上发声的准备?想要触及这个层面,最好能让"思辨想象"自由发挥(《意大利研讨会》,2005b: 59)(《比昂在纽约和圣保罗》,1980: 25–28, 63;《塔维斯托克研讨会》,2005a: 6, 18;《无题》,1997: 40)。

◆ **专栏 11.3 阿尔斐俄斯**

比昂借用阿尔斐俄斯的意象比喻始终存在的、不得而知的梦的思维在暗流涌动,后来他又将其比作幻觉区域(Bion, 2007)和产前世界,被转韵一划,区别于产后世界(Bion, 2007)。据比昂所说,分析师应该在这暗流浮出水面之际用直觉去体验它。比昂的分析性体验似乎与拉康不谋而合,他认为我们的存在的核心并不是一堆无意识的表意符号(即弗洛伊德所说的事物表征),而是一种不可知的、无限的、未分化的潜力流,它尚未被表达出来。

在希腊神话中,阿尔斐俄斯与伯罗奔尼撒河(Peloponnesian river)的河神同名。其岸边曾举办过奥林匹克运动会。神话中的阿尔斐俄斯爱上了仙女阿瑞梭莎(Arethusa),并偷看她洗澡。阿瑞梭莎发现后羞愧难当,转身便跑。阿尔斐俄斯奋起直追。这纯洁的女孩逃无可逃,只好绝望地向月神阿尔忒弥斯(Artemis)祈祷,后者将她变作一汪清泉,又辟出一条地下通道,引她直达西西里岛(Sicily)再上来。阿尔斐俄斯追随她进入地下河道,两股水流随之汇合。这个神话还提到一只杯子在奥林匹亚被扔进河里后,在水源地阿瑞梭莎浮出了水面,以此说明源头与河流之间的关系。不止如此,每当阿尔斐俄斯的河边有人宰牛,源头阿瑞梭莎的水都会变红。

阿尔斐俄斯也曾出现在弥尔顿的《失乐园》(Milton, 1674)中,比昂(1979: 257)援引了这句话。

> 归来吧,阿尔斐俄斯,让你的河流枯萎的
> 可怕声音已经消散;归来吧,西西里的缪斯……
>
> (Milton, Lycidas)

柯勒律治(Coleridge, 1816)的著名诗作《忽必烈汗》(*Kubla Khan*)这样写道。

> 忽必烈汗建立"上都",
> 修起富丽的逍遥宫,
> 那里有神河阿尔浮,
> 流经深不可测的岩洞,
> 注入不见太阳的海中。

结　论

总之,我们在讲座和督导中看到的比昂颇有苏格拉底风范,就连在他的一些著作封面上出现的那张照片里,他也捧着本柏拉图的书在读。他会提出质疑、开放讨论,但并不自以为是。他对外界的这种睿智且均衡的态度某种意义上也让他感受到了禁锢,无独有偶,这态度在动荡不安的内心世界与思考中同样存在,在同时期的《未来回忆录》中就有所体现。但他用千回百转的苏格拉底式提问挑战了僵化和枯燥的思维方式,同时坚守住了自己的观点,即在 K 中的转化和在 O 中的转化有所不同。他专注于超越了时间、空间和感

官的未知基本层面的体验。这些讲座连同《未来回忆录》和比昂的几本自传给我们提供了双目视角的机会，或可借此一窥比昂之精髓。他的讲座和督导之核心在于一种无知的态度，于是精髓便自然地显露出来。

临床研讨

《临床研讨与论文四篇》（*Clinical Seminars and Four Papers*, Bion, 1987）收录了比昂督导时的作品。这本书里的临床督导发生在 1973 年至 1979 年期间，那时他以 70 岁高龄到国外讲学，直至去世。弗朗西斯卡·比昂在他去世后将它们整理出版。这并非易事。

> （20 世纪）70 年代的时候，我一直负责编辑出版他的作品——还要打字、校对，与合作多年的出版商们联系。他得全神贯注地创作与写作，显然没有意愿和时间来做这些。那时我感觉自己比任何人都了解他和他的工作与表达，而且他每次演讲我都在场，这样更容易记录下他的讲座内容与言行举止。录音带只能传递有限的讲者信息；编辑要面临的问题是如何才能更好地将口头语言转为印刷文本，然后既要保持个人风格与自然性，还要读起来朗朗上口。但这还不是最难的，让他读一读整理好的成品比让小孩喝药都难。他的理由虽然粗暴，倒也形象："我才不去翻看自己吐出来的东西呢。"

（Bion F., 2006）

巴西的督导是在温暖与热情的氛围中进行的。他的理论作品中那些我们熟悉的、让人头昏脑胀的复杂推理与哲学思辨在这种友好的氛围中消失了。我们很难从这几场督导中找到"过去的"比昂所特有的神秘感。但《注意与解析》中描述的态度依然未改。他试着避开已知的观点，去看清病人的本质。《注意与解析》提出，本质在矢量 O（O-vector）看来是一个转变的过程，目的是最终在会谈中达成所愿。分析只是拥有诸多可能性的庞大未知体的一个微小的组成成分。比昂极度接纳这种不知的状态，竭力避免定论或理解。他就在那里，观察着、好奇着，无论意识还是无意识层面都对未知保持开放。

督导时的态度

比昂从不说教。他会秉持好奇和极度不知的态度，帮助分析师提出问题。比昂的问题常常出其不意，有时具体得让人忍俊不禁，堪比格鲁乔·马克思（Groucho Marx）[1]式幽默，比如，"相比于女人，他更喜欢男人，可那又如何？大部分女人不也更喜欢男人吗"（《临床研讨》，1987: 58）。我们从督导中可以看到他这种独特的态度：不动声色地开放，伴有高度的尊重与信赖。他认为节制是从事这种工作的必要条件。

他自己遭受过痛苦的创伤，所以能深深地认同病人，并从这样的深度去阅读和描写处理情感现实的本质。他对理论的态度比在一些讲座中表达的要温和些。

> 我的意思是，一定要阅读所有这些书籍和你想读的一切东西，但不要让它妨碍你对相处对象形成自己的看法。
>
> （《临床研讨》，1987: 59）

此时此地的这位病人以及在会谈当下保持绝对清醒的头脑才是最重要的。

> 她与女友的这个故事将构成你在6次会谈、6个月乃至6年后的诠释的基础。这就是为什么你一定要让感官对眼前咨询室中发生的事情保持开放。
>
> （《临床研讨》，1987: 72）

---

[1] 美国喜剧演员。——译者注

这些事实固然重要，但更重要的是今天正在发生的事情。我们经常讨论过去的情况——这也很有用——但毕竟是过去式了，任何人都无法改变过去。当下才是我们可以把握的。那么今天这位病人这样讲话，到底是发生了什么呢？她可不是个小婴儿了。

（《临床研讨》，1987: 80）

精神分析的目标

和讲座中一样，比昂一再强调精神分析的目标是让心灵自由，让人表现出性格特色；帮助人们做自己，无论那会是什么样子；让人去面对自己的生活。当然，这一过程永不会结束，一直在持续进行中。

我们在做什么？我们盼望出现什么？我们所希望的，是一个人最终能活出自己的样子。

（《临床研讨》，1987: 41）

在某些被汹涌的神经症、精神病等湮没的分析性情境中，有个人在挣扎着想要出生。在我看来，分析师的作用并不是为了展示所有这些神经症和精神病的机制，只是在解放病人的过程中偶然如此。说精神分析师从事着与米开朗基罗、莱昂纳多、毕加索、莎士比亚等人类似的工作并非夸大其词，后者解放了一大堆代表现实生活的物质实体，精神分析师则试图帮助孩子找到潜伏于内心的大人，也告诉我们大人其实也是个孩子。两者合而为一可能更好，这不只是要让他们不分彼此，更要让他们以创造性的或有益的方式结合在一起。这位病人可能内心藏着个母亲，却完全被掩盖住了。

（《临床研讨》，1987: 41）

试图从本质上解放一个人，促使其进化，会让我们想起先前描述的精神分析客体沿着 O 顶点进化的过程。比昂并不是在诠释进化,而是在观察它:"妓女是渴望恢复自由身的性工作者"(《临床研讨》,1987:82)。分析本身可以提供这样一种真实的体验:"很可能分析让她头一次有机会感受到竞争、羡慕和嫉妒,却不会导致灾难"(《临床研讨》,1987:47)。

人们对案例总是议论纷纷,但比昂认为这不是问题:"你是一无所知,但病人同样不甚了了"(《临床研讨》,1987:30)。他强调务必对问题持开放态度,比如针对一位陷入热恋的病人:"这热切的爱究竟是什么?没人知道答案,所以这场冒险我们都参与其中"(《临床研讨》,1987:91)。比昂从不轻信病人的话或其诊断;他只相信自己的观察(《巴西讲座》,1973:16)。

> 每当病人声称自己婚姻幸福的时候,我觉得我们都应该试着帮助他或她把性生活中对伴侣的不满带出来。
>
> (《巴西讲座》,1990:16)

精神分析的设置

比昂所有的文章都强调要有严格的设置和铁的纪律。

> 我觉得分析其实在某些方面与外科手术一样严谨;做手术的医生要遵守特定的纪律。我只听过一个案例,说有个外科医生自作主张,结果非常惨烈。他倒没做什么伤天害理的事,但似乎允许大家在手术过程中举止轻浮——可以谈笑风生。我觉得正因为此,他们才误以为这个手术难度不大。确实不难。但这位病人,一个小孩子,就这样死了。
>
> (《临床研讨》,1987:74)

同外科医生做手术一样,分析的力量也很强大,但也需要心平气和。

比方说如果你是位外科医生,而你的子女生病了,我想你恐怕不会亲自给至亲做手术，因为那必然会唤起非常强烈的感受。这种情感体验会让你没法清醒地思考，没法冷静地操作。分析也是一样；一旦你对病人产生爱意，分析性的关系和冷静思考的能力都会受到干扰。

（《临床研讨》，1987: 184）

即便是治疗重症病人时，他也从未偏离过精神分析的设置。

分析是一种纪律性的、不大愉快的体验——分析双方都不能为所欲为。这就是为什么分析师必须有休息的时间，必须有分析之外的生活。如果他们把自己的家庭生活也过成了精神分析，那一定很难受。

（《临床研讨》，1987: 174）

这种自制力对他来说至关重要；它漂浮着而不会下沉："浪击而不沉"[2]（《临床研讨》，1987: 190）。

技　　术

督导的基本理论框架属于克莱因式的（比如《巴西讲座》，1973: 49，《巴西讲座》，1974: 82），比昂的干预也秉持着相同的思路，指向内在客体及其再现的方式（《巴西讲座》，1973: 35）。核心议题包括攻击、敌意、嫉羡、竞争、父母，以及性交的无意识意象。如果病人能在分析中重温这些动力（《巴西讲座》，1973: 47），机会就来了。这听起来竟然颇有经典分析的味道，考虑到讲座中他对克莱因理论的消极态度，这个感觉会更加强烈。人们可能会疑惑，相比于当今的比昂学派，比昂本人究竟有多少"比昂风范"。他始终忠实于经典精神分析，即便自身思想已大放异彩，他也会毫不犹豫地弃之如敝屣——这在悲剧性、严谨性和纪律性的基调上，平添了一股讽刺的意味。

比昂主要关注的是病人怎么想的以及为何这么想。他特别尊重病人精神上的痛苦。他试着去接触这些自己尚不知道的、令人无法承受的心理之痛

(《临床研讨》，1975: 161）。

比昂的很多干预都特别直白。举例来说。

> 你觉得和你比起来，我是个特别糟糕的人。但你仿佛又觉得，既然你比我优越，那么就得粗鲁地对待我，看不起我，方才体现出优越感。
>
> （《临床研讨》，1987: 31）

可是他发现几乎所有的干预都不够充分。过程在于体验，在于学习本身。移情只是一种稍纵即逝的关系（《临床研讨》，1975: 151），一种展现行为和与病人互动方式的模型。奇怪的是，比昂很少提及反移情或涵容，而这是受他的理论影响颇多的当代新克莱因派比较突出的两个概念。

结　论

在会谈中成为 O 意味着要去接触那个"场域（zone）"、幻觉层，以及未分化的心理功能水平。相比之下，思考、把握和判断往往会让人脱离这种心态。成为 O 是此时此地与病人之间纯粹的情感体验，精神分析的设置（分析性框架和基本的规则）促成了这一切的发生，它让分析师能尽量保持极致的自由悬浮式注意，并尽可能开放地进行分析，跳出比昂所说的时空框架的约束。分析师可以一边最大限度地认同病人，一边与自身状态保持接触，却毫无违和感。用西田（Nishida, 2001）的话来说，他就像是管弦乐队里的一个乐师，既演奏着自己的乐谱，又融入了整体的音乐之中。处于比昂所说的"放松式注意"和心平气和的状态有助于促成这种体验。分析师应当立于无限和有限交汇的临界点上，处于将睡未睡之际（参见专栏 11.2）。他必须抱着信念和自我放逐的决心去直面黑暗的虚无。也就是说，他得跳入未知。分析师直觉到场域或幻觉层中出现了什么。这些浮现出的思维在诸多顶点上逐渐成形，从无限走向了有限。网格图中每个元素都可以看作一个顶点，它们在心理空间中可能相遇，也可能不相遇。相比于意象、思维和特定的感受，各种情绪要更接近未分化的场域一些，因为它们没有成型，而且能快速地在无意识的情况下共享。

感受和意象等元素从未分化的非感官场域转化而来，可以反过来被用作预想和心理开罐器，以促成更多转化。就在分析师站在无限与有限交汇的顶点（即 O 与 K 的交点）之际，病人也站在另一个顶点上。为了让分析发挥出最大作用从而发生在 O 中的转化（这向来是可遇不可求的），分析师必须力求在每场会谈之前放空自己，回归原点。自制力与稳重感有助于保持这种心态。比昂提出让分析师蒙住双眼，以便对转韵背后的世界产生朦胧的感知（Taylor, 2014）。这样一来，恒常关联就有机会作为精神分析客体的映射而现身，病人那些未知的非感官的实质也随即转化、获得感官形式，从而可以被感知到。这些实质本就作为病人最原初的部分存在于未分化的、非感官的场域之中，分析师最好能以生动的方式展现给病人。有人可能会把这些非感官场域中尚未得到感性表达的联结视作人格的实质。

比昂还描述了一种反转活动；"梦见做梦的做梦人（dreamer who dreams the dream）"观察到生活中的事实和人造世界中的各种体验和感知，便转化了它们；将它们制作成意象、假象和梦境。于是这些体验、感知和思维得以进入转韵背后的场域。分析师会试着说出在 O 与 K 交点处浮现出的语言，与 O 产生直觉上的接触（参见专栏 8.1），从而推动在转韵两边发挥不同功能的这两个世界之间的运转。

◆ 专栏 11.4　在 O 中的转化，示例

比昂 1970 年的时候讨论过在 O 中的转化，认为它是一种未及表征的新的情感体验，在分析中可能会发生一到两次，但也会造成分析的终止。这种在 O 中的转化可遇不可求；它的出现往往出乎病人和分析师的意料。在 O 中的转化是在未分化的心理功能水平上产生的心理变化。

费尔默特（Vermote, 2011）曾讨论过一个关于 T（O）的案例——特雷

则比（Trezebees）的案例。

另一个案例如下：病人由于陷入抑郁和焦虑，被困在离职和独居状态里，从而前来寻求分析的帮助。到我描述的下面这件事发生时，她已经接受了一年的分析，各方面的功能已经开始好转。

她梦见自己的脸上长了个肿瘤。她想知道它是良性的还是恶性的。围在身边的六个医生都没法让她入睡；最后一位说：现在你肯定能睡着了，但她的床向后翻过去，让她躲过了大剂量的麻醉。走廊上有几位熟人看到了她；老板也路过这里，却因为忙着和一个金发女郎调情而无视了她。

我的脑海中浮现出好几种诠释，其中一个比较浅显：我是那个让她睡觉的人，还是那个忽视她的人？她没有任何联想，我也只说了肿瘤似乎是某种压力便不再多说。话不说满，梦的工作才能继续。

两天后，她在会谈中联想到几件事，然后某一刻忽然说自己会把美丽与苗条联系在一起，而她就很苗条。这是她头一次这么说。她还口误了一下，把"搞砸（vaantjes）了"说成"搞鸡（haantjes）了"（"haantjes"指雄鸡，在荷兰语中有性的色彩）。这也是很罕见的。关于美丽这一点，病人很少注意自己的外表，总是穿着一成不变的牛仔裤或运动服。虽然我很小心地不去干涉她的行为或外表，但我还是告诉她，在我的印象中，她似乎将自己的体验局限在某个范围内，就像她生活的其他方面一样。她说她也想穿更有女人味的衣服。我说，我怀疑在她还是小女孩的时候没有人像正常父亲那样欣赏她。她没有回答，但后来表示自己当时愣住了，想哭，之后会谈就结束了。

三分钟后我收到了她的短信。她以前从不给我发短信："J 回来了。" J 是她很少谈及的前男友。我觉得这一准是在批评我的评论，可以理解她再一次体会到了与一个挑剔的男人待在一起的感受，我无意中再现了这种态度。

接下来的一次会谈是四天后的周二晚上，那时候刚过去一个周末，我问她上次会谈感受如何。她说自己哭了，而且很生气，给我发过信息后，她就关机了。奇怪的是，周末她就订购了几面大镜子来装饰房子。她还给一个许久未联系的女性朋友打了电话,俩人谈到了服饰和女性气质,接着她去参加了一个聚会,这些都是前所未有的。周一和周二她高高兴兴地去上班,周围人都觉得她特别友好。

我说我们在不经意间共谋出一个她与前男友相处时的情形,而她的反应似乎给分析带来了一些新的材料。那次会谈的后半段她一直沉默不语。

在本周最近这次会谈中,她报告了一个梦。她的妈妈做了她最爱吃的鱼,却把鱼都给了爸爸;她很生气,用叉子把鱼捣成稀巴烂。这是她头一次梦到自己为求而不得的事情生气。仿佛喷出了一肚子的怨念。

后来她告诉我,那次会谈结束后她到家就给我写了一封信,并在几周后把信交给了我(她以往从未给我写过信)。她写信是因为不想忘记这一周,希望遇到困难时能重温这段经历。

她在信中说,从来没有想到自己能清醒地体会到如此丰富的情绪。在我评论她的服装那次会谈之后,她先是茫然若失,然后怒不可遏,不由得泪流满面,感到自己被误解;之后心情却变得异常平静与温暖。她感到心脏周围被许多能量所包围,这大概就是幸福吧。她接着写道,感觉我们好像被牢牢地连在了一起,彼此有无限的信任,永远不会分开。她整整一周似乎都沉浸于这个没完没了的想法,仿佛迷醉于激情之中。

我很惊讶她在信中的遣词用句是情绪化的、未分化的、无限的。她卸下了防备,回到自然状态,也脱掉了此前一再被困于其中的强迫性思维的盔甲。

案例中的分析师提及病人服饰风格的行为可以看作一种引诱的动作——引出了病人的反应。但关键点在于病人对这次会谈的反应很是出人意料,那些强烈的、突然的、泛化的和持续的心理变化甚至改变了她的一生。随后几年的分析中再也没有出现这样意味深长的时刻。我想我俩都在追寻这样一种寥寥数语就带来如此变化的契机。但问题是它的发生与理解无关,也不受意识控制;它属于在无意识层面发生了某种剧烈的事情。

现在的问题是该不该称其为 T(O),以及它在临床上是否有用。比昂于

1970年谈及在O中的转化，将它视作一种新的情感体验，可能会在分析中发生一到两次，但也将令分析走向终点。这个案例展现了比昂所说的T（O）的特征：这种体验会在不经意间发生，可遇不可求，且会导致心理上的变化。可以说，我们是在非语言、未分化和无意识的层面上与病人进行接触。换句话说：好比是在一个共处的场域中产生了接触，导致分析师无意中采取了某种行动，结果病人感觉自己被看见了。也可以说，这一切的发生像是从背后突然把我们给拉走了。在后续的会谈中，未分化的O层面所产生的这种体验又现身于她的梦中；换言之，这种体验是由她的遐思或她在K中的转化引起的。显然，这种体验之所以成为可能，要得益于精神分析的装置以及由此产生的分析师与被分析者之间的场域。正是由于这种体验的存在，及其带来的欣喜与转化的力量，我们才愿意孜孜不倦地研究比昂在O中的转化这一概念。

注　释

[1] 讲座中有几个主题在他后来写的短文里有所提及，比如黑洞和涡流理论（《巴西讲座》，1990: 75；《与比昂的四场讨论》，1978: 5–23），以及转韵（《与比昂的四场讨论》，1978: 22；《比昂在纽约和圣保罗》，1990: 28）。

[2] 比昂的座右铭是"浪击而不沉"（在摇摆中保持平衡，这也是巴黎市的座右铭）。

第十二章

自 传

比昂有关世界大战的四篇自传

两次世界大战都对比昂个人以及他在精神分析与思考方面的发展产生了深远的影响。只有以此为背景，才能理解他的诸多理论概念，比如"涵容"（本意是军事术语"封锁"），"β 粒子"，"莫名恐惧"，"团体的首要目标是让团体存活下来"，"未知"，以及他所说的在高压之下进行思考的那种紧迫感。此外，有些战争题材的文章把比昂作为一个角色写了进去。

但比昂关于世界大战的四篇文章特别晦涩难懂。读者仿佛在迷雾中徘徊，只能看到眼花缭乱的名称和对同一事件的不同描述，而鲜少对时间和空间给出明示。正因如此，我才按时间线展现其内容。但关键是，阅读难在情感上，因为比昂有着长达数年的创伤性参战经历，所以他真情实感的叙述就愈发令人感到痛苦，甚至残忍。

与战争相关的文章并非写完后立即出版。《漫长的周末》（1982）和《我记忆中的全部罪过》（1985）这最后两篇自传就是与《未来回忆录》同一时期写就，但直到他 1979 年去世，之后又过了 3 年和 6 年才分别发表。15 年后，弗朗西斯卡·比昂编辑了比昂 21 岁那年在牛津大学皇后学院学习历史时写就的《战争回忆录——1917—1919》（Bion, 1997）。他当时遗失了日记本，只好以这种方式让父母知道"他是怎么过的"（Bion, 1997: 5）；他受不了在战争期间给父母写信的痛苦。回忆录的正文中穿插了许多手绘和照片。正如帕耳忒诺珀·比昂·特拉莫在后记中所写的："这些日记更像是流水账，几乎不带任何情感色彩，也没有深度加工。"《战争回忆录——1917—1919》中附了两篇颇有文采的短文。第一篇题为《亚眠》（Amiens），写于比昂 61 岁时，回忆的是当年乘火车穿越法国、路过亚眠杂草丛生的雷区的经历。他在文中用自说自话式的叙事风格、带有批判意味地勾勒出了上尉比昂和他的中尉阿瑟（Asser）以及别的战士与军官们的心理画像，但效果不尽如人意。1972 年，他在"加州的蓝天下"重读自己的战争日志，之后写了一篇长达十页的《评论》（Bion, 1997: 199），这篇文章采取的是年轻的战士比昂与 75 岁的老年分析师比昂进行评判式对话的形式。

比昂认为人格是像洋葱皮那样一层层叠加而成的。这四篇文章合在一起提供了一个独特的视角，有助于理解哪些层次或集合的特征构成了比昂的自体。此外，帕耳忒诺珀·比昂·特拉莫（1997）说这几篇文章像"复写羊皮卷"或"马赛克"，也揭示了同样的经历在他生命过程中不断转化的方式，以及有些经历因为过于悲惨所以未能得到消化，也永远无法完全修integer。阅读描写战争的文章谈何容易，因其字里行间饱含情感，遣词用句却无序而散乱。但这种在阅读时很难抓住重点的感受正是比昂描述的战争之本质。虽说如此，在与你一同阅览比昂关于战争的文字时，我们仍将按照时间顺序讲述他的战时生活，尽可能从四篇不同的文章里将它拼凑成型。这对读者可能有所帮助，甚至还能揭示多年来某些体验所发生的心理转化。

1917 年夏：比利时，凸角处

比昂 21 岁那年写就的这篇文章讲述了一名在校生在当上第五坦克营的指挥官时是多么自豪。坦克于 1916 年首次面世，当时四辆坦克就扫荡了十公里的敌军战壕，打得敌方措手不及，他们原以为坦克只是运输工具而已。但其他坦克不幸深陷泥潭，成了装满汽油的枪靶子，伤亡率几乎是百分之百。经过短时间的训练，比昂于 1917 年 7 月 31 日驾驶坦克参加了比利时第三次伊普尔和帕斯尚尔战役，有 18.5 万名战士牺牲在这个臭名昭著的凸角处（环绕几座城市的小山弯道），却只赢得了两三公里的胜利。前线是尸横遍野的泥沼，只有一条用铁丝把树枝捆在一起铺成的小路。你可以在秀丽的风景中参观到 300 座英、美、德、加的军事墓地，这都是那场悲怆的战役的见证。还有两座博物馆更是还原了当时惨烈的场景。

据比昂描述，他们九个人坐在伸手不见五指的坦克里，外面是震耳欲聋的引擎声和子弹的撞击声，空气中弥漫着浓浓的汽油味。一旦被炮弹击中，装满汽油的坦克就会着火和爆炸。

不断出现的技术缺陷令坦克常常只能坐以待毙。人们可能很难相信，当时炮火中的战士们得靠鸽子才能与总部通信。他们主要靠吃牛肉罐头和饼干维生，战斗期间几乎不睡觉，还被引擎的热气和烟雾熏得头昏脑胀。比昂作为指挥官，大部分时间待在坦克外面，背上贴着一张白纸，以便在遭遇枪炮袭击时能被坦克里的人看到。战士们在泥泞中艰难前行，忍受着腐烂的尸体、氯化物和石灰等散发出的令人作呕的恶臭，在先前袭击所留下的断壁残垣中寻找掩体。年轻的比昂如实记录下了这段经历。

> 一枚巨大的德国炮弹在我们周围爆炸，听起来比其他炮弹更加剧烈。它仿佛特快列车正要穿过隧道一般——愈是靠近，轰鸣声愈大。随后便是震耳欲聋的撞击声。只要有炮弹在附近爆炸，坦克便会微微摇晃和颤抖。这太可怕了，因为人们以前觉得坦克是最坚固的。这就好比你独自身处于一个巨大的走廊之中，四周无数巨门都在轰轰作响。我想不出还有什么方式能描述它。
>
> （Bion, 1997: 30）

55 年后，比昂坦言当时的他实在描述不出那段惨痛的经历，但即便是日记中那些笨拙、粗糙的文字，也能让人感受到扑面而来的压倒性的恐惧。

> 恐惧当然少不了；我想，对恐惧感到恐惧是所有人的共同点——无论身份高低。可一旦承认恐惧，就会传播恐慌和沮丧，所以你不能向任何人坦言，于是便产生了一种奇怪的孤独感，仿佛身边全是没头脑的机器人——机器是没有人性的。那孤独感是如此强烈，我仍能感受到皮肤

包裹着骨头,仿佛是死尸的一张面具。偶尔的交谈也像传自遥远的地方,"维普尔(即伊普尔,比利时的一个城市)""是的,凸角处""枪声听起来挺带劲儿""糟透了——但振作点——还好离死不远了""你就说吧"。

(Bion, 1997: 204)

81岁的比昂能对这些战事做出心理上的描述,但在写这些日记的时候根本做不到。"我觉得自己漂浮在距离身体四英尺(约1.2米)的高度……这种去关联、去人性的方式是为了获得安全感——它不由自主地、不知不觉地发生,可代价却是对死到临头浑然不觉"(Bion, 1982:132)。

1917年秋:法国

1917年秋,比昂所在的营从比利时的伊普尔转移到法国梅斯附近的一个小村庄,正对着兴登堡防线。与伊普尔不同,这一片村庄几乎没有受到影响。遥望远处,敌军战壕被低空引爆的炸弹勾勒得清清楚楚:"那看起来像一片片白云夹杂着金色的雨滴。特别美,也特别致命"(Bion, 1997: 47)。比昂后来在此地因表现英勇而被授予勋章。当他们的坦克遭遇枪击时,其他机组人员从里面逃了出来,试图躲在附近的敌人战壕中。"太刺激了",比昂抄起自己的刘易斯机枪,爬上坦克顶部,以梢捆[1]为盾,瞄准隐藏在树林里的狙击手就打,直到打光所有弹药才停手(Bion, 1997: 50)。60年之后,比昂强调这种疯狂的举动是傻乎乎的、没头脑的(Bion, 1982)。

> 我提着四桶机枪弹药,带着我的破铜烂铁和一把刘易斯机枪,笨手笨脚地爬上了坦克的顶端,把枪靠在梢捆后面……我以为能掩护一下……那时的我根本没有危险意识,所以也不存在任何恐惧,无知者无畏。我能很清楚地看到墙后的小矮林,便开始从容地扫射,很快就几

---

[1] 即 fascine,战争中加固战壕、填沟等用的束柴。——译者注

用完了四桶弹药。

到这时，我鲁莽的举动在树林里实实在在地捅了个马蜂窝。

（Bion, 1982: 164）

有件事年轻的比昂在日记中几乎是一笔带过，他在那次袭击之前遇到了一位老同学，那位老同学当时被一枪击穿了头部。

数月之后，1917 年 11 月，敌方突破了古佐库尔防线。坦克在后方等待出动。有个战友睡在坦克底下，被废气熏得不省人事。比昂把稀释过的氨水灌进他的喉咙，救了他一命。他目睹卫队在风笛的伴奏中采取密集队形坚守阵地，绝不后退。50 年后，他再次强调那是"一幅绝美的景象，仿佛阅兵场一般"（Bion, 1997: 207）。这齐心协力的一幕在比昂心中留下了一种独特的美学体验，他在描写战争的几篇文章中都提到了这一点。

1917 年冬：绝望与勋章

比昂笔下的 1917 年底处处透着战败后的绝望。他对长官们十分不满（只有一位除外），说他们意志薄弱、卑鄙无耻、没本事且酗酒成性，言行举止简直畜生不如。在《漫长的周末》中，他提及有些士兵在得到不限量的食物和啤酒后喝得酩酊大醉，一周后才清醒过来。后来连队开除了失职的少校和上校。

随后是一段相对平静的日子，但好景不长，晋升和授勋又为他招来了嫉羡的目光。比昂因射杀狙击手的英勇行为被提名授予军中最高荣誉——维多利亚十字勋章。可到了评选环节，他却不能确定是否真的击毙了那个狙击手。直到 81 岁高龄时，他才明确表示自己当时击中了树林里的狙击手，但强调这一英雄行为并不明智，纯属运气。他当年没有承认显然是出于心理原因，也因此失去了维多利亚十字勋章，替代而来的是杰出服务勋章。他在《评论》中反思过勋章在心理上的分量及它可能激发的矛盾情绪。"顺便提一句，我觉得维多利亚十字勋章会把你搞'崩溃'。没得到它也算是幸事吧"（Bion, 1997:

204）。

比昂有些地方很矛盾，时常左右摇摆：明明视自己为"身着军装、胸佩勋章、装扮成士兵样的公立学校小男孩"（Bion, 1982: 200），但到白金汉宫授勋时又觉得特别自豪（Bion, 1982: 187–189）。他还总在自己的精神分析著作中提及这些官方军事头衔。

父　　母

年迈的比昂遗憾于当年他的母亲没能出席杰出服务勋章颁奖典礼（Bion, 1997: 190–192），而且出于某种心结，他也没在前线往家里写过信。

他早年的日记中也确实存在一些惊人的画面，暗示其母亲形象之重要与复杂。

> 我们缓缓地走在坦克前面，等待炮弹的到来。人在重压之下会有神奇的感受；我感到焦虑渐渐满溢出来；自己像个哭了一整天的孩子，想被妈妈抱到床上睡上一觉；我躺在路边的河岸上，感到出奇的放松，仿佛躺在谁的怀抱之中。
>
> （Bion, 1997: 122）

将冬日冰冷的河岸比作妈妈的怀抱令人不寒而栗，这可能与比昂早年与父母的分离有关，当时他从印度被送到了英国。但在日记中，他只是含蓄地提到了自己的母亲。帕耳忒诺珀·比昂这样解释道。

> 只有母亲一人被他时不时地当作读者，比昂似乎认为母亲是他内心对话的主要参与者。也许他参战期间没有"写信"不仅是担心母亲会难过，也是下意识地要把母亲这个容器保留在心中，使之尽可能免受惨烈新闻的冲击，从而成为具备 α 功能的一部分人格。
>
> （Bion, 1997:310）

比昂关于战争的作品中没有明确地出现过他父亲。就连比昂从前线回来休假时，也是母亲在英国迎接他。至于他为何没有将信件和日记寄回家，目前尚不清楚。可能他透露了坦克的某些技术细节，而这在他那位工程师父亲的心中属于机密。比昂觉得父亲是位强者：能擒龙捉虎。所以比昂在自愿参加第一次世界大战却被拒之后，一度羞于面对父亲。

1918年春：重返比利时

1918年初法国很是平静。比昂当上了射击教官，办了几场研讨会，还被提拔为分队长。但4月德军攻破北部（比利时），将前线推回。于是在法国的坦克部队被召回去支援比利时，但现在他们是没有坦克的步兵，又没有经受过这方面的训练，只能在巴约勒村的田园、绿地和房屋之间作战。比昂在日记里形容当时挖掘沟渠简直像是在搞园艺。

当时，比昂发现相邻阵地的军官没有交接就自行离开，在英国战线上留下一个大缺口，于是他离开自己的阵地（和战友）去加固遭到猛烈轰炸的战壕。可回来却发现，仅有一人幸存，其余尽皆牺牲。打那之后，21岁的比昂在行文中变得更加关注心理现实而非客观事实。1918年5月，他占领了乌特夏特剩下的三个农场，却好像进入了一种解离的状态，比如"花好几小时盯着屋檐上垂下的一根小草上的泥点，看着它随着炮弹的轰鸣而颤动"（Bion, 1997: 94）。这句话六十年后又原封不动地再次出现（Bion, 1982: 209）。当年这位20来岁的士兵在日记中这样描述自己下定决心直面创伤的心路历程。

> 那时我不过是个微不足道的小人物，一直被未知力量扼住脖颈、难以呼吸，于是我打算拼死搏斗。毕竟，只要耗子的死没给猫带来任何乐趣，就等同于比这位顽皮的猎食者更胜一筹了。
>
> （Bion, 1997: 95）

60年后他如下写道。

> 不明白为啥有些人为一点小事——孩子哭闹、狗嚎、电话叫——就要发疯，多一分钟都忍不了，可我现在也是一点枪响都不能再听。如果他们再不停下来，我怕是真要疯了。我一刻都待不下去了！
>
> （Bion, 1982: 209）

81岁那年，他借助梦中的一个意象抓住了这种"精神谋杀"的精髓（Bion, 1997: 207–208）。

> 我成宿成宿地梦见自己肚皮贴地、手脚并用地爬向一个闪闪发光的斜坡，斜坡尽头是汹涌的激流——那污浊的斯蒂恩贝克暗流。我朝着那个方向滑行。如果我试图用脚趾或手指抵住地面，反而会加速下滑；要是我停下来，也会加速下滑。我一声不吭。醒来后满身是汗。
>
> （Bion, 1982: 211）

随后，盟军在凯梅尔山周围战败，他们被赶回法国境内——比昂所在的连队也受到了猛烈的炮击——"不夸张地说，大地都被炸上了天"。比昂走出战壕，步行至山顶，找到他手下的战士们，对他们说。

> 不妨这么说吧，即便是个不折不扣的精神病人，也会觉得我做的这件事无比疯狂、无比危险。我这么做一定是疯了。但其实我此生从未有过如此清醒的思考。
>
> （Bion, 1997: 106）

他在《漫长的周末》中将此行为归结于自己对牺牲在巴约勒的战士们那种无以言表的愧疚。

战 友 们

比昂所有的文章中都弥漫着蔑视权贵的味道。有时候他甚至一点情面都不留，比如他 61 岁撰写短文《亚眠》时，笔下的上校就是个身穿皮大衣的前线时尚达人，少校则是个酒不离身的醉鬼。20 年后他温和了些："我们的长官并**不是**无能，只是不知道到这个世界已经到了飞流直下的悬崖边上。我们都被这滚滚洪流击得粉身碎骨"（Bion, 1997: 205）。他会愤愤地说。

> 想做个快活军官，你就得善说谎言，躲避责任，把脏活儿甩给别人，背地里净出阴招，没错，阴了人还要扣个屎盆，让人抬不起头来。
> （Bion, 1997: 233）

比昂（1982: 235）其实不太"在意那帮搞宗教哲学之类的人"（Bion, 1997: 294），尽管他在战争初期曾加入过军中的宗教团体。75 岁那年，他抨击了自己的"假正经"和伪信仰，对"伪善帮"更是嗤之以鼻。他有个名叫昆顿（Quainton）的战友兼教友曾一度精神崩溃，让彼时年轻的他记忆犹新。昆顿在一次休假之后便不再归队，并写信给比昂说自己出了车祸——这被视作懦夫行为。比昂一直怀疑他是否有说谎之嫌，到 61 岁仍不时地对此感到反胃和恐惧。直到 14 年后他在牛津碰见了昆顿，比昂才释然许多，面前这个男人至今仍未走出战争创伤，一副行尸走肉的样子："他原先是个多么快乐、坦率的家伙，我曾那样羡慕他轻轻松松就能建立深厚的友谊，但后来变成了一个谨小慎微、唯唯诺诺的人"（Bion, 1997: 204）。

让比昂印象最为深刻的朋友似乎是阿瑟（Asser）。阿瑟比他小一岁，却具备他觉得自己所缺乏的一切：勇敢、热情、真正爱别人的能力，以及拒绝投降。阿瑟的去世是一种无与伦比的丧失。比昂在日记中只提及 8 月 12 日是他陪阿瑟度过的最后一晚（Bion, 1996: 133）。到 75 岁时他才坦言："他的死要了我的命。起码我再也不会为了一个人激动到要拥抱死神的地步"（Bion,

1997: 210）。直到在最后几部作品中，他才讲述了当年的场景："阿瑟被捕时还拿着左轮手枪，拒绝举起双手。面对投降的邀请，他的回答是，'我要是答应了，会遭天谴的'"（Bion, 1982: 271）。

> 我不清楚阿瑟有没有信仰。在我认识他的短暂时光里，他总是那么开朗、谦逊和低调——这些陈词滥调一溜烟儿就跑出来了。时下流行的词太不入流，以至形容爱的词汇（就像"爱"这个词）无法被用于形容事物本身……"可只有我一个人告诉你这些"。

（Bion, 1982: 272）

1918年夏：亚眠战役

比昂从1918年5月开始驻扎在法国的伯勒奥布瓦（Berle au Bois），那里起初还算宁静。年轻的比昂到乡下各个军营讲课，和副官们愉快地共进晚餐。但好景不长，8月他的连队就被道格拉斯·黑格（Douglas Haig）将军调至亚眠，配合他进攻和清扫整个城市。英国、加拿大和澳大利亚军团精心策划了此次进攻，旨在出其不意地拿下亚眠周围的兴登堡部队。他们尽可能秘密地调动了大批部队。比昂的日记中就有新型德式反坦克炮和一辆坦克穿越战壕的照片（Bion, 1997: 117–118）。他们打算不经过预先轰击就突袭敌人。这场战争对于比昂来说始于一次同霍特布莱克（Hotblack）少校的联合出战，这位功勋卓著的战斗英雄令他钦佩不已。霍特布莱克少校曾是法国的情报官员，后来由于在坦克部队的英勇行动而获得在杰出服务勋章上加杠的荣誉。在比昂看来，他是从容、绅士的英国指挥官之典范，比昂被他震慑到了。

> 可比昂却被吓破了胆。至于他害怕的到底是敌人还是霍特布莱克上校，不得而知。不过后来他有次手忙脚乱地用了一整套罗盘来确定当晚计划派坦克占领的方位。

（Bion, 1997: 224）

第十二章 自传

8月8日凌晨4点30分，雾气正浓，联合进攻开始了。比昂在《漫长的周末》里描述了他对迷路的恐惧以及进攻前那诡异的静默。所有坦克只能在桥上摸黑前进，有人开错了方向，瞬间陷入泥沼。起初，由于飞机掩盖了坦克的声音，令德军猝不及防。加军与澳军在中部和南部的突袭取得了巨大的胜利；短短几个小时，他们就往前推进了10公里，将兴登堡防线撕开了20公里的缺口。德军没有预料到盟军此番集结，被打了个措手不及。有些德国兵在被俘时甚至尚在吃早饭。但索姆河（Somme）以北的英国军团就没有这么幸运了。他们的坦克较少，而且德军已经对当地开展了6次进攻，预计还要进行一次反攻。就在德军回击之时，年轻的比昂写道："他们的火力太猛，让人几乎寸步难行"（Bion, 1997: 124）。士兵们只好躲起来，比昂发现自己和传令兵斯威汀（Sweeting）一同躺在一个旧弹坑里。那男孩的左半边身子已经被炸没了，但还有一口气。他一直想咳出声来，并请比昂帮他给母亲写封信。比昂假装给他包扎了一下，甚至派了另一名传令兵将他搬到更衣室，但仍是徒劳。我们透过不同的战争作品可以看到这一创伤性事件的转化过程。年轻的比昂在他的战争日记中讲述了这件事对他的影响之恶劣：

> 这件事让豪泽（Hauser）和我都特别难过，萎靡不振。我之所以将其恐怖之处讲得如此详细，是因为它对我产生了巨大的影响。他眼中的神情像是一只刚被射杀的鸟儿——交织着恐惧和惊讶。我当时不明白，甚至到现在也没搞懂，为什么那家伙（还有许许多多像他一样的人）要被迫离开自己的家乡英国（或德国），为一场他们不曾理解也无法领会的争端白白牺牲。那些涉世未深的小年轻们为了满足自己傻乎乎的野心，播下了这些不信任的种子，拖着我们坠入深渊，让无数家庭蒙受苦难。上司们非蠢即坏，你知道得越早越好。
>
> （Bion, 1997: 127）

40年后，比昂以对话形式重写了这一片段，揭开了那男孩死于他怀中的创伤。"妈妈，妈妈，妈妈——我从没见过这样的轰炸，他心想。我希望他能闭嘴。我希望他死。为什么他不能死？"（Bion, 1997: 255–256）。几章之后，他又描述了担架员来接斯威汀的过程。"谢天谢地他终于走了，比昂想道，但心中渐渐涌起对自己的无比厌恶，因为他曾对那个伤员满怀嫌弃"（Bion, 1997: 290）。81 岁那年，比昂用整整一章的篇幅讲述了这件事（Bion, 1982: 247–250），包括他对斯威汀呜咽地哀求所起的身体反应，起初是想吐却没东西可吐，之后是精疲力竭（Bion, 1997: 249）。他在对话中生动再现了这个痛苦的创伤情境，结尾写道："斯威汀。枪手。坦克部队。伤重而亡。这便是他的结局"（Bion, 1982: 25）。斯威汀的死让他纠缠一生。

"妈妈，妈妈……先生，你会给我妈妈写信的，对吗？""不，该死的，我才不写！闭嘴！你看不到我正忙着吗？"这些死鬼，永远都死不透。他们阴魂不散；还能永葆青春。哎哟，你甚至还能看见他们苍白的眉毛上新冒出了豆大的汗珠。这怎么了？这怎么回事？跟玫瑰花瓣上的露珠似的。棒极了，不是吗？所以，所以……跟死了一样，不是吗？但这到底不是真的——他还没死透，是吧。请你，求求你闭嘴吧。我会写的，真的。写给英国母亲——那个老娼妇！

（Bion, 1982: 264–265）

比昂觉得自己在受到创伤那天就已经死了。"他们有办法让人看似活着，可我们实际上已经死了。我呢？噢，是的，我也死了——死在 1918 年 8 月 8 号那天"（Bion, 1982: 265）。

比昂的部队被迫穿越沼气弥漫的树林，他们精疲力竭，只能借坦克撑住自己。用坦克穿越德国前线没有预想中那样难。比昂回忆自己路遇一个哭泣的德国兵时是如何地无动于衷。那场战斗就像炼狱一般："大地仿佛在脚下摇晃"（Bion, 1997: 145）。步兵们惊慌失措，不敢走出战壕去保护坦克免受反坦克炮的攻击。此举引来了灭顶之灾。在比昂笔下，他们身处于解离的状态中，目睹了坦克被炸毁之前的破碎之美。

第十二章 自传

　　大家眼睁睁地看着豪泽和我跟鬼上身一样，上校简直要疯了。几辆坦克刚开上一个平缓的青草坡，便传来一记轻微而沉闷的爆炸声。罗伯逊（Robertson）的坦克如同风景片中的花儿那般绽开。接着又是一声巨响，随即第二声几乎同时响起。四辆坦克接连绽放。刺眼的火焰像剪碎的锡箔纸在灼热的阳光下闪烁着熄灭了。一辆无人的坦克紧跟在前一辆后面爬行了一阵子，跟交配似的；终于还是精疲力竭地停下了。我们呆呆地、魂不守舍地目睹了这一切，然后找到上校，向他敬礼，郑重地请求他下达撤退指令。

（Bion, 1982: 254）

比昂在奇迹般地获救之后，借用曾经的猫和老鼠意象形容自己当时的心态。

　　我发出的每一道指令似乎都错得彻彻底底。这既不是原景重现，也不是记忆闪回，我却又一次感到自己像只走投无路的老鼠，巨人正漫不经心地要将我打死。就算当个老鼠我也软弱无能——就像有一次，我见过一只老鼠屁股着地、挺直身子，仿佛在给至高无上的猫大王作揖，而猫大王却在慵懒地舔着自己的爪子，清理身体。我当时一溜烟儿跑了——显然。

（Bion, 1982: 262）

比昂的坦克尽失，但人员还在。周围满目疮痍，遍地断肢残躯，伤者或哭嚎求救，或凄然离世。战斗绵延数日才终止。年轻的比昂在日记中描述了自己得重流感一事，当时他只能靠喝香槟缓解高烧，连地图都看不了了。

　　我的印象有些模糊了，只记得一些片段：是条坦克路线，这我肯定不会忘；酷热的天，灰蒙蒙的荒野，太阳下白垩矿和旧战壕闪着煞白的光；几枚炮弹在近处炸响；战马尸横遍野，人也横七竖八地躺着，早已腐烂不堪，臭气熏天；还有些树林被炸得七零八落；舌头火辣辣地疼，脚跟也酸痛无比；最后我躺在厚厚的草丛中，等待坦克的到来。

（Bion, 1997: 142–143）

8月8日的亚眠战役决定了战争的结果。德军士气大跌，部分士兵有了投诚之意。短短一天之内，英军就接收了1.3万名战俘。据统计，德军损失约3万人，其盟军损失约8.8千人。战斗结束后，比昂在英国休短假，去伦敦看了场演出。他毫不留情地将其与战场做了个夸张的比较："伦敦那场剧就是个噩梦，法国那会儿也是噩梦——但相比之下，后者好歹是积极向上的"（Bion, 1997: 153）。他到切尔滕纳姆见了母亲一面，过程也颇为坎坷。

但凡与我敬重的人打交道，我都受不了，尤其是和我母亲。我巴不得赶紧回到前线，别无所求，只想回到前线，只为逃离英格兰，只要能离开英国就成，唯愿她也如此急于摆脱我。最后我身子探出车窗，向她告了别。"小心那个门，"我提醒她，"好脏。""这一切，"她几乎掉下泪来，"都糟糕透了……我是说，这世道没什么是干净的了。"接着我们便分别了。

（Bion, 1982: 266）

就在这篇文章之后，81岁的比昂用寥寥数笔讲述了母亲在第二次世界大战前去世一事。他以援引母亲临终遗言的方式间接表达了自己的情绪："（花瓶里的）花都垂着头。我以后没法扶它们起来了。你能帮我托起它们吗？"

9月6日，在极其短暂的休假之后，比昂"心情愉快地"回到了法国（Bion, 1997: 153）。

1918年秋

到9月底时，营队正为布兰基战斗做准备。比昂却已勇气不再："做什

第十二章 自传

么都好难，作战时我得逼着自己干活。该去行动的念头几乎堵住了我的大脑，我脑子都快不好使了"（Bion, 1997: 156）。可就在他渐渐沉沦于冷漠和恐惧时，却因"8月8日英勇作战"而被授予荣誉军团称号。对于得到的勋章，这个也好，其他也罢，比昂统统不屑一顾。

> 实际上在那次作战之前他们就已经安排好让我得到点儿什么了。陆军准将就曾说过，一枚杰出服务勋章看起来孤零零、惨兮兮的——他觉得旁边得再添一抹亮色才好。上校也说我需要被增授一枚勋章来弥补失去维多利亚十字勋章的遗憾。还有一两个副官说我在爱奇斯（Aitches）手下服役这么久，早就应得了。我被授勋一事，这些人根本不会吃惊。
>
> （Bion, 1997: 157）

最后一次行动始于塔拉山，他们得从此地出发，前往法国北部皮卡第区的塞克哈特村。比昂在日记中添加了许多动人的前线照片。战斗即将打响之际，他拍下了天边绝美的霞光。

> 就在我们前进时，太阳从赛克哈特村的后方升起。这幅壮美的景象我永远也不会忘记。拂晓灰暗的天空忽然射出万丈金光。那霸气的血色阳光描摹出整个村庄如梦似幻的外观。村子正中是一座高耸的尖顶教堂，它像块纸板模型一样肃立着，线条锋利，阴影清晰。
>
> （Bion, 1997: 183）

但这田园诗般的画面却难掩最后的战役之残酷。敌人的反扑异常猛烈，这小村庄最终被夷为平地。他们遭到炮击、毒熏后，用氨水解毒。比昂精疲力竭，饥饿不堪，失去了全部斗志——他甚至在日记中说自己觉得无聊至极。比昂最终决定放弃坦克，好把属下们活着带出来。此番决定与他勇敢尽职的军官和战斗英雄形象背道而驰。战后许多年，甚至他在81岁高龄时仍然对此感到歉疚。

> 我做的所有决定几乎都会很快后悔，但有一点很奇怪，即多年来，我对最后那场战役的内疚一直在不断增加。我可以把当时那些完整的记录拿来与数年后残缺的记忆比较；这种感觉似乎一直存在，甚至愈演愈烈。所以每当回首往事，我的挫败感总如排山倒海一般。
>
> （Bion, 1982: 276）

下午1点，他们最终得知兴登堡防线已经崩溃，战争结束了。

战争的结束

11月11日之后，部队在法国又逗留了几个月，期间他们好不容易才适应了战争已经结束这件事。比昂在日记的最后描写了一个年轻的女孩。

> 我们的目光忽然被一个年轻女孩所吸引，她从一栋房子里走出来，正蹑手蹑脚地穿过马路。我们和她都被吓着了；因为她虽然只有16岁左右，脸上却写满了恐惧。我从没见过（也不想再见到）这样一张脸，这种痛苦和恐惧足以让任何人面目全非。她过了一半马路，惊恐地看着我们，然后蹒跚着走进对面的一扇门内。我们盯着她的背影，之后也迅速离开。我们都是从腥风血雨中走过来的，但总觉得还有解脱的机会——身首异处便不必再受战争之苦，死亡也并非难事。但她似乎永远无法脱离苦海。几天后，她诞下了一个有德国血统的孩子，至于发生了什么，不得而知。我在她的脸上看不到那种无法归咎于任何道德系统的痛苦。我唯愿她死去，只因无法想象她有重获新生或拥有幸福的可能。
>
> （Bion, 1997: 191）

可万万没想到，50年后比昂改写了怀孕女孩那一幕，添加了日记中所没有的性元素。在《漫长的周末》中，他描写了一个令他魂牵梦萦的女孩形象，那是战争结束后他面对一个既有阴柔之美，又怀有身孕且富有魅力的女性时而目瞪口呆的一幕。

"恕我冒昧，你他妈为什么会让我魂牵梦绕，你这个面容苍白的小……小……女生？妓女？"

是又如何？我呆住了。参战4年，又干了2年战斗勤务，基本都在打仗，我常说："这什么玩意儿！"或直说："这什么鬼"。但是，性，乃至怀孕，这东西我可适应不了……这个怀了孕的小姑娘看起来真不赖——真的。她已走出文明地带，暴徒们正追逐与嘲弄这个剃了光头的母亲，而她气冲冲并带着傲慢与挑衅的神色，挺着孕肚阔步走进鲁昂的一座避难所中。这孩子投胎来找的简直是野兽，但这只野兽显然具有尊严。

（Bion, 1982: 281）

战士们回到英国之后，因未受到热烈欢迎而失望至极。"没有人在意我们，仿佛没人知道我们一直在为国而战，此刻应是荣归故里"（Bion, 1997: 194），只有一位老太太前来迎接而已。在比昂战争日记的最后是军队被解散、人们回归正常生活："大约一个小时之后，我们乘车抵达伦敦，就此别过，复又回归天降奇兵之前的默默无闻"（Bion, 1997: 195）。《漫长的周末》结尾处的语气更加悲观，可以说是万念俱灰——在原子弹等大规模杀伤性武器横行的年代，人们对大英帝国乃至人的本性和人类进步都失去了信心，仅艺术领域有一息尚存。

一切如旧，从未改变。短短几年，便了无痕迹。没人承认大英帝国的命运与几个诗人休戚相关。但诗人又如何挡得住核裂变，或者更强的武器？比如高级生物学家处心积虑培养出的某种细菌——跟原始动物（原始人）能聪明地使用工具一个样。

（Bion, 1982: 287）

> 他们需要你时你是堂堂英雄，完事儿了你就是狗熊。太阳底下没有新鲜事……一切如旧，从未改变。短短几年，便了无痕迹。
>
> （Bion, 1986: 287）

多年前经历创伤的幸存者的这番犀利言语也反映了比昂的态度，它和我们在本书中看到的如出一辙。无论战争如何彪炳史册，与战争之激烈形成鲜明对比的这些无意义感，以及战后回想自己不过是做了无谓的牺牲，这都是许多历经苦难且奋不顾身的战争幸存者们的创伤后感受。

这或许进一步促使比昂将诗歌和创造力置于智能和理性之上。经历过命运的嘲弄，他对未知（Unknown）的态度变得无比开放。据他分析，生活就是一盘"蛇梯棋"（Bion, 1977）。

第十三章
比昂学说的进一步发展

比昂作品的四个周期及其思考的当代论述

将比昂的作品分四个周期来看,有利于定位和理解其中的概念及他人对这些概念的阐述。这些周期也可视作本质各异的几个转韵(Bion, 1977),而各个不变量在每个周期内维持一致。比昂作品中的主要转韵位于第二周和第三周期之间,即看待心理现象的视角从"在K中转化"转为"在O中的转化"之际。

前精神分析期或团体期

比昂(1961)视自己的团体为研究性团体,所以刻意避免担当领导者的角色。这样一来,团体退行现象便清晰地显现出来。比昂意识到,很大程度上讲,人群与兽群是在对相同的动力做出反应,他与自己敬重的老师特罗特分享了这个观点(Torres & Hinshelwood, 2013)。个体需求受制于团体所赖以生存的某个主导心态。比昂(1961)描述了3种团体心态与基本假设:战斗-逃跑,配对,以及依赖。他认为,其中总有一个在前景中得到表达,另两个则在背景中以混沌的形式蛰伏着——共同构成心身方面的原始心状矩阵(protomental matrix)——并由此对心理功能及其变化产生深远的影响。个体需求只有在某个基本假设从背景移至前景的那一刻方能得到表达;其他时候只能屈从于团体中占主导的基本假设。比昂后期的文章再次提及原始心状矩阵,将其视作一种未分化的心理功能层,并称其为幻觉症(hallucinosis)

(Bion, 1970)。这是他作品的精华所在。

团体相关概念的进一步发展

诺斯菲尔德实验是比昂团体思想的摇篮。福克斯、派因斯和梅因则用更具治疗性的方式往前继续迈进，于是诺斯菲尔德成了世界治疗性社团的发源地。比昂所创的特殊无领导团体在英国伦敦的塔维斯托克和波兰的 A.K. 赖斯研究所（A.K. Rice Institute）都仍在进行着。在意大利，以比昂思想为基础的分析性团体治疗更是蔚然成风[意大利团体精神分析研究所（Italian Institute for Group Psychoanalysis）]。

比昂在团体方面的开创性思想之后续的重大发展是，费罗转而将比昂的原始心状矩阵联系到巴兰格夫妇的场论（Ferro, 1999）；他强调分析师和病人都在同个场内工作，所以会承认该场域的强大能量。奥格登（Ogden, 1994）也将这些思考与温尼科特的潜在空间（potential space）相关联，进而提出分析中的第三方（analytic third）概念。

认识论时期：在 K 中的转化

为探索精神病是哪方面出的问题，比昂（1962a, b）创建了一个心理功能模型，将弗洛伊德（1911）的"心理功能的两个原则"与克莱因的无意识幻想概念及一位英国经验论者的心理观（Vermote, 2016b）结合在一起。他的设想是，心理上的各种印象会自动得到处理（休谟的遐思），这一过程呼应着克莱因学派所说的幻想，源源不断地支撑着所有的心理活动（Segal, 1991）。比昂的模型首次将它理解为一个过程，而且这个过程一到与他人交流时就会启动，借助的是母亲对于以投射性认同的方式交流过来的东西所保持的涵容。比昂（1962, 1963, 1965, 1970）的四本理论著作阐述了心理功能的基本概念。他分辨出思考的诸多阶段和用途，将其作为各种元素定位在网格图之中，并用公式"PS-D，♀♂，选定的事实"来表达元素之间的转换（Bion, 1963）。

我们在此过程中被动地意识到自己处理的无数变化多端的现象之中所存在的恒常关联或模式，这一点贯穿了比昂所有的作品，或者说，是他从事精神分析的指导方针。这些潜在的模式就是精神分析客体，它们在以感官现象表达出来之前是未知的、非感官的。感官现象中潜在的精神分析客体在现身时大抵相同（刚性运动转化），伴随着形变（投射性转化）或是散布在一个大的空间之中（幻觉中的转化）。精神分析客体的存在从来不是由理性推断而出；我们是通过直觉意识到它的。

问题是，我们即便看到某些东西在会谈中出现或得到转化，如何追踪其源头（精神分析客体）？比昂（1965）很快就发现原点（O）是无法被触及的；网格图中所有心理现象方面的元素都属于可表征的层面。而原点本身是位于言语思维之外的。它只能被直觉捕捉到，而且根据定义是不成对的、无限的、未分化的。我们无法了解它。比昂总结说，真正的心理变化就发生在那里（在 O 中的转化），而不是发生在他以前所研究的表征层面。

认识论时期的概念的进一步发展

目前在精神分析线上图书馆（Pep-Web）中有超过 12000 篇论文提及比昂。我们不可能去逐一检索；但这个数字已能说明许多同道都构建出了自己心中的比昂（O'Shaughnessy, 2005）。认识论时期的比昂思想顺着两条主线发展。其中一条源自著名的英国后克莱因学组，它的标志是基于复杂的临床实践对比昂的思考进行了独创性阐述，并将其整合进克莱因理论体系之中。另一条线则立足于比昂的作品，独立于克莱因学派，因而也更加开放。来自加利福尼亚（格罗特斯坦、奥格登、阿瓜约）、意大利［费罗、奇维塔雷斯、伦巴第（Lombardi）、毕比（Beebe）］、法国（霍洛维茨）、拉丁美洲［桑德勒、菲克斯（Fix）］和北美［莱文、埃根、布朗（2011）］的数位作家都属于这条线上的。莱文和奇维塔雷斯（Levine & Civitarese, 2016）将世界各国的近期文献编成一本合集，提出了多线发展这一观点。

后克莱因学派说得没错，比昂的分析风格一直是偏克莱因派的，尽管他更改了不少克莱因的观点。比如，他的文章中就不太强调偏执 – 分裂位、抑郁位、投射性认同等概念的病理性内涵。从他的作品中还能看出英国精神分析协会的同道们对他的影响；比如埃利奥特·雅克（团体），罗杰·莫尼 – 克尔（思考）。当时有些非克莱因学派的同道对他也有影响，虽不明显却有异曲同工之处，比如马瑞恩·米尔纳（创造力），鲍尔比（依恋），以及温尼科特（镜映、与世隔绝的自体）。比昂去世后，克莱因学派同道对他的反应各不相同。西格尔（Segal, 2006）清楚地看到比昂沿袭了弗洛伊德 – 克莱因的理论，只是后期在 O 的概念上有所偏离，她本人认为此概念有故弄玄虚之嫌。贝蒂·约瑟夫（Betty Joseph, 1989）在精神分析技术方面的观点颇有影响力，其中就融入了许多比昂的看法，比如此时此地的体验和整个会谈过程中移情 – 反移情之重要性。梅尔泽（1978）以圈外人的身份翻译了比昂的看法，在团体中也自顾自地紧跟着所谓的后期比昂的观点，甚至另编了一版比昂的《未来回忆录》。

当代的后克莱因学派仍在运用比昂 T（K）时期的思考开展原创性治疗。人们有很长一段时间对比昂后期的工作都持抵触态度，直到最近才有所改善。比如奥·肖内西（O'Shaughnessy, 1994, 2005）就质疑比昂在 T（K）到 T（O）两个时期之间的工作是否具有连贯性或存在转韵。

布里顿（1989）介绍了俄狄浦斯期的第三方（Oedipal third）概念，他和斯坦纳（Steiner, 1994）还阐述了"选定的事实"，将其对比于诠释中的超价观念；费尔德曼（Feldman, 1993）写到了投射性认同；泰勒（Taylor, 2010）将负性能力这一概念应用于诠释和研究；布朗斯坦（2011, 2014）则以原始心状矩阵为基础对心身疾病展开研究。比昂的思考体现在贝尔（Bell, 2016）的文章中是自我认识；在伯克斯特德 – 布林（Birksted-Breen, 2003, 2012, 2016）那里是时序性与心理功能；在亚伯 – 赫希（Abel-Hirsch, 2010）则是关于生命本能与联结。塔克特（Tuckett, 2011）在讲述精神分析的本质时提到了比昂，列举了他的部分观点。托雷斯与欣谢尔伍德（Torres & Hinshelwood, 2013）研究了比昂的参考文献。莫森主编了《当代比昂》（*Bion Today*, Mawson, 2010）和 16 卷的《比昂全集》（Bion, 2014），为研究比昂做出了巨大贡献。

在此我无法详述以上所有思想，故将重点介绍 T（K）时期比昂之思考的两个重要进展。

第一次进展源自比昂之前的被分析者弗朗西斯·塔斯汀（1986），她认为有一类感官表层的感觉可以抵抗黑洞一般不可想象的分离；她称其为自闭屏障（autistic barriers），这种屏障也存在于神经症病人身上。这一说法后来被梅尔泽、比克（Bick）、安齐厄和乌泽尔（Houzel）进一步发扬光大，他们认为这是一层心理皮肤，奥格登（1989）据此提出了自闭－毗邻位（autistic-contiguous sensory position），有别于偏执－分裂位与抑郁位。

第二次进展由费罗（2008）促成，他不仅将巴朗热夫妇的场论和比昂的团体观点相结合（参见上文），还进一步推动了比昂关于思考的理论发展，将其视作对场域本身以及在场域内部发生的转化性的叙事过程。所以分析师要帮助病人通过遐思来转化那些未经转化之物。以这种方式看待精神分析十分新颖：分析师的任务不再是理解——诠释，而是与病人一起转化。奥格登（2004）采纳这一理念后提出相似观点，将分析性会谈视作未梦之梦，这些梦得在该场域中塑造成型。

超验时期，在 O 中的转化

转化源自无限、不可描述和不可知之处，因此尚未被表征。在 O 中的转化是发生在言语思维之外的变化，但最终可借着在 K 中的转化获得表征。其运动方向永远是自 O 到 K（Bion, 1970）。在 K 中的转化是在表征某个体验，而在 O 中的转化则是一个新的体验。因为 O 存在于言语思维之外，所以理论上是无法被知晓、被谈论的，就像我们不可能把土豆给唱出来（Bion, 1965: 148）。我们只能成为 O——体验到它。O 不是一种抽象思维，而一种对 O 的体验。它在精神分析中属于具体的临床体验，通常被分析师极度开放的态度所激发。不受言语思维的束缚也就意味着它会尽可能地、以未分化的形式靠近无限（Bion, 1970）。在比昂看来，精神分析所看重的已不再是意识和无意识之分，而是有限和无限之间的区别。

在 O 中的转化所促成的改变足以让精神分析功德圆满（Bion, 1970），但它可遇不可求；出不出现要看天意。这一悖论至关重要。

超验时期的概念的进一步发展

詹姆斯·格罗特斯坦素以推广比昂作品而著称，他曾在洛杉矶接受过比昂的分析。他针对该领域首次提出超验位的概念（荣格后来也用了该术语；参见 Dehing, 1994）。格罗特斯坦称其为一种有别于偏执–分裂位和抑郁位的心理状态。这种心态反映了另一个未分化层面上的深度接触。

> 个体直觉到——从内在"感受到"——客体的无客体性（objectlessness），完全不用思索，却能体验到它的存在。在超验位上，个体必须摒弃客体的存在性，以便向内观察到自己的主体性。

它并不是什么"阳春白雪"；格罗特斯坦（Grotstein, 2007）援引康德的话说，它是下里巴人，它扎根于深深的泥土之中，它是一切体验的源头。O 是一位沉默的旁人，它就存在于我们的"四面八方，身体内外"。人是无法真正体验到 O 的；人只能体验到自己正在体验 O 的感觉。对于格罗特斯坦而言，精神分析的目的变成了有限的人在无限领域的发展。他的同事安妮·芮内（Annie Reine, 2012）用更富有诗意的手法展现了类似的观点。

其他精神分析师也用比昂的思考对神秘主义进行了深度的解读，比如爱泼斯坦与禅宗（1995），以及迈克尔·埃根（Michael Eigen, 2012）与喀巴拉（Kabbalah）。从哲学角度来看，对 O 的体验与康德所说的崇高有所关联（Vermote, 2011b, 2016c; Civitarese, 2016c）。

实际上，体验 O 是屡次被人提及的主题。用比昂的术语来说，这诸多解释的分水岭在于，是从 K 出发试图接近 O——注定会失败；还是从 O 出发——用直觉体验的方式——被 K 找到后，借由 K 表达出来，或是通过类比或隐喻、意象等自然而然地展现出来——简而言之，即有成效的语言（Bion,

1970），这是比昂从济慈那里借鉴来的概念。

苏格拉底风格时期

在我的印象中，最后一个时期的比昂从超验时期纯粹的情感体验转向了更具哲学意义的不知，可它与超验时期其实高度一致。O 原本就是一种不知的状态。比昂（1977）在《未来回忆录》中强调自己已经理解得够多，也获得了他人的理解。他不再谈论 O 和超验态度，但不知这一概念和他的前期理念其实一脉相承。他用到不容置疑的苏格拉底式提问法。这种极致的不知就是要有诚心诚意、不加防御的态度才行。这一时期的自传作品揭露了他从前避而不谈的事情，像最后几篇战争类文章就讲述了他年轻时的自体意象（Bion, 1986）。他渐渐卸下了所有的面具，尤其是摆脱了精神分析术语的桎梏，用"爸爸，什么是奶牛？"这种幼稚的问题迅速将我们拖入未知的领域（Bion, 1994）。有次研讨会上他被问及投射性认同，此概念本是他工作的重心，也是他的分析性过程的理论核心，可他却说："它啥也不是。（Bion, 1990: 56）"有人也许会质疑他是因为思想上变得更加理性，才会在超验时期的理论和实践中运用到各种神秘的隐喻，而不是像奥秘派那样发自内心地认识到它们。但他终究将它们转化成了一种更具哲学意义的苏格拉底式立场，即在晚年的讲座和督导中用无知这一基本态度去思考精神分析。

结　语

在本书中，我们跟随着比昂的脚步探索了精神分析的本质。这条路被转韵拦腰一截，引入了几个基本的变化，但仍与先前的各个顶点保持着关联。

最主要的转韵是从 T（K）跃至 T（O），形成双轨并行的局面；这两种关于心理变化的视角同时存在，于转韵处相交。比昂原先强调的是思考和言语思维的理论，后来更重视非言语层面的去成为、去体验和直觉的重要性。

在研究转化时，比昂对 β 元素、矩阵、待成熟之物、幻觉层、阿尔斐俄斯和 O 的兴趣与日俱增——它们都指向同样的无形、无限、未知和本体。它是言语思维之外的一个未分化的矩阵，尚未得到表征，也没有分离和区分。比昂形容这相当于从另一面看毕加索的玻璃画。而真正的变化［T（O）］就在这个纯粹的体验层面上发生，然后才可以在表征层面［T（K）］被调用。

这一路走来，可以看到比昂在语言和方法上的变化：研究 T（K）时借鉴的是经验主义和实证主义的方法，后来转投唯心主义哲学家，到探索 T（O）时期又转向奥秘派——他们也在苦苦寻求如何表达超越言语思维和语言的真相，最终他回归苏格拉底式的不知与质疑的精神。

纵使历经诸多变化，有些东西却始终如一，比如他那平和的态度，他在忍耐与安全之间的摇摆，他对诗歌的重视，以及他对理性避之不及的态度。

比昂独特的理论背景和生活经历使他能够独自一人容忍孤独、心理痛苦、成长、真相、完整性和距离感，也进一步对他直面悲惨的命运和世界大战起到了重要影响——他遇到了特罗特、贝克特、里克曼、佩顿和克莱因等个性人物，有了他们的添砖加瓦，我们才得以将他独创的元理论运用到其他领域（精神分析、艺术、哲学、宗教、社会团体等）。

将自己融入他的视角，便可形成一个容器，催生自动以遐思处理心理过程的能力。

在此附上一段引文，搭配起来看，我认为接近比昂所说的精神分析的本质。

> 在我总结所有治疗工作、发现了预想的阻碍性之后,病人的分析就变得生动起来。至于这些预想是我与病人之间意识或无意识层面的接触所得,还是我在其他地方听到的东西,或者是某种精神分析理论,都无关紧要。生动性的提升关乎更好地感知非语言的品质。我发现越是熟练于无视——或者用弗洛伊德的话说,是"面对特定记忆和欲望,故意蒙上自己的双眼"——就越觉得病人所说的话并不是我想要注意的。
>
> (Bion, 1989: 17)

> 我们要追寻的既是神(母亲)的复位,也是神(无形、无限、无法形容、非存在)的进化,只有在无忆、无欲、无可言喻的状态下才能找到。
>
> (Bion, 1970: 129)

附 录

附录一

倾听与阅读比昂

詹姆斯·S.格罗特斯坦

倾听比昂

阅读比昂已是独特的体验,听后再读则更胜一筹,他无论分析还是讲课都十分精彩,其带来的学习体验别有一番风味。我先讲一讲自己倾听的经历。刚开始接受他的分析时,有挺长一段时间我其实还没读过他的著作。打一见面我就知道他与我前两位分析师截然不同。他很少对我说话,只会(郑重地)诠释我无意识的幻想,而且是从分析的头几分钟就开始了。我至今还记得他的一些诠释,但印象中即便是在会谈当时,我也经常忘记他的许多诠释,他讲的话也时常让我一头雾水。可每次结束后我都感到异常地敏锐与清醒,与自己的病人工作起来也有如神助。后来我才慢慢相信,比昂的诠释更多指向我的前意识(无意识)心理,而非意识得到的心理。这种体验与催眠无异。记得有次我去听他在本地精神分析研究院的讲座。整场下来颇感无趣,不明白他想表达什么。但当晚到家之后我却怎样都睡不着,只好从床上爬起来,逼着自己写了三篇精神分析论文的提纲。简言之,比昂的观点就这样隔空传递了过来,神不知鬼不觉地对你产生了延迟效果。

他有次无意中向我透露了一个"秘诀"。当时他给出了一个了不起的诠释,我说:"这真是个美妙的诠释。"他回应道:"是啊,'美妙的诠释',你说的。问题是,我这'美妙的诠释'是经由你那美妙的联想才得以形成的。你只顾着听我说话,却忽视了那个正在听我讲话的自己。"换言之,倾听我对比昂的言语的感受成了我搞懂他的分析性认识论的秘密武器。后来他强调,分析师在倾听病人的同时,也一定要听一听那个正在倾听病人说话的自己。这个小"技巧"也可用于阅读他的著作。而我有充分的理由可以相信,这正是比昂希望读者阅读他作品的方式：阅读的同时，注意倾听他们自发的想法，这也是他们在阅读时对自身体验的一种转化。

阅读比昂

  读者们阅读比昂的作品越多，越是容易感到沮丧、疑惑、烦躁和厌恶。有人说他的写作风格与詹姆斯·乔伊斯的《芬尼根的守灵夜》(*Finnegans Wake*) 异曲同工，那部三卷本小说《未来回忆录》与它尤其相似。托马斯·奥格登注意到他早期的文风更偏正统，后期作品则趋于开放与实用。其实人人都道他的著作信息量大、晦涩难懂。于是有些人通过分组阅读的形式，逐渐摸透了他那变幻莫测的风格。连我在内还有另一些人则发现，无论是自己读还是结伴读，都是常读常新，收获颇丰，也更容易读懂他。要知道，比昂是英国爱德华时代的人，上的是"公立学校"，又毕业于牛津。在我看来，他的行文结构与风格同希腊语（尤其是拉丁语的文风）截然不同。有时我读他的作品竟有些恍惚，仿佛在看维吉尔（Virgil）的《埃涅阿斯纪》(*Aeneid*)。还有一次，我读着读着就想起了博尔赫斯的奇幻故事《沙之书》(*The Book of Sand*)。那本书你愈研究愈发现其大无外、其小无内，与我阅读比昂的感受如出一辙。

  我读比昂的书还有个印象，他似乎在用一种个人独创的特别速记法呈现自己的思考，而我仿佛在一目十行地扫描这些速记内容，即一边用大脑的右半球通览全文，一边用左半球处理作者的思考成果与组成成分。换言之，这书读来并无行云流水之势，读者只能自己修路搭桥。但这样一来，我反倒是在主动地阅读比昂，即与他携手共创文章背后的意义。再换种说法，我不再被动地跟在大师身后亦步亦趋、汲取智慧，而是加入远征军、投身探险队，去认识世界，探索其不确定性。

  我时常问自己：比昂这古怪的写作风格与他情感上无法直白率性地表达是否有关（毕竟他经历过第一次世界大战创伤、丧失结发妻子等一生之痛）？还是说他天赋异禀，擅于从海量信息中提炼出看似支离破碎的各种象征？又或者，他是经过深思熟虑后有意采用某种技术，令观点的表达既不必陈词滥调、华而不实,又可起到索引之效,一经阅读便可自动拓宽读者视野,激起他们天马行空的联想?比昂常说,"我请你们注意……"我想,他吸引我们注意的方式正是让我们无视所有的无关因素。弗朗西斯卡·比昂在《比昂在纽约和圣保罗》一书的前言中写道。

> 不得不说,如果你只想寻找简单明了的"答案",比昂的方法一定会让你感到费解、沮丧甚至恼火。他这个人专业水平极高,足以给出令提问者满意的答复——他自己也清楚这一点。但他对真理的尊重更坚定,他决不会违背己愿、去走自己都不认可的道路。他坚信"答案是问题之大忌";无论在专业上还是生活中,激励他去思考和讨论的都是问题——而不是答案。他的答复——确切地说是给出了不同的立场——看似答非所问,实则打开了解题的思路。他自己的话将这一点体现得淋漓尽致:"我不知道怎么回答这些问题——就算知道也不告诉你们。我想,它更需要由你们自己去探索。这是在给你们一个机会来填补我留下的空白。我的解释其实无关紧要。你们更应该注意的是问题的本质。每当我感受到压力时——我得准备好,以防你们问我问题——我就会说,'见鬼去吧。我才不去查弗洛伊德有没有说过这些东西呢,我自己讲过的我都不查——我能忍得了',当然,我要求你们也得忍着。"
>
> (我的斜体字部分内容)

可以看到,比昂对问题的答案并不感兴趣——也希望我们不要专注于此,而应重视伴随问题出现的无限可能,那些转瞬即逝的"答案"不过是通往问题的一座引桥。比昂早年的作品(1965年《转化》之前的文章)仍在继承克莱因和弗洛伊德的衣钵,即实证主义(positivism),后期就逐渐转向了不确定性原则,他后来称其为"O",它是一个绝对真相,关乎永远不可知的、无限的、无人格特征的终极现实。任何一种新的诠释都只能说明刚刚学到的东西仍然天外有天、变幻不定,同时提醒人们未来还有很多路要走。在差距的鸿沟面前,刚学到的知识也黯然失色。

由此，比昂的作品从实证主义的确定性（以驱力为根源）转向不确定的、高深莫测的神秘主义，即根据答案探索问题，而非反其道行之。我有次刚好读到柏拉图的《泰阿泰德篇》(*Theaetetus*)，无意间可能找到了比昂一部分思考和诠释模型的终极源泉。比昂特别崇尚苏格拉底。他开始意识到这个永恒的问题的重要性，但凡有答案试图消除这个问题，都会受到它的嘲讽。他也愈发笃信赫拉克利特和苏格拉底的"流变（flux）"概念，并将其译为"进化（evolution）"。我们从《泰阿泰德篇》还能看到他后期关于"成为（become）"这个认识论概念的起源（苏格拉底认为感知者必须成为感知对象）。他还从柏拉图的《对话集》(*Dialogues*)或别的地方挖掘出了理想之形，以及"有序辩论（disciplined debate）"的概念。后来形式与流变都被用于刻画他的"O"概念，"有序辩论"则成了《未来回忆录》中的一个关键主题。

比昂的演讲风格还有个特点可以用两个意象形容：一个是填字游戏，一个是群岛。前者有许多字母列于网格图之中，空格处指未知字母，填上之后便可形成词组。群岛则是海洋中的一组岛屿，从海面上看它们各自独立，从海底却能观察到它们彼此联结。比昂的作品亦是如此。他猛地抛出一系列密集且炸裂的观点让我们不加咀嚼就囫囵吞下——然后任由它们在我们的无意识中生根发芽——看看最终会生出什么。

比昂的一段文字

比昂在《转化》中写道。

观察所需的装备之一是前念，用作预想——D4。而 D4 正是我考虑放入俄狄浦斯理论的那一格；即将其作为分析师的观察性装备之一……因此分析师的理论装备从狭义上看囊括了 D4、E4（观念－注意）及 F4（概念－注意）。

（我的括号注释和斜体字部分：50–51）

直至饱读比昂的著作，我才明白他此处可能有所暗指。他所讨论的其实是精神分析的技术。我对此初步总结如下：分析师应当一边以无忆无欲的方式（源自我对他概念的基本理解，引文中没有这一句）倾听病人，一边带着良好的精神分析理论背景去观察病人，即"预想（preconception）"。（预想）理论之一便是"前念（pre-conception）"，是关于理想之形的知识，即原有的（原初的）各种前念、"未来回忆录"、"没有思考者的思想"、本体及自在之物。不止如此，新获得的每个**观念**（conception）不仅能拔至**概念**（concept）的高度，还能循环利用，再构建一个**次级**（secondary）前念，供下一轮转化使用。

我来解释一下自己得出这个假设的猜想和推论。起初我根本读不懂，接着我相信自己前意识中的 α 功能运用了比昂的两个工具：具体化 ↔ 抽象化 和 P-S ↔ D。就在我前意识的 α 功能扫描我关于比昂的所有认识时，以前获得的关于预想和前念的认识，原本被"归档"在抑郁位这一范畴的认识之中，如今退至分崩离析的状态，被具体化并重组（抽象）为一个貌似合理的新想法：分析师必须以不带记忆、欲望、理解或**预想**的那种似听非听的方式来**倾听**病人，却又一定要用预想（理论、记忆、体验）去**观察**病人，这些源自先天或后天的预想随时准备匹配他们从体验中获得的实现。

在撰写本文的同时，我也在重读比昂的《转化》，此书我已读过无数遍。但这一次我发现自己的阅读方式有所不同，也更有目的性。我想我终于看懂了他更深层面的意思。这次我可以在近距离阅读他的同时，仍与他和他的思考保持分离，也就是说，我没有因为他或他的话而陷入"幻觉中的转化"（即没有被催眠）。我想，这个新本领得在他的作品中浸泡多年才能修炼而成。他在《转化》里有句话是："洞察力的增长打一开始就建立在不受干扰的投射性认同的基础上。一旦受到干扰，心理发育就会受阻"（p. 36）。可直到这次阅读我才意识到这一说法在认识论方面的革新意义。投射性认同虽然为享乐原则服务，但某种程度上也支持现实原则。这就是比昂将弗洛伊德的初级与次级过程和自己的 α 功能概念糅合在一起的原因。

在我看来，比昂早年撰写比较正统的作品时，是个严肃的"被束缚的普罗米修斯"，而在后期撰写某些文章（尤其是《驯服狂想》）时，俨然成了

"被解放的普罗米修斯",甚至颇为俏皮。我引用其中一段如下。

> 如果出现了一个没有思考者的思想,它可能就是个"迷思",也许这个思想的脖子上挂着主人的名字和地址,或者它也可能是个"狂想"。问题是(有人会问)该拿它怎么办呢……(你)可以把它偷走,盼着主人忘了它,或者期待主人没发现它丢了,你就可以将它据为己有……我担心的是……如果它是个"狂想",那么它一出现你就不可能找到它的任何归属。

(p. 27)

这才是那个诙谐的、天马行空的比昂,现在是被解放的普罗米修斯,他终于放飞了自我,摆脱了从前的头衔和实证主义风格及为之撑腰的确定性。

初识比昂时,我只写了(实际上是与人合写的)一篇文章。但在倾听、阅读——和消化了——比昂之后,我终于文思如泉涌。回想起来,这要归功于比昂对想象式推测与合理推测的拥护与尊崇,即他对想象的产物抱有敬畏之心。我们在阅读比昂时最好不要神化他的智慧。我建议读者让自己"成为"内心里回应比昂的声音。在柏拉图的洞穴神话中,主人公观察到身后的火把在洞穴墙壁上投下的阴影,它的形位于火光与他的后脑勺之间。亿万年来我们总在混淆阴影与形。终于来了个比昂,清除了"中间者"(阴影),让我们总算不用观察就能够体验到形("成为"它们)。

在阅读比昂时,读者必须抛弃记忆、欲望(即想要"理解"他的欲望)、预想和(神乎其神的)理解;你得在脑海中发射"一束强烈的黑暗光束",从而让文字影响到自己;你得接纳内心这种自发的、神秘的孵化过程,最终——只有到最后——才可能体验到不可预测的结果——也只是暂时的结果,要等待下一轮的不确定性的裁决。

附录二

比昂于我之恩

安东尼诺·费罗

比昂的思考丰富了我日常工作的方方面面，除基本理论之外，尤其体现在技术理论领域。可以说我在治疗室内对病人进行的常规治疗都受之影响。

经过提炼，我列出以下几点。

认为诠释永远无法面面俱到：不是什么事物都意义满满；诠释一定要向新情况保持开放，毕竟思维总有未及之处。治疗不是某个人单方面的知识碾压，而是双方在某一特定时刻竭力在可承受范围内接近（彼此的）情感现实。此时病人不只是"最佳拍档"，也是最了解他们自己的人。

认为不是理论在指导、支持我们，而是我们要准备好去探索和构建理论，不要被不确定性吓住，也不要因为看到珠玉在前而感到羞愧。分析师在咨询室里得出的理论和想法是稚嫩的，这提示我们要坚持不懈地摆脱已有知识造成的所有光污染和噪音。比昂在《意大利研讨会》（*Italian Seminars*）上强调，我们感官所能触及的才是会谈中唯一重要的材料。只有基于它们——我补充一句——才能进行真正的代谢、消化和转化。也只有这样，我们才能促使病人持久地对必要的思考方法（instruments）进行内摄。

不要执着于病人所讲的故事"内容"（但我还是会与病人分享故事，后面再给大家解释原因），而应聚焦于思考方法，即其思考的工具。我感兴趣的是能够发展 α 功能的那些形态，是容器，是足以捕捉到、梦到和能转化原初情感和原初感觉状态的那种态度。有了这些，才能生发出形式多样的内容，只不过它们不一定走上舞台。

由此看来可以说："一场会谈一场梦"。在我看来，病人讲给我听的是梦，他对我的诠释的回应也是个梦（而且这个梦通常与我的诠释有关），他首次见面就告诉我的还是梦。最动人之处在于，无论病人还是我都对我们的心理渐渐生发出一种梦的态度。所以我才致力于开发容器（我与病人之间的情感脉络纵横交错且日益紧密，于是交流的内容也张力渐涨，仿佛马戏团的杂技演员仗着有安全网的保护，在高空秋千和心灵之间荡来荡去），以及α功能——这一装置可以转化图像、听觉和嗅觉等（α元素）中的原始感觉和原始情绪。

容器的发展取决于我们与病人是否处于同一频道，能否站在同一条感情线上。我前文所说的脉络也将因容器的发展而得以延展。我们还要敢于——但凡有用就行——讨论病人故事中的显义。

在我看来，α功能是借助分析师的遐思发展起来的，即治疗师秉持对叙事进行解构的态度，努力将病人的交流重构为一个梦（此能力后来被用到两人之间的领域，最后病人也能掌握）。

最核心的位置我认为当属比昂最重要的一个概念化，即他假设清醒状态下可以做梦（α功能及其产物），以此将感觉和不可想象的状态不断地按字母顺序排列。比昂在《塔维斯托克研讨会》中有篇重要评论强调，很少有分析师愿意分享这一概念。恐怕我要再加一条，也很少有分析师相信它所产生的理论和技术结果。我用自己的话对它稍加解释，应该可以展现比昂的一部分直觉。

- 引入"叙事的衍生物（narrative derivative）"概念（Ferro, 1999, 2002）。即病人以疏离的态度和变形的方式讲述着自己与分析师的心理的行为。讲述过程中，并未以牺牲其他体裁为代价（正是因为我对编故事和转化的思路很感兴趣）而偏重于某种叙事体裁（包括童年、性、逸事、日记故事、记忆等等）。
- 引入"角色（character）"概念，正合我意（Ferro, 1996）。角色作为一个叙事节点，将不同的情感汇聚在一起，这些情感也可以解散之后再换种方式组成新的角色。后来我注意到，这一点除了叙事学和符号学的解释之外，也可以追溯到比昂在《未来回忆录》中对精神分析概念的拟人化。

- "场域（field）"概念的发展不仅处于囊括所有分割线与交叉点（分析师与病人在现实中彼此区分的各个方面）的水平空间领域，而且处于包含所有时间元素（包括双方的代际史）的垂直、历史领域。心理的群体矩阵（group matrix）概念必定与该观点有关。
- 将性视作心灵之间的性；也就是说，投射性认同在与退思之间持续互动时，可以为会谈双方心理上的功能运转和功能失调提供焦点。若从性的角度看待它，说明我们不是只从表象层面考虑性，而是看到了心理配对（mental pairing）的品质。无论哪种伴侣之间，只要涉及侵入和接受这一互动行为，都发生了男男♂♂、女女♀♀同性之间以及异性♀♂之间的性功能运转。
- 对生命与疗愈持乐观态度。尽管很多人说我们不过是"大自然的一个笑话"（结果可能更惨），但心理装置的本质让我燃起了希望，我们将越来越擅长于运用梦、思考和情感的创造性功能。所以我并不认为死亡驱力与破坏性是施加给人类的诅咒，它们由代际的 β 元素累积所产生，我们有可能具备将其代谢、消化并转化为创造力和情感体验的能力。
- 针对成人、青少年和儿童的分析本质上存在同一性，即关注点都在于心理装置而非内容本身。语言表达可以形式多样，但心理功能的本质始终如一。换言之，分析性会谈对我来说就像一场心灵之梦，不同时空、形形色色的故事汇聚在梦中，被打散再重组。病人与分析师（他在场域内也有一席之地）都能在其中体验到心态、情绪、思维和角色的循环，分析师确保和维护这个框架，并促进分析双方开展梦样活动。

总之，所有会谈都变成了梦，可以一同分享、讲述与互动，它放下了现实或历史的真相，转而投奔情感叙事的真相，于是各种故事、转化、洞察，尤其是态度，都在其中变得鲜活起来——我指的是做梦的能力，可以将一切感性之物与原始情感转化为退思与意象。

每场会谈都是一颗珍珠，是一串念珠上的其中一颗，它贯穿始终的"神性"并不在于会谈内容,而在于往返游走的能力,就像科幻电影里穿梭时空般的能力。

分析也好,编故事、造神话也好,其目的都是要为无法想象和不可形容之事开辟一个时空,然后想方设法产生思考和说话的能力。

归根结底这是在围绕场域中现存的各种情感进行操作,将它们编织、拆散、再编织,从而让容器–被容纳者(♀♂)不断拓展,借助相似理念(like-mindedness)贯穿整个遐思。

一次次会谈下来,历经这些转化变迁,人们逐渐能够将原始情感编织成意象,唤起从前被封存的故事或记忆,甚至回忆起从未发生过的事实,但这一切都是在场域内构建的,然后通过持续性的延迟〔即事后(après coup)〕行动,被重新放回当下。

于是分析的过程变成了分析双方在工作中的功能形态的函数,丢掉了角色原本具备的真实意义。

每一对分析双方都有其独特的分析工作方式。因此,分析中的波澜起伏、负性治疗反应、精神病性或负性移情(和反移情)也都是这对搭档所独有的。

当然,主观延伸毕竟有限。这一限制体现在分析师的伦理规范、个人分析和受训经历上,还需要他尊重一个事实,即分析双方除了所述事实之外,其他事实(比如证实分析师的理论,或渴望避免心理痛苦)不必非得按照字母顺序排列。

由于场域理论认为分析师会在分析过程中受到强烈影响,所以它当然希望分析师永远保持警惕,守住自己的重要工具:心理功能。

会谈在共同做梦中开展起来,要么是病人(当他有能力)"梦见"分析师的干预或他的心态,要么是分析师"梦见"自己即将给予病人的答复。这个答复被"梦到越多",就越能起到一个元素的作用,即促成病人 α 功能的出现,并在必要时修复其缺陷。

分析师发现自己在会谈中坐在驾驶员的位置上,必须全神贯注于汽车或飞机那些令人眼花缭乱的仪表盘上,但目的只为安全驾驶。否则我们面临的风险将是偏离路线(或身陷囹圄)或者分析进程毫无规划、自生自灭。说到底，我们其实在走一条非常矛盾的路：因为目标正是学着如何在领地上走得越来越远；换言之，是为了获得一种方法。

遐思作为一项持续性的基本活动，是分析师用心灵一直在容纳、代谢和转化病人投来的一切，比如言语、类言语、非言语等刺激。病人也有类似的遐思，用以回应来自分析师的任何（诠释性或非诠释性）刺激。

这种基本的遐思活动为我们的心理生活奠定了基础；健康、疾病和心理痛苦的程度都取决于它的功能正常与否。另一项基本活动——投射性认同——的重要性与之相当，后者是所有遐思活动必不可少的催化剂。

不可否认的是，病人总能知晓我们的心理运作方式。这一点他也在当下用做梦的方式告知了我们（Bion），但我们很多时候并不想了解那个梦。相反，我们诉诸网格图中的第2列：为了保护自己，不惜欺骗自己，连真实的感受都不敢面对。

附录三

探索比昂
——个人回忆

H. B. 莱文

我便有了似天空守望者般的深情
当一枚新的行星游入他的视野；
或如健硕的考特斯般有着鹰隼的眼
他凝视着太平洋——而他的众位勇士
相觑着彼此，报之以疯狂的猜疑
静默着，立于达利安山之巅。

（约翰·济慈）

论查普曼版的《荷马》

我初见比昂是在哈罗德·鲍里斯（Harold Boris）的督导会上，当时我是个精神科新手住院医师，正学着带领一个每周5天的高频治疗小组，为10名病人提供精神分析取向的住院治疗。哈尔（哈罗德简称）是个有城府又有魅力的人。不只因为他的精神分析知识都是"旁门左道"学来的——在当时的美国，临床培训很难向非医学临床医师开放，更不会提供给像哈尔这样一个连博士学位都没有的心理学者——而且因为他走的是克莱因和比昂的路子，彼时这两位在波士顿精神分析研究院还籍籍无名，其观点甚至遭到自我心理学圈子的冷嘲热讽。他给我讲解的许多内容都与其他老师教授的传统知识背道而驰，而且回想起来，只有借助某种"功能性的分裂"，将我的临床自体划分为"团体"与"个体"两个角色，才能吸收他教给我的部分内容，并开展进一步的阅读。这个办法在一段时间内着实有效，我甚至在与他合作的基础上发表了两篇论文。可好景不长，当我自己的精神分析培训开始后，自我心理学和克莱因和比昂学派之间的认知便愈发难以调和，最终为了生存我只得放下后者，抛弃哈尔试图教会我的一切。但这段早期经历却让我切身体会到情感的涡流，并在水中投下一块石头，事实证明，那涟漪与回响在我成长为一名精神分析师以及在随后的进步过程中功不可没。

此后不久，身为一个年轻的研究生分析师，我逐渐意识到在理解精神分析上存在两大难题。其一，我在培训中发现好的分析效果与最初的可分析性评估之间不一定相关。即便我只是个实习生，也能注意到一些根据推测会有"好的"分析性预后的病人和"足够优秀的"分析师之间的治疗效果其实不尽如人意，可有些因诊断较重而被推测预后较差的病人却因为与分析师匹配良好而表现较佳。后者似乎与非特定性主观因素更为相关，比如分析师的"情感上在场"或直觉，以及每一对分析双方之间形成的工作关系品质。这种品质似乎超越了自我心理学所说的"治疗联盟"，直达分析双方在主体间相遇时形成的无法言喻之处，似乎比自我客观上能否以病人为中心更有力地决定了分析的结果。回头想想，我那时就已经意识到无论容器还是被容纳者都无法孤立存在，它们之间的互动与配合是全面理解分析性过程必须要考虑的一点。

我在从业初期遇到的第二个问题是现实中的分析与我的假设之间存在差距，本以为只要分析师对阻抗分析得足够透彻，病人就会在联想时给出必要的分析素材。但事与愿违，我发现对于一些（尤其是病情较重的）病人——边缘性和自恋型人格、性格乖张和冲动行事的病人、身心障碍和幼年遭遇严重创伤的成人（比如幼时遭受性虐待的成人）——相关的分析资料要么是戏剧性地出现在分析师的主观世界中，要么只能是分析双方用想象力进行二次构建才能获知。

有了这个观察，加上美国人对分析师的心理的关注也在与日俱增，我查阅了投射性认同和积极运用反移情等方面的文献，内心对分析师在分析过程中的无意识角色和参与度有了更多好奇。这些好奇逐渐将我引向当代克莱因学派，亦带我回归了比昂的作品，于是我又读了一遍他对于投射性认同在情感发展和分析过程中的常态化（交流性）作用所做的重要表述，以及他对容器和被容纳者理念更为通用的表达。

现在我明白了，我其实一直在努力克服"单人心理学"的制约，摆脱自我心理学"考古式"理解的束缚，后者把精神分析当成探险，旨在"挖掘"和揭示病人内心压抑的领域。它植根于弗洛伊德最初的地形学模型，颇具历史价值，对于神经症病人或病人的神经症性部分至今仍然有用。但分析性病人的构成日益庞杂，从我绝大多数的临床案例来看，这种模型过于局限，无法涵盖所有治疗。

我与麻省精神分析研究所的精神分析过程研究小组和克莱因/比昂研究小组有着长期合作，得益于他们的帮助，我找到了一些方法，有效缓解了之前意识到分析性过程的深层主体间性本质之后所产生的紧张感。

在拜读安东尼诺·费罗（Antonino Ferro, 2002, 2005）根据比昂的观点所写的文章之后，我的信念更加坚定，理解也愈发深刻，他的作品让我认识了巴兰格夫妇（Baranger & Baranger, 1983）的分析性场论。后来我结合自己的临床体验，逐渐掌握用于思考和描述精神分析过程的一些基本要素。它们源自比昂对思考的理论革新（1962）以及他对分析过程中某些活动的概念化，比如容器与被容纳者的互动、遐思的价值、分析师的直觉的核心和建设性作用，以及洞察与体验、转化与信息、O 与 K 之间的关键区别和它们与心理变化的关联。

我最终还是转向了比昂，尤其是他后期的作品。它们不仅启发和激励我试着去理解心理功能的运作、转化和心理成长，向我展示了真正的主体间性精神分析理论的元素（其临床影响之广足以超越对立学派狭隘的派系纷争），而且以身作则，鼓励分析师接纳"奇思妙想"，即便这些想法与当权派和守旧派那些被广泛认可的观点相悖，也要认真对待它们，结合自身体验进行思考。

虽然比昂没有提出具体的精神分析技术理论，但他的心理功能理论（Bion, 1962）、有关分析师的最佳倾听立场（无忆无欲）（Bion, 1970）和在促进病人心理转化与发展过程中的角色等观点都对我的临床工作产生了深远的影响。研究他的作品令我对病人的心理现实有了更敏锐的觉察和响应，更能忍耐不确定性，也更乐于随机应变。

我阅读比昂作品时发现他有一个信念，他认为必须在每一次的分析中找到一个最极致的出发点，借此检验我们对心理的认识；这个确定的点类似于笛卡尔的"我思故我在"，后面的一切都由此发生。如此看来，比昂可能在执着于探索两个反复出现的、关乎精神分析和存在主义的根本问题："我们知道什么？"以及"我们如何理解它？"。他的著作已经解开了这两个问题，方法是：避免故步自封，要永远向分析性的研究敞开大门。费罗（Ferro, 2002）曾一针见血地指出，比昂为我们展现了心灵始终在进化和拓展的样子；展现了无意识一直被建构的过程；展现了一个分析性探索的过程，它扩张、拓展并创造了自己渴望探索的那个特定的主体。

比昂无意建立什么"学派"，而更希望我们借助他的观点去追求独特的个人发展。因此他的作品也在支持分析师的创造力——用比昂（Bion, 1970）的话即支持"神秘主义"与"天才"——鼓励分析师相信自己的直觉和灵感。对比昂来说，被一致认可的体验（即"惯常的"、公认的事物观）可能会让我们偏离真正的精神分析主体，影响对心理现实的探查。分析师若想阐释后者，就不能只着眼于事物的寻常含义，或者老生常谈日常元素之间的潜在关联。

因此，比昂提出了一种精神分析，它敢于直面超凡脱俗之物，却也时常被当权派和守旧派视作一种威胁。他还建议大家再次深度阅读弗洛伊德学派的几篇文章［比如，《阐述心理功能的两个原则》（Freud, 1911），我认为这篇当属《注意与解析》的关键素材之一］，于我而言，这些文章为欣赏和研究格林（Green, 2002, 2005）、德姆乌赞（de M'Uzan, 2003）以及博泰拉夫妇（Botella & Botella, 2005）等法国杰出人士的著作开辟了道路，尤其是针对未表征的心理状态及心理发展等方面，比昂提供的基本视角和概念化的语言可以帮助我们对其展开有效的探讨。

从某种重要意义上来说，我切身体会到比昂的工作与精神分析的关系是：它是情绪动荡的来源，可能会让人看到恐怖的甚至危及生命的颠覆性剧变的画面。但他也告诫过我们，心灵的发展总归要付出一些代价，而且他帮助我们用概念化的手段将这些威胁变成了可供思考的对象。他的作品所搅出的"麻烦"正是在寻找思考者的各种"狂想";是正寻找转化性容器的那些无拘无束的被容纳者;是当下还没能被梦到的梦——思维尚在寻找合适的梦境。但即便他留下的精神财富再受欢迎,对我们的工作的影响再深远,也必须得保持未完成的状态。这部自传式遗作的标题本就意味深长:《未来回忆录》,说明它不仅涉及已被揭露的内容,也包括揭示的过程和成就之路。他的遗志不只是要找寻过往的经历,更要勇于探索尚未形成之物。

参考文献

Abel-Hirsch, N. (2010) The life instinct, *Int. J. Psycho-Anal.*, 91: 1055–1071.

Abram, J. (1996) *The Language of Winnicott: A Dictionary of Winnicott's Use of Words*, London: Karnac.

Aguayo, J. and Malin, B. (Eds.) (2013) *Wilfred Bion: Los Angeles Seminars and supervision*, London: Karnac.

Ancona, L. (2000) Bion and Foulkes: A mythological encounter only, but it is already enough, *Funzione Gamma*, 34.

Angelus Silesus (1986/1737) *The Cherubinic Wanderer*, M. Shrady, J. Schmidt (Eds.) Mahwah, NJ: Paulist Press.

Anzieu, D. (1983) Un soi disjoint, une voix liante: l'écriture narrative de Samuel Beckett, *Nouvelle Revue Psychanalytique*, 28: 71–86.

Anzieu, D. (1984) *Le groupe et l'inconscient*, Paris: Dunod.

Anzieu, D. (1986) Beckett et Bion, *Revue de Psychotherapie Psychanalytique de Groupe*, 286: 5–6.

Anzieu, D. (1989a) *The Skin Ego*, New Haven, CT: Yale University Press.

Anzieu, D. (1989b) Beckett and Bion, *International Review of Psycho-Analysis*, 16: 1 63–169.

Anzieu, D. (1990) *Psychic Envelopes,* London: Karnac.

Anzieu, D. (1992) *Beckett et le psychanalyste,* Paris: Mentha, Archimbaud.

Anzieu, D., Monjauze, M., Bacon F. and Adda, E. (1993) *Francis Bacon, ou, le portrait de l'homme désespécé*, Lausanne: Aire, Archimbaud.